Otto Bruhns
Theodor Lehmann

Elemente der Mechanik II

Elastostatik

Aus dem Programm
Grundgebiete des Maschinenbaus

Mathematik für Ingenieure, Band 1 und 2
von L. Papula

Mathematische Formelsammlung
für Ingenieure und Naturwissenschaftler
von L. Papula

Übungen zur Mathematik für Ingenieure
von L. Papula

Roloff/Matek Maschinenelemente
Aufgabensammlung
von W. Matek, D. Muhs und H. Wittel

Roloff/Matek Maschinenelemente
Formelsammlung
von W. Matek, D. Muhs und H. Wittel

Elemente der Mechanik I
Einführung, Statik
von O. Bruhns und Th. Lehmann

Elemente der Mechanik II
Elastostatik
von O. Bruhns und Th. Lehmann

Elektrotechnik für Maschinenbauer
von H. Krämer

Regelungstechnik für Maschinenbauer
von W. Schneider

Lehr- und Übungsbuch der Technischen Mechanik
Band 1: Statik; Band 2: Festigkeitslehre
von H. Gloistehn

Vieweg

Otto Bruhns
Theodor Lehmann

Elemente der Mechanik II

Elastostatik

Mit 186 Abbildungen und 12 Tabellen

Die Deutsche Bibliothek – CIP-Einheitsaufnahme

Bruhns, Otto:
Elemente der Mechanik / Otto Bruhns; Theodor Lehmann. –
Braunschweig; Wiesbaden: Vieweg
Frühere Ausg. u. d. T.: Lehmann, Theodor: Elemente der Mechanik

NE: Lehmann, Theodor:

2. Elastostatik: mit 12 Tabellen. – 1994

ISBN-13: 978-3-528-03048-3 e-ISBN-13: 978-3-322-89548-6
DOI: 10.1007/978-3-322-89548-6

Der Verlag Vieweg ist ein Unternehmen der Verlagsgruppe Bertelsmann International.

Umschlaggestaltung: Klaus Birk, Wiesbaden
Gedruckt auf säurefreiem Papier

Vorwort

Der vorliegende 2. Band der „Elemente der Mechanik"enthält im wesentlichen eine Grundlegung der linearen Elastizitätstheorie sowie ergänzend dazu einige Probleme der Elasto-Statik als Anwendungsbeispiele.

Die Grundlegung der linearen Elastizitätstheorie baut – entsprechend der didaktischen Linie, die im Vorwort des 1. Bandes angesprochen wurde – auf den einfachen, physikalischen Sachverhalten auf, mit denen der Leser in der Einführung bereits vertraut gemacht wurde.

Die im vorliegenden Band getroffene Auswahl der Probleme der Elasto-Statik orientiert sich einmal an den Anforderungen, die an ein zeitgemäßes Studium des Bauingenieurwesens oder des Maschinenbaus an wissenschaftlichen Hochschulen zu stellen sind. Zum anderen ist die Auswahl auch unter dem Gesichtspunkt geschehen, daß der Leser mit den verschiedenen Methoden vertraut gemacht werden soll, die in der Elasto-Statik zur Anwendung gelangen. Unter diesem Aspekt ist der Kreis der Betrachtungen an einigen Stellen etwas weiter gesteckt, als es im allgemeinen in den einführenden Vorlesungen über Mechanik üblich ist. Das betrifft etwa das Kapitel 9 oder auch den Abschnitt 5.5, die bei einem ersten Durchgang durch das Buch getrost diagonal gelesen werden können.

Auf der anderen Seite mag der eine oder andere Leser vielleicht stärkere Hinweise auf die zahlreichen – analytischen und numerischen – Näherungs-Methoden vermissen, die bei Ingenieur-Problemen vielfach angewendet werden. Auch hierzu gilt, was im Vorwort des ersten Bandes bereits zur wünschenswerten Ergänzung des Textes durch erläuternde Übungsaufgaben gesagt wurde.

Viele meiner Mitarbeiter, die schon an der Abfassung des ersten Bandes beteiligt waren, haben auch an der Überarbeitung und der Erstellung des Schriftsatzes für diesen Band mitgewirkt. Von ihnen seien hier abermals lediglich die Hauptbeteiligten genannt.

Die sorgfältige Herstellung des Textes hatte Frau Bayreuther übernommen, die Zeichnungen wurden von Frau Brockmeyer und Herrn Grundmann ausgeführt. Herr Dr. Meyers hat durch kritisches Korrekturlesen und durch seinen nimmermüden

Einsatz bei der Bewältigung zahlreicher LaTeX-Probleme sehr zur endgültigen Fassung des Buches beigetragen. Ihnen allen möchte ich an dieser Stelle recht herzlich danken.

Bochum, im Oktober 1993 *Otto Bruhns*

Inhaltsverzeichnis

1 Allgemeine Grundlagen der Mechanik deformierbarer Körper

1.1 Vorbemerkungen; allgemeine Voraussetzungen

In diesem Kapitel wollen wir die allgemeinen Grundlagen zusammenstellen, die wir in der klassischen Mechanik deformierbarer Körper benötigen. Diese Grundlagen sind stets material-unabhängig, sie gelten also für alle Materialien, die wir im Rahmen der klassischen Mechanik als Punkt-Kontinua betrachten (vgl. Band I, Abschnitt 1.1). Bei den Anwendungen werden wir vorerst allerdings nur die Statik deformierbarer fester Körper in Betracht ziehen. Unser primäres Ziel wird es dementsprechend sein, auf diesen Grundlagen aufbauend eine lineare Theorie der Statik deformierbarer Körper zu entwickeln. Dazu setzen wir bei der Behandlung der allgemeinen Grundlagen generell geometrische Linearität voraus, d.h. wir gehen davon aus, daß die Verschiebungen aller Körperpunkte sowie die Verzerrungen und Drehungen aller Körperelemente so klein bleiben, daß alle auf den Körper einwirkenden äußeren und inneren Kräfte am unverformten Körper angesetzt und Verzerrungen sowie Drehungen superponiert werden können.

Ein Beispiel für eine geometrisch nichtlineare Betrachtungsweise, bei der die auf den Körper einwirkenden Kräfte am verformten Körper angetragen werden müssen, haben wir bereits bei der Behandlung der Seil-Statik (Band I, Kapitel 12) kennengelernt. Ein weiteres werden wir im Zusammenhang mit der Betrachtung von Stabilitätsproblemen in Kapitel 8 ansprechen.

1.2 Beschreibung des Spannungszustandes

Wir betrachten einen belasteten Körper im Gleichgewicht. Führen wir nun einen gedachten Schnitt durch diesen Körper, so können wir jedem Punkt der Schnittfläche einen Spannungsvektor $\boldsymbol{p}$ zuordnen (s. Bild 1.1). Der Spannungsvektor ist abhängig vom betrachteten Punkt (gekennzeichnet durch den Ortsvektor $\boldsymbol{r}$), von der Schnittrichtung in diesem Punkt (gekennzeichnet durch die äußere Flächennormale $\boldsymbol{e}_n$) sowie von der Zeit t. Diese Abhängigkeiten drücken wir aus durch

$$\boldsymbol{p} = \boldsymbol{\sigma}_{(n)}(\boldsymbol{r}, t) .$$

Wir können $\boldsymbol{\sigma}_{(n)}$ zerlegen in eine Normalspannung

$$\boldsymbol{\sigma}_{nn}(\boldsymbol{r}, t) = \sigma_{nn}(\boldsymbol{r}, t)\, \boldsymbol{e}_n(\boldsymbol{r}),$$

die senkrecht zur Schnittfläche wirkt, und in eine Schubspannung

$$\boldsymbol{\sigma}_{nt}(\boldsymbol{r}, t),$$

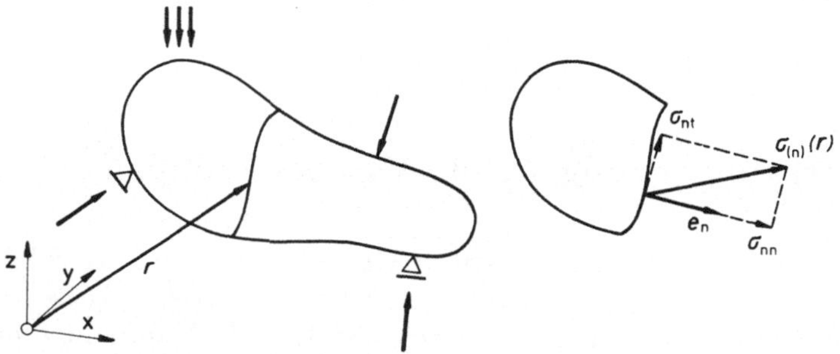

Bild 1.1 Schnittfläche und zugeordneter Spannungsvektor p

deren Wirkungsrichtung senkrecht zu $\boldsymbol{e}_n$ (tangential zur Schnittfläche) liegt (d.h. $\boldsymbol{\sigma}_{nt} \cdot \boldsymbol{e}_n = 0$). Speziell gilt für einen Schnitt senkrecht zur x-Achse mit $\boldsymbol{e}_n = \boldsymbol{e}_x$ (s. Bild 1.2):

$$\boldsymbol{\sigma}_{(x)} = \underbrace{\sigma_{xx}\boldsymbol{e}_x}_{\boldsymbol{\sigma}_{xx}} + \underbrace{\sigma_{xy}\boldsymbol{e}_y + \sigma_{xz}\boldsymbol{e}_z}_{\boldsymbol{\sigma}_{xt}} .$$

Bei dieser Darstellung haben wir $\boldsymbol{\sigma}_{xt}$ bereits weiter zerlegt in die beiden Schubspannungskomponenten $\sigma_{xy}\boldsymbol{e}_y$ und $\sigma_{xz}\boldsymbol{e}_z$. Die Bezeichnung der Komponenten des Spannungsvektors $\boldsymbol{\sigma}_{(n)}$ bzw. $\boldsymbol{\sigma}_{(x)}$ wurde dabei so festgelegt, daß der erste Index jeweils die Schnittrichtung, der zweite die Richtung der betreffenden Spannungskomponente angibt. Für die Vorzeichenfestsetzung gelten ferner die allgemeinen Vorzeichenregeln für Schnittgrößen. Eine Spannungskomponente hat demnach einen positiven Zahlenwert, wenn sie am positiven Schnittufer ($\boldsymbol{e}_n = \boldsymbol{e}_x$) in positive Koordinatenrichtung weist.

Wir wollen nun den Nachweis führen, daß der Spannungszustand in einem Punkt des Körpers (Ortsvektor $\boldsymbol{r}$) vollständig bestimmt ist, wenn wir für drei voneinander unabhängige Schnittrichtungen den jeweils zugehörigen Spannungsvektor kennen, also etwa die Spannungsvektoren $\boldsymbol{\sigma}_{(x)}$, $\boldsymbol{\sigma}_{(y)}$, $\boldsymbol{\sigma}_{(z)}$. Dazu schneiden wir aus einem

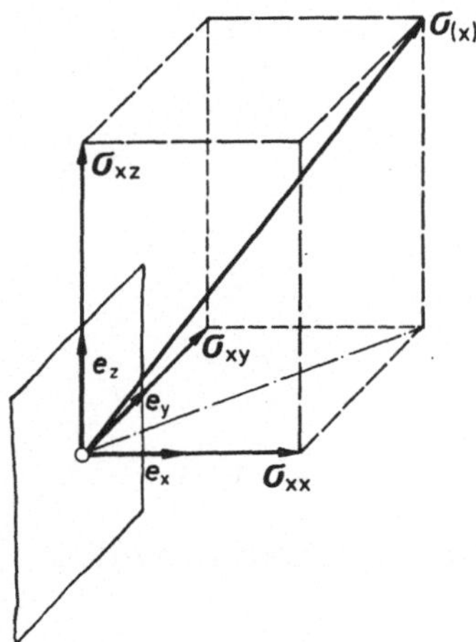

Bild 1.2
Komponenten des Spannungsvektors

beliebig belasteten Körper ein Element in Tetraederform heraus (vgl. Bild 1.3). Die in den Koordinaten-Ebenen liegenden Begrenzungsflächen des Tetraeders, die wir mit $\Delta A_{(-x)}$ usw. bezeichnen, weil ihre äußeren Normalen in negative Koordinatenrichtungen weisen, haben die Größe

$$\begin{aligned}\Delta A_{(-x)} &= \frac{1}{2}\,\Delta y\,\Delta z\\ \Delta A_{(-y)} &= \frac{1}{2}\,\Delta z\,\Delta x\\ \Delta A_{(-z)} &= \frac{1}{2}\,\Delta x\,\Delta y\,.\end{aligned}$$

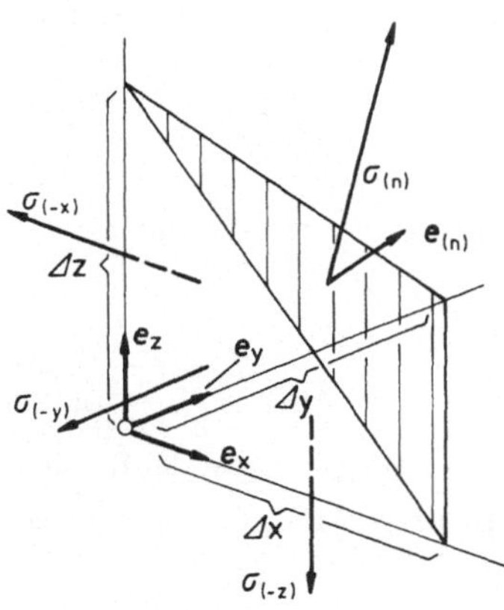

Bild 1.3
Tetraeder mit Spannungsvektoren

Für die auf ihnen flächenhaft verteilt wirkenden Kräfte gilt, wenn $\boldsymbol{\sigma}_{(-x)}$, $\boldsymbol{\sigma}_{(-y)}$, $\boldsymbol{\sigma}_{(-z)}$ die zugehörigen mittleren (d.h. über die betreffende Fläche gemittelten) Spannungen in den Flächen $\Delta A_{(-x)}$ usw. sind:

$$\Delta \boldsymbol{F}_{(-x)} = \boldsymbol{\sigma}_{(-x)} \Delta A_{(-x)}$$
$$\Delta \boldsymbol{F}_{(-y)} = \boldsymbol{\sigma}_{(-y)} \Delta A_{(-y)}$$
$$\Delta \boldsymbol{F}_{(-z)} = \boldsymbol{\sigma}_{(-z)} \Delta A_{(-z)} .$$

Das Volumen des Tetraeders ist

$$\Delta V = \frac{1}{6} \Delta x \, \Delta y \, \Delta z ,$$

seine Masse (mit ρ als mittlerer Dichte)

$$\Delta m = \frac{\rho}{6} \Delta x \, \Delta y \, \Delta z .$$

Die an dem Tetraeder angreifende volumenhaft wirkende Kraft ist mithin

$$\Delta \boldsymbol{F}_V = \frac{\rho}{6} \Delta x \, \Delta y \, \Delta z \, \boldsymbol{f} ,$$

wobei $\boldsymbol{f}$ die (mittlere) auf die Masse bezogene Kraft bedeutet. Für die durch die Flächennormale $\boldsymbol{e}_n$ gekennzeichnete Begrenzungsfläche des Tetraeders gilt

$$\Delta A_{(n)} (\boldsymbol{e}_n \cdot \boldsymbol{e}_x) = \Delta A_{(-x)}$$
$$\Delta A_{(n)} (\boldsymbol{e}_n \cdot \boldsymbol{e}_y) = \Delta A_{(-y)}$$
$$\Delta A_{(n)} (\boldsymbol{e}_n \cdot \boldsymbol{e}_z) = \Delta A_{(-z)} ,$$

weil die Größen $\Delta A_{(-x)}$ usw. die Projektionen der Fläche $\Delta A_{(n)}$ auf die Koordinatenebenen sind.

Stellen wir für das Tetraeder-Element den Impulssatz (vgl. Band I, Satz 6.1) auf, so finden wir, wenn $\dot{\boldsymbol{v}}$ die mittlere Beschleunigung dieses Elementes ist,

$$\Delta A_{(n)} \boldsymbol{\sigma}_{(n)} + \Delta A_{(-x)} \boldsymbol{\sigma}_{(-x)} + \Delta A_{(-y)} \boldsymbol{\sigma}_{(-y)} + \Delta A_{(-z)} \boldsymbol{\sigma}_{(-z)} + \Delta m \boldsymbol{f} = \Delta m \dot{\boldsymbol{v}} .$$

Daraus folgt

$$\boldsymbol{\sigma}_{(n)} = - \left\{ \frac{\Delta A_{(-x)}}{\Delta A_{(n)}} \boldsymbol{\sigma}_{(-x)} + \frac{\Delta A_{(-y)}}{\Delta A_{(n)}} \boldsymbol{\sigma}_{(-y)} + \frac{\Delta A_{(-z)}}{\Delta A_{(n)}} \boldsymbol{\sigma}_{(-z)} + \frac{\Delta m}{\Delta A_{(n)}} \boldsymbol{f} - \frac{\Delta m}{\Delta A_{(n)}} \dot{\boldsymbol{v}} \right\} .$$

Lassen wir nun das Volumen des Tetraeders in der Weise gegen Null gehen, daß $\Delta x \to 0$, $\Delta y \to 0$ und $\Delta z \to 0$ streben, die Verhältnisse $\Delta x : \Delta y : \Delta z$ dabei jedoch unverändert bleiben, so erhalten wir:

1. Bei diesem Grenzübergang bleibt die Richtung von $\boldsymbol{e}_n$ unverändert; es bleibt auch

$$\lim_{\Delta V \to 0} \frac{\Delta A_{(-x)}}{\Delta A_{(n)}} = \frac{\mathrm{d}A_{(-x)}}{\mathrm{d}A_{(n)}} = \boldsymbol{e}_n \cdot \boldsymbol{e}_x \quad \text{usw.}$$

2. Im Grenzübergang werden die über eine Fläche gemittelten Spannungsvektoren $\boldsymbol{\sigma}_{(n)}$, $\boldsymbol{\sigma}_{(-x)}$ usw. zu Spannungsvektoren in dem Punkt x, y, z.
3. Im Grenzübergang wird ferner

$$\lim_{\Delta V \to 0} \frac{\Delta m}{\Delta A_{(n)}} = 0$$

weil Δm mit höherer Ordnung gegen Null strebt als $\Delta A_{(n)}$.

Wir erhalten also

$$\boldsymbol{\sigma}_{(x)}(\boldsymbol{r},t) = -\left\{(\boldsymbol{e}_n \cdot \boldsymbol{e}_x)\boldsymbol{\sigma}_{(-x)}(\boldsymbol{r},t) + (\boldsymbol{e}_n \cdot \boldsymbol{e}_y)\boldsymbol{\sigma}_{(-y)}(\boldsymbol{r},t) + (\boldsymbol{e}_n \cdot \boldsymbol{e}_z)\boldsymbol{\sigma}_{(-z)}(\boldsymbol{r},t)\right\}.$$

Wenn $\boldsymbol{e}_n$ mit $\boldsymbol{e}_x$, $\boldsymbol{e}_y$ oder $\boldsymbol{e}_z$ übereinstimmt, so folgt daraus ferner

$$\boldsymbol{\sigma}_{(x)} = -\boldsymbol{\sigma}_{(-x)}; \quad \boldsymbol{\sigma}_{(y)} = -\boldsymbol{\sigma}_{(-y)}; \quad \boldsymbol{\sigma}_{(z)} = -\boldsymbol{\sigma}_{(-z)}.$$

Deshalb können wir schreiben

$$\boldsymbol{\sigma}_{(n)}(\boldsymbol{r},t) = \left\{(\boldsymbol{e}_n \cdot \boldsymbol{e}_x)\boldsymbol{\sigma}_{(x)}(\boldsymbol{r},t) + (\boldsymbol{e}_n \cdot \boldsymbol{e}_y)\boldsymbol{\sigma}_{(y)}(\boldsymbol{r},t) + (\boldsymbol{e}_n \cdot \boldsymbol{e}_z)\boldsymbol{\sigma}_{(z)}(\boldsymbol{r},t)\right\}.$$

Damit gilt ganz allgemein

$$\boldsymbol{\sigma}_{(-n)} = -\boldsymbol{\sigma}_{(n)},$$

das Wechselwirkungsprinzip für flächenhaft verteilt wirkende innere Kräfte (und Kontaktkräfte).

Die vorstehende Beweisführung können wir unmittelbar auf nicht-orthogonale Bezugssysteme ausdehnen und erhalten so den

---

Satz 1.1: Ist für drei voneinander unabhängige Schnittrichtungen durch einen Punkt der jeweils diesem Punkt zugeordnete Spannungsvektor bekannt, so läßt sich auch für jede andere Schnittrichtung durch diesen Punkt der zugehörige Spannungsvektor ermitteln.

Stimmen – wie in dem betrachteten Beispiel – die drei voneinander unabhängigen Schnitte mit den Koordinaten-Ebenen eines kartesischen Bezugssystems überein, so erhalten wir

$$\begin{aligned}
\boldsymbol{\sigma}_{(x)} &= -\boldsymbol{\sigma}_{(-x)} = \sigma_{xx}\boldsymbol{e}_x + \sigma_{xy}\boldsymbol{e}_y + \sigma_{xz}\boldsymbol{e}_z \\
\boldsymbol{\sigma}_{(y)} &= -\boldsymbol{\sigma}_{(-y)} = \sigma_{yx}\boldsymbol{e}_x + \sigma_{yy}\boldsymbol{e}_y + \sigma_{yz}\boldsymbol{e}_z \\
\boldsymbol{\sigma}_{(z)} &= -\boldsymbol{\sigma}_{(-z)} = \sigma_{zx}\boldsymbol{e}_x + \sigma_{zy}\boldsymbol{e}_y + \sigma_{zz}\boldsymbol{e}_z .
\end{aligned}$$

Wir können deshalb auch sagen, daß der Spannungszustand in diesem Punkt vollständig bestimmt ist, wenn uns zu seiner Festlegung die neun Zahlenwerte σ_{xx}, σ_{xy}, usw. (in einem kartesischen Bezugssystem) bekannt sind.

Der Spannungszustand ist im Vergleich zu vektoriellen Größen (drei Zahlenangaben) also eine Größe höherer Stufe. Wir nennen solche Größen tensorielle Größen oder auch einfach Tensoren. Die Werte

$$\begin{pmatrix} \sigma_{xx} & \sigma_{xy} & \sigma_{xz} \\ \sigma_{yx} & \sigma_{yy} & \sigma_{yz} \\ \sigma_{zx} & \sigma_{zy} & \sigma_{zz} \end{pmatrix},$$

die man oft in der Form einer solchen Matrix angibt, stellen – bezogen auf eine geeignete Maßeinheit, z.B. $\frac{\text{N}}{\text{mm}^2}$ – die Zahlenwerte des Spannungstensors **S** in dem kartesischen Bezugssystem x, y, z dar. Die einzelnen Größen σ_{xx}, σ_{xy}, usw. werden gelegentlich auch als Komponenten des Spannungstensors bezeichnet. Diese Bezeichnung ist allerdings nicht sehr glücklich. Eher ist es schon gerechtfertigt, σ_{xx}, σ_{xy}, σ_{xz} als Komponenten des Spannungsvektors $\boldsymbol{\sigma}_{(x)}$ zu bezeichnen und analog mit den anderen Größen σ_{yx}, σ_{yy}, σ_{yz} usw. zu verfahren.

In der Tensoralgebra bezeichnet man die Größen σ_{xx} usw. als Koordinaten des Tensors in einem entsprechend definierten Tensorraum. Man schreibt dann auch vielfach abkürzend

$$\sigma_{ik} \quad (i,k = 1,2,3)$$

und meint damit die Matrix der Zahlenwerte (Koordinaten).

Die Zahlenwerte des Spannungstensors sind im allgemeinen ortsabhängig:

$$\sigma_{xx} = \sigma_{xx}(x,y,z)\,, \;\ldots \quad \text{usw.}$$

Bei kinetischen Problemen sind sie zudem auch noch zeitabhängig.

Schließen wir – wie bei der Formulierung des Grundgesetzes der Mechanik (Band I, Abschnitt 6.3) – flächenhaft und volumenhaft verteilt angreifende Momente aus unseren Betrachtungen aus (*Boltzmann*-Axiom), so sind die neun Zahlenwerte des Spannungstensors nicht unabhängig voneinander. Stellen wir die Momenten-Gleichgewichtsbedingungen für ein Körperelement – etwa in bezug auf den Mittelpunkt des Elementes – auf, so finden wir (vgl. Bild 1.4)

$$\begin{aligned} \sum_i M_{iz} &= 0 \\ &= \left(\sigma_{xy} + \frac{1}{2}\,\frac{\partial \sigma_{xy}}{\partial x}\,\mathrm{d}x\right)\mathrm{d}y\,\mathrm{d}z\,\mathrm{d}x - \left(\sigma_{yx} + \frac{1}{2}\,\frac{\partial \sigma_{yx}}{\partial y}\,\mathrm{d}y\right)\mathrm{d}z\,\mathrm{d}x\,\mathrm{d}y\,. \end{aligned}$$

Der inkrementelle Zuwachs liefert hierin aber nur einen von höherer Ordnung kleinen im Grenzübergang sogar verschwindenden Beitrag zum Moment. Wir können ihn deshalb auch unterdrücken und erhalten so

$$\sigma_{xy} = \sigma_{yx}\,.$$

Analoge Beziehungen ergeben sich aus $\sum_i M_{ix} = 0$ für σ_{yz} und σ_{zy} bzw. aus $\sum_i M_{iy} = 0$ für σ_{zx} und σ_{xz}.

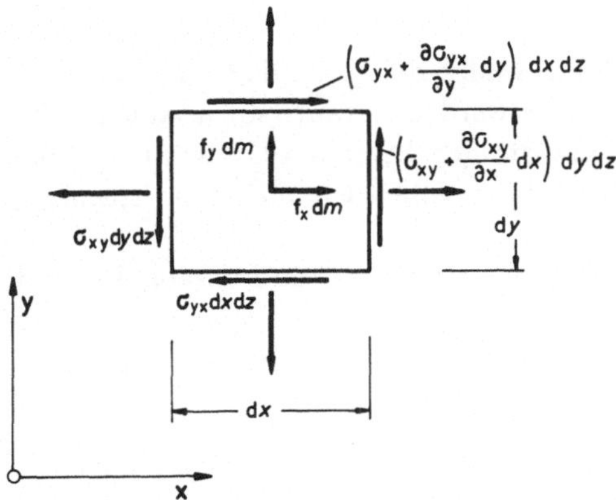

Bild 1.4
Volumenelement mit angreifenden Kräften

Aus den Momenten-Gleichgewichtsbedingungen für ein (beliebiges) Körperelement folgt mithin, daß unter den genannten Voraussetzungen sechs Zahlenangaben zur Festlegung des Spannungstensors ausreichen. Der Spannungstensor ist symmetrisch, weil die Matrix seiner Zahlenwerte symmetrisch in bezug auf die Haupt-Diagonale ist. Es gilt also

---

Satz 1.2: Satz von der Gleichheit der einander zugeordneten Schubspannungen

Bei Gültigkeit des *Boltzmann*-Axioms ist der Spannungstensor symmetrisch, d.h. in einem kartesischen Bezugssystem ist:

$$\sigma_{xy} = \sigma_{yx}, \quad \sigma_{yz} = \sigma_{zy}, \quad \sigma_{zx} = \sigma_{xz} .$$

Oft bezeichnet man die Symmetrie-Eigenschaft des Spannungstensors selbst als *Boltzmann*-Axiom. Wir wollen diese Symmetrie-Eigenschaft hier jedoch auf die tieferliegende Voraussetzung zurückführen, daß flächenhaft und volumenhaft verteilt angreifende Momente außer Betracht bleiben; dann ist die Symmetrie des Spannungstensors eine Folge dieser Voraussetzung.

Gilt das *Boltzmann*-Axiom nicht, so kann der Spannungstensor unsymmetrisch werden. Bei der Beschreibung des Spannungszustandes tritt dann außerdem ein weiterer (unsymmetrischer) Spannungstensor auf. Zur Unterscheidung nennt man den ersten Kraft-Spannungstensor, weil er die Wechselwirkungen mit den flächenhaft und volumenhaft verteilt angreifenden Kräften beschreibt, den anderen (neu hinzukommenden) Momenten-Spannungstensor; er beschreibt die Wechselwirkungen mit den verteilt angreifenden Momenten.

Schreiben wir den Spannungstensor $\mathbf{S}$ in der Form (vgl. Band I, Abschnitt 7.4.1)

$$\begin{aligned}\mathbf{S} = \;& \sigma_{xx}\mathbf{e}_x\mathbf{e}_x + \sigma_{xy}\mathbf{e}_x\mathbf{e}_y + \sigma_{xz}\mathbf{e}_x\mathbf{e}_z \\ &+ \sigma_{yx}\mathbf{e}_y\mathbf{e}_x + \sigma_{yy}\mathbf{e}_y\mathbf{e}_y + \sigma_{yz}\mathbf{e}_y\mathbf{e}_z \\ &+ \sigma_{zx}\mathbf{e}_z\mathbf{e}_x + \sigma_{zy}\mathbf{e}_z\mathbf{e}_y + \sigma_{zz}\mathbf{e}_z\mathbf{e}_z ,\end{aligned}$$

so können wir erkennen, daß der zu einer beliebigen Schnittrichtung $\mathbf{e}_n$ gehörende Spannungsvektor $\boldsymbol{\sigma}_{(n)}$ aus der Beziehung

$$\boldsymbol{\sigma}_{(n)} = \boldsymbol{e}_n \cdot \mathbf{S}$$

ermittelt werden kann. Diese Gleichung bildet die Grundlage für ein allgemeines Verfahren zur Berechnung von $\boldsymbol{\sigma}_{(n)}$. Wir werden darauf (sowie auf die damit zusammenhängende Aufgabe, die Zahlenwerte des Tensors auf eine andere Basis umzurechnen) in Band III zurückkommen. Hier wollen wir nur einen speziellen, aber technisch wichtigen Fall betrachten.

Dazu setzen wir zunächst einen ebenen Spannungszustand voraus. Er ist dadurch gekennzeichnet, daß für eine bestimmte Schnittrichtung alle Spannungen verschwinden. Nehmen wir an, daß unser Bezugssystem so orientiert sei, daß alle Schnittflächen senkrecht zur z-Achse spannungsfrei sind,

$$\sigma_{zx} = \sigma_{zy} = \sigma_{zz} = 0\,.$$

Die Matrix der Zahlenwerte des Spannungstensors hat dann die allgemeine Form

$$\begin{pmatrix} \sigma_{xx} & \sigma_{xy} & 0 \\ \sigma_{yx} & \sigma_{yy} & 0 \\ 0 & 0 & 0 \end{pmatrix}.$$

Beim ebenen Spannungszustand können wir uns deshalb auch von vornherein damit begnügen, lediglich die Matrix der nicht verschwindenden Zahlenwerte des Spannungstensors, also

$$\begin{pmatrix} \sigma_{xx} & \sigma_{xy} \\ \sigma_{yx} & \sigma_{yy} \end{pmatrix}$$

anzugeben, die – wegen $\sigma_{xy} = \sigma_{yx}$ – nur noch drei voneinander unabhängige Größen enthält.

Für einen solchen ebenen Spannungszustand wollen wir nun untersuchen, wie sich die Spannungskomponenten ändern, wenn wir eine Schnittrichtung betrachten, deren äußere Flächennormale um einen Winkel φ gegenüber der x-Richtung um die z-Achse gedreht ist. Dazu gehen wir aus von einem prismatischen Körper (Länge: $\mathrm{d}z$), wie er in Bild 1.5 mit den an ihm angreifenden Kräften dargestellt ist. Im Hinblick auf den zu vollziehenden Grenzübergang haben wir dabei bereits alle Größen fortgelassen, die von höherer Ordnung klein sind und ferner alle Differenzen durch die entsprechenden Differentiale ersetzt. Aus Bild 1.5 lesen wir als Gleichgewichtsbedingungen für die Kräfte ab:

$$\sum_i F_{ix} = 0 = \sigma_{\bar{x}\bar{x}}\,\mathrm{d}A_{(\bar{x})}\cos\varphi - \sigma_{\bar{x}\bar{y}}\,\mathrm{d}A_{(\bar{x})}\sin\varphi - \sigma_{xx}\,\mathrm{d}y\,\mathrm{d}z - \sigma_{yx}\,\mathrm{d}x\,\mathrm{d}z$$

$$\sum_i F_{iy} = 0 = \sigma_{\bar{x}\bar{x}}\,\mathrm{d}A_{(\bar{x})}\sin\varphi + \sigma_{\bar{x}\bar{y}}\,\mathrm{d}A_{(\bar{x})}\cos\varphi - \sigma_{yy}\,\mathrm{d}x\,\mathrm{d}z - \sigma_{xy}\,\mathrm{d}y\,\mathrm{d}z\,.$$

Lösen wir dieses Gleichungssystem nach $\sigma_{\bar{x}\bar{x}}$ und $\sigma_{\bar{x}\bar{y}}$ auf und beachten dabei, daß

$$\mathrm{d}x\,\mathrm{d}z = \mathrm{d}A_{(\bar{x})}\sin\varphi$$

$$\mathrm{d}y\,\mathrm{d}z = \mathrm{d}A_{(\bar{x})}\cos\varphi$$

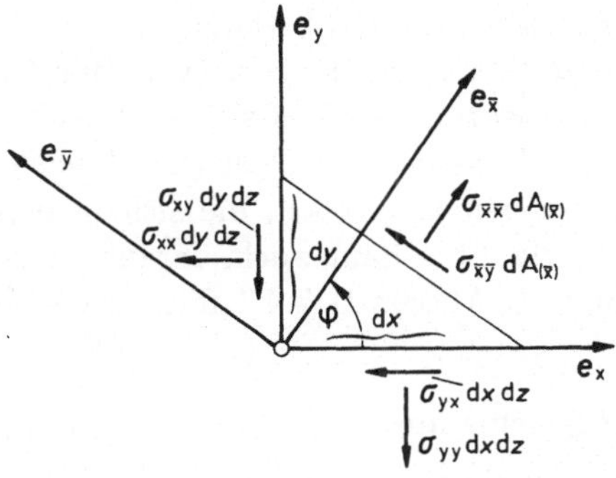

Bild 1.5
Drehung des Koordinatensystems

ist, so erhalten wir

$$\sigma_{\bar{x}\bar{x}} = \sigma_{xx}\cos^2\varphi + \sigma_{yy}\sin^2\varphi + 2\,\sigma_{xy}\sin\varphi\cos\varphi$$
$$\sigma_{\bar{x}\bar{y}} = -\left(\sigma_{xx} - \sigma_{yy}\right)\sin\varphi\cos\varphi + \sigma_{xy}\left(\cos^2\varphi - \sin^2\varphi\right).$$

In einer analogen Betrachtung finden wir für eine Schnittrichtung, deren äußere Flächennormale mit $\boldsymbol{e}_{\bar{y}}$ übereinstimmt

$$\sigma_{\bar{y}\bar{y}} = \sigma_{xx}\sin^2\varphi + \sigma_{yy}\cos^2\varphi - 2\sigma_{xy}\sin\varphi\cos\varphi$$
$$\sigma_{\bar{y}\bar{x}} = \sigma_{\bar{x}\bar{y}}\,.$$

Diese Ergebnisse können wir mit Hilfe der Relationen

$$\cos^2\varphi = \frac{1}{2}\,(1 + \cos 2\varphi)$$
$$\sin^2\varphi = \frac{1}{2}\,(1 - \cos 2\varphi)$$
$$\sin\varphi\cos\varphi = \frac{1}{2}\,\sin 2\varphi$$

noch ein wenig umformen. Wir können so auch schreiben:

Satz 1.3: Transformation der Zahlenwerte des Spannungstensors für einen ebenen Spannungszustand in einem kartesischen Koordinatensystem bei Drehung um die z-Achse:

$$\sigma_{\bar{x}\bar{x}} = \frac{1}{2}\,(\sigma_{xx} + \sigma_{yy}) + \frac{1}{2}\,(\sigma_{xx} - \sigma_{yy})\cos 2\varphi + \sigma_{xy}\sin 2\varphi$$
$$\sigma_{\bar{y}\bar{y}} = \frac{1}{2}\,(\sigma_{xx} + \sigma_{yy}) - \frac{1}{2}\,(\sigma_{xx} - \sigma_{yy})\cos 2\varphi - \sigma_{xy}\sin 2\varphi$$
$$\sigma_{\bar{x}\bar{y}} = \sigma_{\bar{y}\bar{x}} = -\frac{1}{2}\,(\sigma_{xx} - \sigma_{yy})\sin 2\varphi + \sigma_{xy}\cos 2\varphi\,.$$

Die vorstehenden Transformationsformeln gelten auch für allgemeinere Spannungszustände, sofern wir uns lediglich auf Drehungen des Bezugssystems um die

z-Achse beschränken. Im übrigen stimmen sie formal vollständig mit den Transformationsformeln für die Flächenmomente 2. Grades überein (vgl. Band I, Satz 7.8). Mathematisch kommt dadurch zum Ausdruck, daß es sich in beiden Fällen um tensorielle Größen handelt, die – wie alle Tensoren – den gleichen Rechenregeln unterliegen. Die formale Gleichartigkeit der beiden Größen, die sich in dem gleichen Transformationsverhalten ausdrückt, erlaubt es dann auch, daraus die gleichen Schlüsse zu ziehen. Unter Verweis auf Band I, Abschnitt 7.4.1 folgern wir deshalb für ebene Spannungszustände:

1. Bei einer Drehung des Koordinatensystems um $\varphi = \pi$ (allgemeiner: $\varphi = n\pi$) ändern sich die Zahlenwerte des Spannungstensors nicht. Daraus schließen wir, daß für die auf den beiden Schnittufern eines gedachten Schnittes flächenhaft verteilt wirkenden inneren Kräfte die Aussage *actio* = *reactio* gilt (Dieser Beweis stand bisher noch aus).

2. Bei einer Drehung des Koordinatensystems um $\varphi = \dfrac{\pi}{2}$ wird

$$\begin{aligned} \sigma_{\bar{x}\bar{x}} &= \sigma_{yy} \\ \sigma_{\bar{y}\bar{y}} &= \sigma_{xx} \\ \sigma_{\bar{x}\bar{y}} &= -\sigma_{xy} \,. \end{aligned}$$

3. Es gilt

Satz 1.4: Bei einem ebenen Spannungszustand verschwinden die Schubspannungen für Schnittrichtungen, die gegenüber dem kartesischen Ausgangs-Bezugssystem um einen Winkel

$$\varphi = \frac{1}{2} \arctan \frac{2\sigma_{xy}}{\sigma_{xx} - \sigma_{yy}}$$

um die z-Achse gedreht sind. Das diesen Schnittrichtungen entsprechende orthonormale Bezugssystem $(\boldsymbol{e}_1, \boldsymbol{e}_2)$ bildet die Hauptachsen des Spannungstensors. Die zu diesen Schnittrichtungen gehörenden Normalspannungen nennen wir Haupt-Normalspannungen (σ_1, σ_2 mit $\sigma_1 \geqslant \sigma_2$). Für sie gilt

$$\left.\begin{matrix} \sigma_1 \\ \\ \sigma_2 \end{matrix}\right\} = \frac{1}{2}\left(\sigma_{xx} + \sigma_{yy}\right) \pm \frac{1}{2}\sqrt{\left(\sigma_{xx} - \sigma_{yy}\right)^2 + 4\,\sigma_{xy}^2}\,.$$

Die Hauptachsen werden vielfach auch Haupt-Normalspannungsrichtungen genannt. Zur Auffindung des Winkels φ, der zu der Hauptachse 1 gehört, die durch $\sigma_1 \geqslant \sigma_2$ gekennzeichnet ist, dient die folgende Tabelle, die der Tabelle entspricht, die bei den Flächen-Trägheitsmomenten zur Festlegung der 1-Achse angegeben wurde.

4. Verfolgen wir den Betrag der Schubspannung in Abhängigkeit von der durch den Winkel φ gekennzeichneten Schnittrichtung, so finden wir

$\sigma_{xx} - \sigma_{yy}$	σ_{xy}	φ
$\geqslant 0$	$\geqslant 0$	$0 \leqslant \varphi \leqslant \frac{\pi}{4}$
	$\leqslant 0$	$-\frac{\pi}{4} \leqslant \varphi \leqslant 0$
$\leqslant 0$	$\geqslant 0$	$\frac{\pi}{4} \leqslant \varphi \leqslant \frac{\pi}{2}$
	$\leqslant 0$	$\frac{\pi}{2} \leqslant \varphi \leqslant \frac{3}{4}\pi$

Tabelle 1.1 Lagebestimmung der Hauptachse 1

Satz 1.5: Bei einem ebenen Spannungszustand wird der Betrag der Schubspannung $\sigma_{\bar{x}\bar{x}}(\varphi)$ für solche Schnittrichtungen maximal, die um $\frac{\pi}{4}$ gegen die Hauptachsen gedreht sind. Der Maximalwert ist

$$|\sigma_{\bar{x}\bar{y}}|_{\mathrm{max}} = \frac{1}{2}\sqrt{(\sigma_{xx} - \sigma_{yy})^2 + 4\,\sigma_{xy}^2} = \frac{1}{2}\,(\sigma_1 - \sigma_2)\,.$$

Haben σ_1 und σ_2 gleiches Vorzeichen, so ist $|\sigma_{\bar{x}\bar{y}}|_{\mathrm{max}}$ nicht identisch mit dem Extremalwert der Schubspannung für alle möglichen Schnittrichtungen, sofern wir auch solche Schnittrichtungen zulassen, deren Flächennormale nicht senkrecht zur z-Achse ist.

5. Gehen wir von den Hauptachsen aus, so vereinfachen sich die Transformationsformeln für die Spannungen. Wir erhalten (vgl. Bild 1.6)

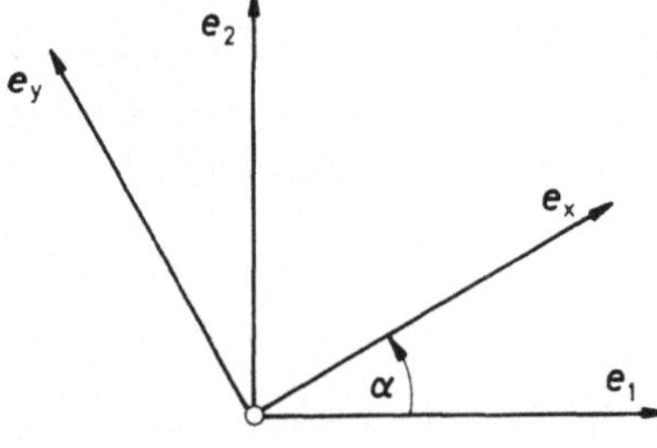

Bild 1.6 Koordinatentransformation

Satz 1.6: Transformation der Zahlenwerte des Spannungstensors für einen ebenen Spannungszustand in einem kartesischen Koordinatensystem bei Drehung um die z-Achse, ausgehend von den Hauptachsen:

$$\left.\begin{array}{l}\sigma_{xx}\\ \sigma_{yy}\end{array}\right\} = \frac{1}{2}(\sigma_1+\sigma_2) \pm \frac{1}{2}(\sigma_1-\sigma_2)\cos 2\alpha$$

$$\sigma_{xy} = -\frac{1}{2}(\sigma_1-\sigma_2)\sin 2\alpha\,.$$

---

6. Die in den Sätzen 1.3 bis 1.6 formulierten Beziehungen lassen sich übersichtlich im *Mohr*schen Spannungskreis darstellen (Bild 1.7) (*Mohr* 1835-1918), der vollständig dem *Mohr*schen Trägheitskreis entspricht.

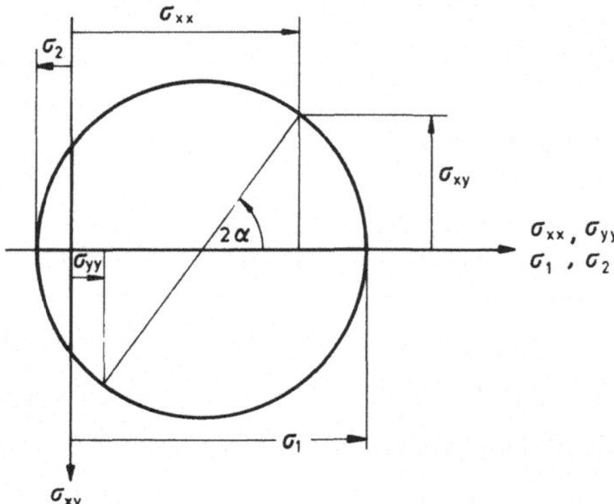

Bild 1.7
Mohrscher Spannungskreis

7. Aus den Transformationsformeln für den Spannungstensor ist ferner abzuleiten:

Satz 1.7: Beim ebenen Spannungszustand sind die Größen

$$\bar{S}_1 = \sigma_{xx} + \sigma_{yy} = \sigma_1 + \sigma_2$$

$$\bar{S}_2 = \sigma_{xx}^2 + 2\,\sigma_{xy}^2 + \sigma_{yy}^2 = \sigma_1^2 + \sigma_2^2$$

Invarianten des Spannungszustandes, d.h. unabhängig von der Orientierung des Bezugssystems.

In vielen Fällen werden wir ebene Spannungszustände in anderen Ebenen, z.B. in der zx-Ebene betrachten. Die Beziehungen sind dann durch einfache zyklische Vertauschung der Indices zu übertragen, z.B. durch

$$x \to z\,, \quad y \to x\,.$$

Die vorstehenden Überlegungen lassen sich darüber hinaus auch auf allgemeine (dreiachsige) Spannungszustände ausdehnen. Wir verzichten hier auf formale Beweise und geben lediglich die Ergebnisse an:

Satz 1.8: Für jeden Spannungszustand gibt es drei senkrecht aufeinander stehende Schnittrichtungen, für die die Schubspannungen verschwinden.

Die diese Schnittrichtungen kennzeichnenden Flächennormalen bilden die Hauptachsen des Spannungstensors ($\boldsymbol{e}_1$, $\boldsymbol{e}_2$, $\boldsymbol{e}_3$). Die zugehörigen Haupt-Normalspannungen bezeichnen wir mit σ_1, σ_2, σ_3. Die Hauptachsen ordnen wir so, daß $\sigma_1 \geqslant \sigma_2 \geqslant \sigma_3$ ist und die zugehörigen Achsen ein Rechtssystem bilden.

Satz 1.9: Die betragsmäßig größte Schubspannung finden wir für Schnittrichtungen, die unter einem Winkel von $\frac{\pi}{4}$ gegen die Hauptachsen 1 und 3 geneigt sind. Es ist

$$|\tau|_{\max} = \frac{1}{2}\,(\sigma_1 - \sigma_3)\,.$$

Satz 1.10: Die Größen

$$\begin{aligned} S_1 &= \sum_i \sigma_{ii} &&= \sigma_1 + \sigma_2 + \sigma_3 \\ S_2 &= \sum_i \sum_k \sigma_{ik}\sigma_{ki} &&= \sigma_1^2 + \sigma_2^2 + \sigma_3^2 \\ S_3 &= \sum_i \sum_k \sum_l \sigma_{ik}\sigma_{kl}\sigma_{li} &&= \sigma_1^3 + \sigma_2^3 + \sigma_3^3\,, \qquad (i,k,l = 1,2,3) \end{aligned}$$

sind Invarianten des Spannungszustandes, d.h. unabhängig von der Orientierung des Bezugssystems.

Zur Abkürzung ist in den vorstehenden Beziehungen

$$\begin{aligned} &\sigma_{xx} = \sigma_{11}\,, \quad \sigma_{xy} = \sigma_{12}\,, \quad \sigma_{xz} = \sigma_{13} \\ &\sigma_{yx} = \sigma_{21}\,, \quad \text{usw.} \end{aligned}$$

gesetzt worden. Von dieser abgekürzten Schreibweise werden wir auch an anderer Stelle Gebrauch machen.

Die Invarianten S_1, S_2 des allgemeinen Spannungszustandes gehen in die entsprechenden Invarianten $\bar{S}_1$, $\bar{S}_2$ des ebenen Spannungszustandes (Satz 1.7) über, wenn wir

$$\sigma_{xz} = \sigma_{yz} = \sigma_{zz} = 0 \quad \text{bzw.} \quad \sigma_3 = 0$$

setzen. Die S_3 entsprechende Invariante $\bar{S}_3$ des ebenen Spannungszustandes ist im übrigen keine unabhängige Größe; sie läßt sich durch $\bar{S}_1$ und $\bar{S}_2$ ausdrücken

$$\bar{S}_3 = \frac{3}{2}\,\bar{S}_1\bar{S}_2 - \frac{1}{2}\,\bar{S}_1^3\,.$$

Die Haupt-Normalspannungen σ_1, σ_2, σ_3 sind die drei reellen Wurzeln der kubischen Gleichung

$$\det(\sigma_{ik} - \sigma\,\delta_{ik}) = 0$$

mit δ_{ik} als *Kronecker*-Delta, die sich mit Hilfe der Invarianten auch in der Form

$$\sigma^3 - S_1\sigma^2 - S_2^*\sigma - S_3^* = 0$$

schreiben läßt. Die Größen

$$S_2^* = \frac{1}{2}\,(S_2 - S_1^2)$$
$$S_3^* = \frac{1}{3}\left(S_3 + \frac{1}{2}\,S_1^3 - \frac{3}{2}\,S_1S_2\right),$$

die aus den Invarianten S_1, S_2, S_3 gebildet werden, sind natürlich ebenfalls invariant. Beim ebenen Spannungszustand wird $S_3^* = 0$. Die kubische Gleichung entartet dann zu einer quadratischen Gleichung mit den Wurzeln σ_1, σ_2 (und $\sigma_3 = 0$).

Wir können die Spannungen additiv aufspalten in einen Anteil mit allseitig gleichen Normalspannungen σ_m und in einen Anteil, der davon abweicht (Deviatorspannungen):

$$\begin{pmatrix} \sigma_{xx} & \sigma_{xy} & \sigma_{xz} \\ \sigma_{yx} & \sigma_{yy} & \sigma_{yz} \\ \sigma_{zx} & \sigma_{zy} & \sigma_{zz} \end{pmatrix} = \begin{pmatrix} \sigma_m & 0 & 0 \\ 0 & \sigma_m & 0 \\ 0 & 0 & \sigma_m \end{pmatrix} + \begin{pmatrix} \sigma_{xx} - \sigma_m & \sigma_{xy} & \sigma_{xz} \\ \sigma_{yx} & \sigma_{yy} - \sigma_m & \sigma_{yz} \\ \sigma_{zx} & \sigma_{zy} & \sigma_{zz} - \sigma_m \end{pmatrix}$$

mit $\quad \sigma_m = \dfrac{1}{3}\,(\sigma_{xx} + \sigma_{yy} + \sigma_{zz}) = \dfrac{1}{3}\,S_1\,.$

Der erste Anteil beschreibt einen kugelsymmetrischen Spannungszustand, bei dem wir für jede Schnittrichtung die gleiche (mittlere) Normalspannung σ_m und keine Schubspannungen vorfinden. Ein solcher Spannungszustand ist durch eine einzige Invariante zu kennzeichnen:

$$S_1 = 3\,\sigma_m.$$

Die Deviatorspannungen wollen wir mit τ_{ik} bezeichnen. Für sie gilt

$$\tau_{xx} = \sigma_{xx} - \sigma_m$$
$$\tau_{xy} = \sigma_{xy} \qquad \text{usw.}$$

Betrachten wir die Invarianten T_1, T_2, T_3 dieses Spannungszustandes, so finden wir

$$T_1 = \sum_i \tau_{ii} \equiv 0$$
$$T_2 = \sum_i \sum_k \tau_{ik}\tau_{ki} = S_2 - \frac{1}{3}\,S_1^2$$
$$T_3 = \sum_i \sum_k \sum_l \tau_{ik}\tau_{kl}\tau_{li} = S_3 - S_1S_2 + \frac{2}{9}\,S_1^3\,.$$

Für die Deviatorspannungen erhalten wir also nur zwei voneinander unabhängige Invarianten. Zusammen mit der den kugelsymmetrischen Spannungszustand kennzeichnenden Invarianten S_1 sind es dann insgesamt wieder drei.

Welches Grundsystem von Invarianten wir festlegen (z.B. S_1, S_2, S_3 oder S_1, T_2, T_3 usw.) bleibt gleichgültig. Alle etwa sonst noch abzuleitenden Invarianten des Spannungszustandes lassen sich nämlich auf eines der genannten Grundsysteme zurückführen.

Die wichtigsten Ergebnisse der vorstehenden Überlegungen fassen wir zusammen in

---

Satz 1.11: Jeder Spannungszustand σ_{ik} (bezogen auf eine orthonormale Basis) ist entsprechend der Beziehung

$$\sigma_{ik} = \tau_{ik} + \sigma_m \, \delta_{ik}$$

$$\sigma_m = \frac{1}{3} \sum_i \sigma_{ii}$$

aufteilbar in einen
kugelsymmetrischen Tensor $\sigma_m \, \delta_{ik}$
und einen Deviator $\tau_{ik} = \sigma_{ik} - \sigma_m \, \delta_{ik}$.
Der kugelsymmetrische Spannungszustand ist durch die Invariante

$$S_1 = 3\,\sigma_m = \sum_i \sigma_{ii}$$

gekennzeichnet. Die Invarianten der Deviatorspannungen sind

$$T_2 = \sum_i \sum_k \tau_{ik} \tau_{ki} = S_2 - \frac{1}{3} S_1^2$$

$$T_3 = \sum_i \sum_k \sum_l \tau_{ik} \tau_{kl} \tau_{li} = S_3 - S_1 S_2 + \frac{2}{9} S_1^3 \, .$$

1.3 Beschreibung des Verzerrungszustandes

Im Verlauf eines mechanischen Prozesses, der beispielsweise durch Belastungs- oder Temperaturänderungen verursacht wird, erfahren die Körperpunkte Verschiebungen, die wir in der Form

$$\boldsymbol{u}(\overset{\circ}{\boldsymbol{r}}, t) = \boldsymbol{r}(\overset{\circ}{\boldsymbol{r}}, t) - \overset{\circ}{\boldsymbol{r}}$$

beschreiben können, wobei

$$\overset{\circ}{\boldsymbol{r}} = \boldsymbol{r}\,(t_0)$$

ist (s. Bild 1.8; vgl. auch Band I, Abschnitt 5.3). Aus den Verschiebungen der Körperpunkte ergeben sich für die Körperelemente (vgl. Bild 1.9)

a) Starrkörper-Verschiebungen, bestehend aus Translation und Rotation,
b) Verzerrungen, bestehend aus Dehnungen und Gleitungen.

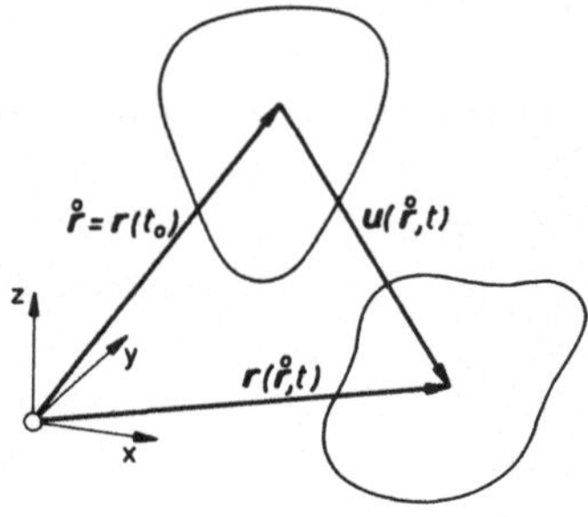

Bild 1.8
Ausgangslage und deformierte Lage eines Körpers

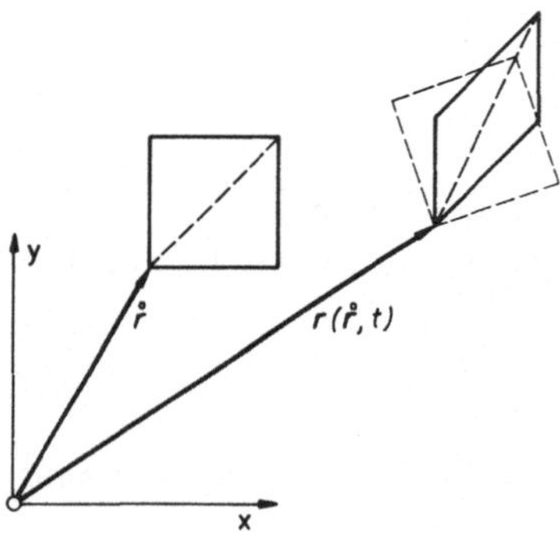

Bild 1.9
Ausgangslage und deformierte Lage eines Körperelementes

Die Kinematik der Starrkörper-Verschiebungen haben wir in Band I, Abschnitt 5.2 behandelt. Bei den Verzerrungen wollen wir nun zwischen winkeltreuen Dehnungen und volumentreuen Gleitungen unterscheiden. Beide Begriffe sind uns zwar aus der täglichen Erfahrung heraus bereits vertraut. Für die weiteren Überlegungen wollen wir dennoch zunächst präzise Definitionen einführen.

Eine Strecke, die im Ausgangszustand die Länge l_0 haben möge (l_0 sei etwa der Abstand zweier Punkte im Körper), werde bei den Formänderungen des Körpers um das Maß Δl verändert (Bild 1.10). Wir legen nun fest

---

Def. 1.1: Die Dehnung ϵ ist die auf die Ausgangslänge l_0 bezogene Längenänderung einer Strecke:

$$\epsilon = \frac{\Delta l}{l_0} . \qquad [1]$$

Die Dehnung ϵ kann positiv oder negativ sein

$$\epsilon \lesseqgtr 0 .$$

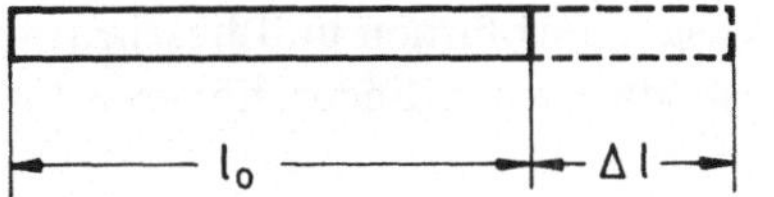

Bild 1.10
Dehnung einer Strecke

Negative Dehnungen ($\epsilon < 0$) nennen wir auch Stauchungen.

Den Begriff Dehnung können wir auch auf die Verzerrungen eines Körperelementes übertragen. Dazu betrachten wir ein Element, das im Ausgangszustand ein orthogonaler Quader mit den Kantenlängen $\mathrm{d}x$, $\mathrm{d}y$, $\mathrm{d}z$ sein möge. Beschränken wir uns nun zunächst auf solche Formänderungen des Körpers, bei denen das Körperelement seine Gestalt als orthogonaler Quader und seine Orientierung beibehält und nur die Kantenlängen sich ändern (Bild 1.11), so können wir definieren

---

Def. 1.2: Erfährt ein Körperelement eine winkeltreue kleine Verzerrung, so sind in einem kartesischen Bezugssystem seine Dehnungen

$$\epsilon_{xx} = \frac{\Delta\,\mathrm{d}x}{\mathrm{d}x}$$

$$\epsilon_{yy} = \frac{\Delta\,\mathrm{d}y}{\mathrm{d}y}$$

$$\epsilon_{zz} = \frac{\Delta\,\mathrm{d}z}{\mathrm{d}z}\,.$$

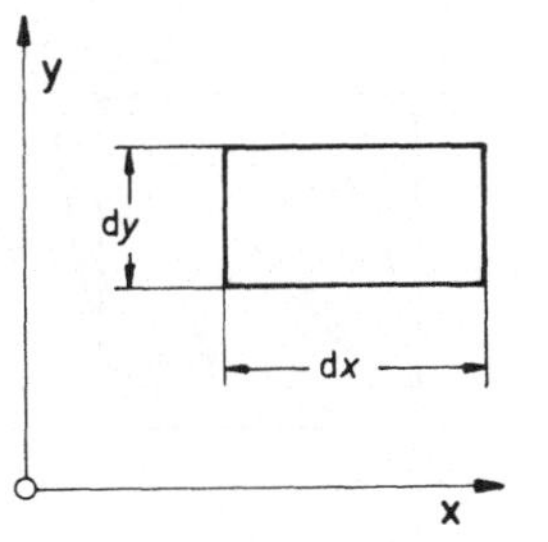

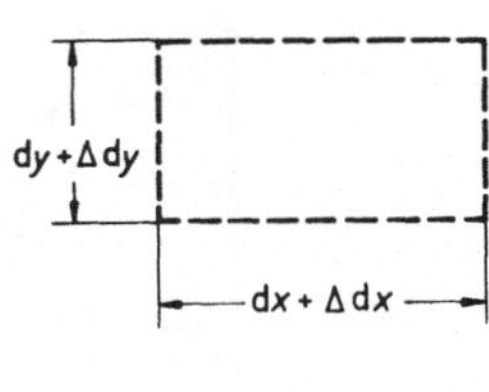

Bild 1.11 Dehnung eines Körperelementes

Die vorstehende Definition ist unabhängig davon, ob das Körperelement bei der Verzerrung an seinem Ort verbleibt oder ob – wie in Bild 1.11 – eine Translation als starrer Körper überlagert ist.

Aus den Dehnungen des Körperelementes können wir die Volumenänderung des Körperelementes berechnen. Sie ist

$$\begin{aligned}\Delta\,\mathrm{d}V &= (\,\mathrm{d}x + \Delta\,\mathrm{d}x)(\,\mathrm{d}y + \Delta\,\mathrm{d}y)(\,\mathrm{d}z + \Delta\,\mathrm{d}z) - \mathrm{d}x\,\mathrm{d}y\,\mathrm{d}z \\ &= \{(1+\epsilon_{xx})(1+\epsilon_{yy})(1+\epsilon_{zz}) - 1\}\;\mathrm{d}x\,\mathrm{d}y\,\mathrm{d}z \\ &= \{\epsilon_{xx} + \epsilon_{yy} + \epsilon_{zz} + \epsilon_{xx}\epsilon_{yy} + \epsilon_{yy}\epsilon_{zz} + \epsilon_{zz}\epsilon_{xx} + \epsilon_{xx}\epsilon_{yy}\epsilon_{zz}\}\;\mathrm{d}x\,\mathrm{d}y\,\mathrm{d}z\,.\end{aligned}$$

Beziehen wir die Volumenänderung auf das Ausgangsvolumen und beschränken uns auf kleine Dehnungen (ϵ_{xx}, ϵ_{yy}, $\epsilon_{zz} \ll 1$), so daß wir Glieder höherer Ordnung vernachlässigen können, so gilt

Satz 1.12: Für kleine Dehnungen ist die Volumendehnung

$$e = \frac{\Delta \mathrm{d}V}{\mathrm{d}V} = \epsilon_{xx} + \epsilon_{yy} + \epsilon_{zz} .$$

Wir betrachten nun volumentreue Gestaltänderungen eines Körperelementes, das im Ausgangszustand einen orthogonalen Quader bildet, und zwar solche Gestaltänderungen, die auf Winkeländerungen beruhen. Fürs erste nehmen wir an, daß eine solche Winkeländerung nur in der xy-Ebene erfolge. Dann lassen sich zunächst zwei Grundfälle unterscheiden (Bild 1.12a und b). Im Falle a) behalten die Flächen, die im Ausgangszustand senkrecht zur y-Achse liegen, ihre Orientierung bei und es findet eine Gleitung in x-Richtung statt, bei der die Flächen, die anfänglich senkrecht zur x-Achse lagen, eine Drehung $\gamma_{(yx)}$ erfahren. Im Falle b) findet eine Gleitung in y-Richtung statt, die mit einer entsprechenden Drehung $\gamma_{(xy)}$ der Flächen, die anfänglich senkrecht zur y-Achse lagen, verbunden ist. Die Flächen senkrecht zur x-Achse behalten hierbei ihre Orientierung bei. Beiden Fällen ist gemeinsam, daß es volumentreue Verzerrungen sind. Sie unterscheiden sich dadurch, daß im Falle a) die Kanten parallel zur x-Achse ungedehnt bleiben, während im Falle b) die Kanten parallel zur y-Achse keine Dehnungen erfahren.

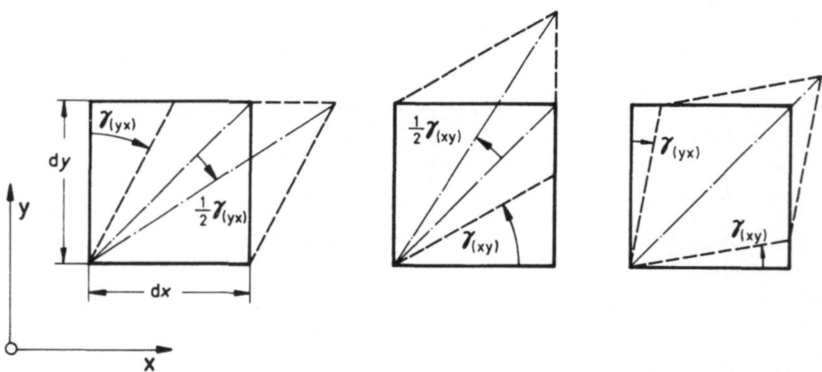

Bild 1.12 Gleitung: a) einfache Gleitung in x-Richtung, b) einfache Gleitung in y-Richtung und c) reine Gleitung (symmetrisch)

Diesen beiden Grundfällen, die man auch als einfache Gleitungen bezeichnet, können wir noch einen dritten Grundfall (Bild 1.12c) anfügen. Er weist eine vollständige Symmetrie auf, liegt also genau in der Mitte zwischen den Fällen a) und b) und wird als reine Gleitung bezeichnet.

Bei kleinen Drehungen $\gamma_{(xy)}$ bzw. $\gamma_{(yx)}$ der Flächen unterscheiden sich die drei Fälle bei gleichen Werten von $\gamma_{(xy)} + \gamma_{(yx)}$ (abgesehen von Effekten, die von höherer Ordnung klein und darum zu vernachlässigen sind) lediglich dadurch, daß der

Verzerrung des Körperelementes (beschreibbar durch die Angabe der Winkeländerungen) unterschiedliche Starrkörper-Rotationen überlagert sind. Diese Rotationen können wir bei einem würfelförmigen Quader durch die Drehung der Diagonalen beschreiben. Die Größe dieser Rotationen ist in Bild 1.12 jeweils mit angegeben.

Es liegt nahe, den symmetrischen Fall c) zum Ausgangspunkt der Festlegung des Maßes für die Gleitung zu machen, d.h. die halbe Winkeländerung als Maß für die Gleitung einzuführen, im übrigen aber bei kleinen Winkeländerungen und kleinen Rotationen die Fälle hinsichtlich der Verzerrungen des Körperelementes gleichzusetzen.

Def. 1.3: Erfährt ein Körperelement eine volumentreue, kleine Verzerrung bei vernachlässigbarer Rotation, so sind in einem kartesischen Bezugssystem seine Gleitungen

$$\epsilon_{xy} = \epsilon_{yx} = \frac{1}{2}\left\{\gamma_{(xy)} + \gamma_{(yx)}\right\}$$

$$\epsilon_{yz} = \epsilon_{zy} = \frac{1}{2}\left\{\gamma_{(yz)} + \gamma_{(zy)}\right\}$$

$$\epsilon_{zx} = \epsilon_{xz} = \frac{1}{2}\left\{\gamma_{(zx)} + \gamma_{(xz)}\right\}.$$

Überlagerte Translationen als starrer Körper stören diese Definition nicht. Dagegen erfordern die Überlagerung endlicher Rotationen sowie große Gleitungen gesonderte Überlegungen.

Bei Beschränkung auf kleine Verzerrungen (Dehnungen und Gleitungen) sowie kleine Rotationen können wir den Verzerrungszustand als additive Überlagerung von Dehnungen und Gleitungen vollständig beschreiben. Mit der Angabe der Zahlenwerte

$$\begin{pmatrix} \epsilon_{xx} & \epsilon_{xy} & \epsilon_{xz} \\ \epsilon_{yx} & \epsilon_{yy} & \epsilon_{yz} \\ \epsilon_{zx} & \epsilon_{zy} & \epsilon_{zz} \end{pmatrix}$$

ist also der Verzerrungszustand vollständig festgelegt.

Während der Translations-Anteil der Starrkörper-Verschiebung eines Körperelementes durch das Verschiebungsfeld $\boldsymbol{u}(\overset{\circ}{\boldsymbol{r}}, t)$ selbst gegeben ist, hängen der Rotationsanteil der Starrkörper-Verschiebung sowie die Verzerrung eines Körperelementes von den Änderungen des Verschiebungsfeldes in der Umgebung des Körperpunktes $\boldsymbol{r}(\overset{\circ}{\boldsymbol{r}}, t)$ ab. Diesen Zusammenhang wollen wir jetzt genauer untersuchen. Dabei wollen wir uns wie zuvor auf hinreichend kleine Rotationen und Verzerrungen (geometrische Linearität) beschränken, d.h. die einzelnen Anteile der Rotationen und Verzerrungen lassen sich superponieren. Aus diesem Grunde können wir beispielsweise auch zunächst die Verschiebungskomponenten in der xy-Ebene für sich betrachten.

Aus Bild 1.13 lesen wir ab – unter Vernachlässigung von Größen, die von höherer Ordnung klein sind:

$$\begin{aligned}
\epsilon_{xx} &= \frac{u_x + \dfrac{\partial u_x}{\partial \mathring{x}}\,\mathrm{d}\,\mathring{x} - u_x}{\mathrm{d}\,\mathring{x}} = \frac{\partial u_x}{\partial \mathring{x}} \\
\epsilon_{yy} &= \frac{u_y + \dfrac{\partial u_y}{\partial \mathring{y}}\,\mathrm{d}\,\mathring{y} - u_y}{\mathrm{d}\,\mathring{y}} = \frac{\partial u_y}{\partial \mathring{y}} \\
\epsilon_{xy} &= \epsilon_{yx} = \frac{1}{2}\left\{\gamma_{(xy)} + \gamma_{(yx)}\right\} \\
&\approx \frac{1}{2}\left\{\frac{u_y + \dfrac{\partial u_y}{\partial \mathring{x}}\,\mathrm{d}\,\mathring{x} - u_y}{\mathrm{d}\,\mathring{x}\,(1+\epsilon_{xx})} + \frac{u_x + \dfrac{\partial u_x}{\partial \mathring{y}}\,\mathrm{d}\,\mathring{y} - u_x}{\mathrm{d}\,\mathring{y}\,(1+\epsilon_{yy})}\right\} \\
&\approx \frac{1}{2}\left\{\frac{\partial u_y}{\partial \mathring{x}} + \frac{\partial u_x}{\partial \mathring{y}}\right\}.
\end{aligned}$$

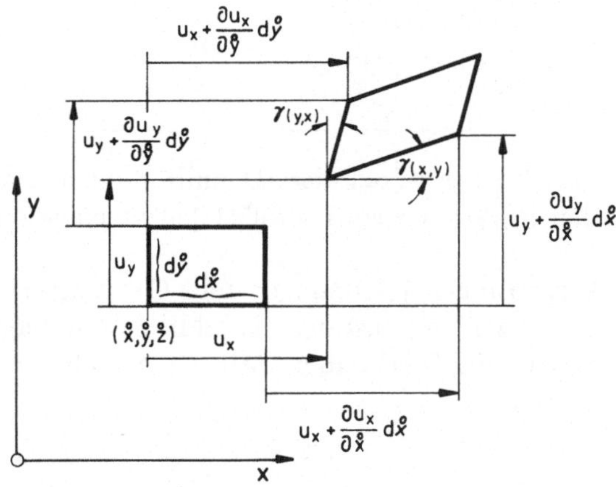

Bild 1.13 Verzerrungen eines Volumenelementes

Analoge Ausdrücke ergeben sich für die Zusammenhänge zwischen den Verschiebungen und Verzerrungen in der yz-Ebene und in der zx-Ebene.

In dieser Darstellung haben wir alle Größen dem Ausgangszustand zugeordnet:

$$u_x = u_x\left(\mathring{x}, \mathring{y}, \mathring{z}\right) \quad \text{usw.}$$

Deshalb haben wir die Ableitungen auch nach den Koordinaten des Ausgangszustandes vorzunehmen. Nun ist aber unter unseren Voraussetzungen beispielsweise die Ausdehnung eines verzerrten Körperelementes in x-Richtung nur wenig verschieden von der ursprünglichen Länge $\mathrm{d}\,\mathring{x}$ im Ausgangszustand, d.h.

$$\mathrm{d}x \approx \mathrm{d}\,\mathring{x}\ .$$

Ferner können wir es bei kleinen Verschiebungen offenlassen, ob wir die Verschiebungen $\boldsymbol{u}$ den Körperpunkten in der Ausgangslage oder den Punkten des deformierten Körpers zuordnen wollen, denn es ist

$$\boldsymbol{u}(\mathring{\boldsymbol{r}}, t) \approx \boldsymbol{u}(\boldsymbol{r}, t) .$$

So kommen wir dazu, für hinreichend kleine Translationen, Drehungen und Verzerrungen der Körperelemente den Zusammenhang zwischen den Verschiebungen und den Verzerrungen in folgender Form anzugeben:

Satz 1.13: Beziehung zwischen den Verschiebungen und Verzerrungen eines Elementes in einem kartesischen Koordinatensystem bei hinreichend kleinen Drehungen und Verzerrungen
Es ist

$$\epsilon_{xx} = \frac{\partial u_x}{\partial x}, \quad \epsilon_{yy} = \frac{\partial u_y}{\partial y}, \quad \epsilon_{zz} = \frac{\partial u_z}{\partial z},$$

$$\epsilon_{xy} = \epsilon_{yx} = \frac{1}{2}\left\{\frac{\partial u_y}{\partial x} + \frac{\partial u_x}{\partial y}\right\},$$
$$\epsilon_{yz} = \epsilon_{zy} = \frac{1}{2}\left\{\frac{\partial u_z}{\partial y} + \frac{\partial u_y}{\partial z}\right\},$$
$$\epsilon_{zx} = \epsilon_{xz} = \frac{1}{2}\left\{\frac{\partial u_x}{\partial z} + \frac{\partial u_z}{\partial x}\right\},$$

bzw. in abgekürzter Schreibweise

$$\epsilon_{ik} = \epsilon_{ki} = \frac{1}{2}\left(\frac{\partial u_k}{\partial x_i} + \frac{\partial u_i}{\partial x_k}\right), \quad (i, k = 1, 2, 3).$$

Dabei haben wir in Analogie zu anderen Fällen

$$u_x = u_1, \quad u_y = u_2, \quad u_z = u_3,$$
$$x = x_1, \quad y = x_2, \quad z = x_3$$

gesetzt.

Untersuchen wir nun, wie sich die Dehnungen und Gleitungen bei einer Drehung des Bezugssystems ändern, so finden wir die gleichen Transformationsbeziehungen wie für die Zahlenwerte des Spannungstensors. Daraus schließen wir:

Satz 1.14: Die Verzerrungen

$$\epsilon_{ik} = \epsilon_{ki} = \frac{1}{2}\left\{\frac{\partial u_k}{\partial x_i} + \frac{\partial u_i}{\partial x_k}\right\}, \quad (i, k = 1, 2, 3)$$

stellen die Zahlenwerte eines symmetrischen Tensors, des Verzerrungstensors dar. Deshalb lassen sich die für den Spannungstensor formulierten Sätze 1.3 bis 1.11 analog auf den Verzerrungstensor übertragen. Ferner sind die Transformationen ebener Verzerrungszustände (bei Drehung des Koordinatensystems um die z-Achse) mit Hilfe des *Mohr*schen Kreises darstellbar.

Wir begnügen uns hier mit dieser globalen Feststellung und verzichten darauf, die Sätze für den Verzerrungstensor einzeln anzugeben. Lediglich der dem Satz 1.11 entsprechende Satz soll hier seiner physikalischen Bedeutung wegen hervorgehoben werden:

Satz 1.15: Jeder Verzerrungszustand ϵ_{ik} läßt sich aufspalten in

einen kugelsymmetrischen Tensor

$$\frac{1}{3}\,\epsilon\,\delta_{ik} = \frac{1}{3}\sum_i \epsilon_{rr}\,\delta_{ik}\,,$$

der die Volumendehnung ϵ kennzeichnet, und

einen Deviator

$$\gamma_{ik} = \epsilon_{ik} - \frac{1}{3}\,\epsilon\,\delta_{ik}\,,$$

der die (volumentreuen) Gestaltänderungen beschreibt.

Zur zahlenmäßigen Festlegung des kugelsymmetrischen Anteils der Verzerrungen führen wir hier als kennzeichnende Größe die Volumendehnung ϵ und nicht die mittlere Dehnung $\epsilon_m = \frac{1}{3}\epsilon$ ein, weil ϵ eine unmittelbare physikalische Bedeutung hat. Es sei ferner darauf hingewiesen, daß die Zahlenwerte γ_{ik} des Deviators nicht verwechselt werden dürfen mit den Winkeländerungen $\gamma_{(ik)}$, die wir zur Definition der Gleitungen benutzt hatten.

Die Starrkörper-Rotation eines Elementes können wir identifizieren mit der Drehung, die die Diagonale eines kubischen Elementes erfährt (vgl. Bild 1.14). Wir erhalten:

Satz 1.16: Beziehung zwischen den Verschiebungen und Starrkörper-Rotationen eines Elementes in einem kartesischen Koordinatensystem bei hinreichend kleinen Drehungen und Verzerrungen:
Es ist

$$\alpha_{ik} = \frac{1}{2}\left\{\frac{\partial u_k}{\partial x_i} - \frac{\partial u_i}{\partial x_k}\right\}.$$

Die Größen α_{ik} sind die Zahlenwerte eines antimetrischen Tensors, d.h. es ist

$$\alpha_{ik} = -\alpha_{ki}\,, \quad \alpha_{ii} = 0\,.$$

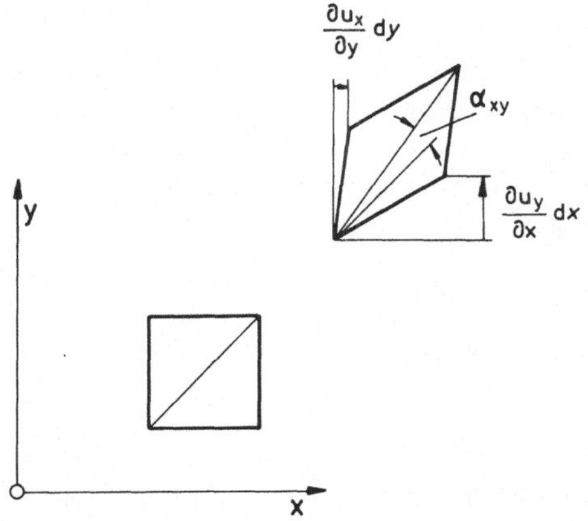

Bild 1.14
Starrkörper-Rotation α_{xy}

Sowohl die Verzerrungen ϵ_{ik} wie die Starrkörper-Rotationen α_{ik} sind nach Satz 1.14 bzw. Satz 1.16 aus dem Verschiebungsfeld $\boldsymbol{u}(\overset{\circ}{\boldsymbol{r}}, t)$ bzw. $\boldsymbol{u}(\boldsymbol{r}, t)$ abzuleiten. Sie lassen sich als symmetrischer bzw. antimetrischer Anteil des Verschiebungsgradienten

$$\operatorname{grad} \boldsymbol{u} = \nabla \boldsymbol{u}$$

deuten, wobei

$$\nabla = \boldsymbol{e}_x \frac{\partial}{\partial x} + \boldsymbol{e}_y \frac{\partial}{\partial y} + \boldsymbol{e}_z \frac{\partial}{\partial z}$$

der *Nabla*-Operator ist.

Satz 1.17: Bei hinreichend kleinen Drehungen und Verzerrungen sind die Verzerrungen ϵ_{ik} gleich dem symmetrischen Anteil, die Starrkörper-Rotationen α_{ik} gleich dem antimetrischen Anteil des Verschiebungsgradienten $\operatorname{grad} \boldsymbol{u}$.

Bei bekanntem Verschiebungsfeld können wir mit Hilfe der Sätze 1.14 und 1.16 bzw. 1.17 die Verzerrungen und die Starrkörper-Rotationen aller Körperelemente ermitteln. Wir können die Aufgabe jedoch auch umkehren und danach fragen, welche Verschiebungen zu einem gegebenen Feld von Verzerrungen und Starrkörper-Rotationen gehören. Dabei zeigt es sich, daß wir zwar für ein einzelnes Körperelement beliebige Verzerrungen und Rotationen vorschreiben können, daß bei Vorgabe eines Feldes von Verzerrungen und Rotationen allerdings gewisse Verträglichkeitsbedingungen oder sogenannte Kompatibilitätsbedingungen eingehalten werden müssen, wenn das zugehörige Feld der Verschiebungen stetig, der Zusammenhang des Körpers also nicht gestört sein soll. Diese Verträglichkeitsbedingungen lassen sich in folgender Form schreiben:

Satz 1.18: Das Verzerrungsfeld muß (dreimal stetig differenzierbares Verschiebungsfeld vorausgesetzt) den Kompatibilitätsbedingungen

$$\frac{\partial^2 \epsilon_{ii}}{\partial x_k^2} + \frac{\partial^2 \epsilon_{kk}}{\partial x_i^2} - 2\,\frac{\partial^2 \epsilon_{ik}}{\partial x_i \partial x_k} = 0$$

$$\frac{\partial^2 \epsilon_{ik}}{\partial x_k \partial x_l} + \frac{\partial^2 \epsilon_{kl}}{\partial x_i \partial x_k} - \frac{\partial^2 \epsilon_{li}}{\partial x_k^2} - \frac{\partial^2 \epsilon_{kk}}{\partial x_i \partial x_l} = 0$$

genügen.

Die Bedeutung der Kompatibilitätsbedingungen erkennen wir, wenn wir die Verzerrungen durch die Verschiebungen ausdrücken. Nehmen wir die erste Gleichungsgruppe und setzen dort z.B. $i = 1$ und $k = 2$, so erhalten wir (mit $x_1 = x$, $x_2 = y$)

$$\frac{\partial^2}{\partial y^2}\underbrace{\left(\frac{\partial u_x}{\partial x}\right)}_{\epsilon_{xx}} + \frac{\partial^2}{\partial x^2}\underbrace{\left(\frac{\partial u_y}{\partial y}\right)}_{\epsilon_{yy}} - 2\,\frac{\partial^2}{\partial x \partial y}\underbrace{\frac{1}{2}\left(\frac{\partial u_x}{\partial x} + \frac{\partial u_x}{\partial y}\right)}_{\epsilon_{xy}} \equiv 0\,.$$

Zwei weitere identisch verschwindende Gleichungen dieser Gruppe ergeben sich durch zyklische Vertauschung der Indices. Ebenso enthält die zweite Gruppe der Kompatibilitätsbedingungen drei identisch verschwindende Gleichungen, wenn wir wiederum die Verzerrungen durch die Verschiebungen ausdrücken. Die Kompatibilitätsbedingungen stellen also – in den Verschiebungen geschrieben – nichts anderes als Identitäten dar. Sie ergeben keine Bestimmungsgleichungen zur Berechnung des Verschiebungsfeldes aus dem Feld der Verzerrungen und Rotationen.

Die Verzerrungs- bzw. Rotations-Geschwindigkeiten erhalten wir, indem wir die Verschiebungen $\boldsymbol{u}_i$ durch die entsprechenden Geschwindigkeiten $\boldsymbol{v}_i$ ersetzen:

Satz 1.19: Die Verzerrungsgeschwindigkeit eines Körperelementes ist in einem kartesischen Koordinatensystem durch

$$d_{ik} = \frac{1}{2}\left\{\frac{\partial v_k}{\partial x_i} + \frac{\partial v_i}{\partial x_k}\right\}, \quad (i, k = 1, 2, 3)$$

gegeben. Die Größen d_{ik} sind die Zahlenwerte eines symmetrischen Tensors:

$$d_{ik} = d_{ki}\,.$$

Satz 1.20: Die Geschwindigkeit der Starrkörper-Rotation ist in einem kartesischen Koordinatensystem durch die Größen

$$\omega_{ik} = \frac{1}{2}\left\{\frac{\partial v_k}{\partial x_i} - \frac{\partial v_i}{\partial x_k}\right\}, \quad (i, k = 1, 2, 3)$$

bestimmt, die die Zahlenwerte eines antimetrischen Tensors bilden:

$\omega_{ik} = -\omega_{ki}$.

Die für den Verzerrungstensor geltenden Aussagen lassen sich auf den Tensor der Verzerrungsgeschwindigkeiten übertragen.

1.4 Grundgesetz der Mechanik; analytische Fassung

In Band I, Abschnitt 6.3 haben wir das aus Impuls- und Drallsatz bestehende Grundgesetz der Mechanik in vektorieller, symbolischer Schreibweise formuliert, die offenläßt, auf welche Basis die darin vorkommenden vektoriellen Größen bezogen werden sollen. Für die Anwendung auf Probleme der Statik und Kinetik deformierbarer Körper benötigen wir das Grundgesetz jedoch in einer analytischen Fassung, die es uns gestattet, die vektoriellen Größen zahlenmäßig zu erfassen. Wir wählen dazu ein kartesisches Bezugssystem, dessen Bezugspunkt und Orientierung in geeigneter Weise festgelegt seien.

Der Impulssatz (Teil A des Grundgesetzes der Mechanik; vgl. Band I, Satz 6.1) lautet in symbolischer Schreibweise

$$\mathrm{d}\boldsymbol{F}_A + \mathrm{d}\boldsymbol{F}_V = \frac{\mathrm{D}}{\mathrm{d}t}\,(\mathrm{d}m\,\boldsymbol{v}).$$

Hierin bezeichnen

$\mathrm{d}m = \rho\,\mathrm{d}V = \rho\,\mathrm{d}x\,\mathrm{d}y\,\mathrm{d}z$	die Masse des Körperelementes, dessen Dichte ρ und dessen Volumen $\mathrm{d}V$ ist,
$\boldsymbol{v} = \dfrac{\mathrm{D}}{\mathrm{d}t}\,\boldsymbol{u} = \dot{\mathbf{u}}$	die Geschwindigkeit des Körperelementes,
$\mathrm{d}\boldsymbol{F}_V = \mathrm{d}m \sum_i \boldsymbol{f}_i = \mathrm{d}m\,\boldsymbol{f}$	die vektorielle Summe der volumenhaft verteilt an dem Körperelement angreifenden Kräfte,
$\mathrm{d}\boldsymbol{F}_A$	die vektorielle Summe der flächenhaft verteilt an dem Körperelement angreifenden Kräfte.

Für die Größen $\mathrm{d}\boldsymbol{F}_V$ und $\mathrm{d}m\boldsymbol{v}$ lassen sich bei gegebener Basis die entsprechenden Zahlenwerte unmittelbar angeben. Die vektorielle Summe der flächenhaft verteilt angreifenden Kräfte ist jedoch noch zu ermitteln. Aus Bild 1.15, in das nur der besseren Übersicht wegen lediglich die in x-Richtung wirkenden Kräfte eingetragen sind, lesen wir für die aus den Spannungen in x-Richtung resultierenden Kräfte ab:

$$\left(\sigma_{xx} + \frac{\partial\sigma_{xx}}{\partial x}\,\mathrm{d}x - \sigma_{xx}\right)\mathrm{d}y\,\mathrm{d}z + \left(\sigma_{yx} + \frac{\partial\sigma_{yx}}{\partial y}\,\mathrm{d}y - \sigma_{yx}\right)\mathrm{d}z\,\mathrm{d}x$$
$$+ \left(\sigma_{zx} + \frac{\partial\sigma_{zx}}{\partial z}\,\mathrm{d}z - \sigma_{zx}\right)\mathrm{d}x\,\mathrm{d}y = \left(\frac{\partial\sigma_{xx}}{\partial x} + \frac{\partial\sigma_{yx}}{\partial y} + \frac{\partial\sigma_{zx}}{\partial z}\right)\mathrm{d}V\,.$$

Setzen wir das sowie die Ausdrücke, die wir jeweils für die Summe der flächenhaft verteilt angreifenden Kräfte in y- bzw. z-Richtung erhalten in den Impulssatz ein, so ergeben sich – nach Division durch $\mathrm{d}V$ – die folgenden drei skalaren Gleichungen:

Satz 1.21: Impulssatz; analytische Fassung

$$\begin{aligned}
\frac{\partial \sigma_{xx}}{\partial x} + \frac{\partial \sigma_{yx}}{\partial y} + \frac{\partial \sigma_{zx}}{\partial z} + \rho f_x &= \rho \frac{\mathrm{D}^2 u_x}{\mathrm{d}t^2}\,, \\
\frac{\partial \sigma_{xy}}{\partial x} + \frac{\partial \sigma_{yy}}{\partial y} + \frac{\partial \sigma_{zy}}{\partial z} + \rho f_y &= \rho \frac{\mathrm{D}^2 u_y}{\mathrm{d}t^2}\,, \\
\frac{\partial \sigma_{xz}}{\partial x} + \frac{\partial \sigma_{yz}}{\partial y} + \frac{\partial \sigma_{zz}}{\partial z} + \rho f_z &= \rho \frac{\mathrm{D}^2 u_z}{\mathrm{d}t^2}\,,
\end{aligned}$$

bzw. in abgekürzter Schreibweise

$$\sum_i \frac{\partial \sigma_{ik}}{\partial x_i} + \rho f_k = \rho \frac{\mathrm{D}^2 u_k}{\mathrm{d}t^2}\,.$$

Diese drei skalaren Gleichungen entsprechen einer vektoriellen Gleichung, die sich symbolisch in folgender Form schreiben läßt:

$$\operatorname{div} \mathbf{S} + \rho \boldsymbol{f} = \rho \frac{\mathrm{D}^2 \boldsymbol{u}}{\mathrm{d}t^2}\,.$$

Hierin bezeichnet

$$\operatorname{div} \mathbf{S} = \nabla \cdot \mathbf{S}$$

die Divergenz des Spannungstensors $\mathbf{S}$. Der Impulssatz ist eine sogenannte Feldgleichung. Er stellt eine Beziehung zwischen dem tensoriellen Spannungsfeld $\mathbf{S}(\boldsymbol{r}, t)$ und dem vektoriellen Verschiebungsfeld $\boldsymbol{u}(\boldsymbol{r}, t)$ dar.

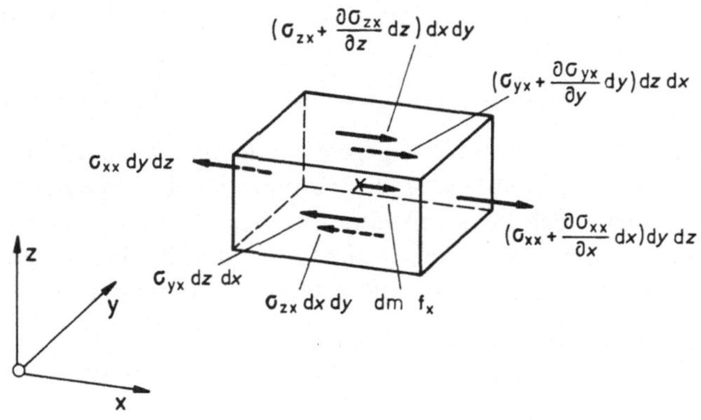

Bild 1.15 Volumenelement mit angreifenden Kräften

Der Drallsatz (Teil B des Grundgesetzes der Mechanik; vgl. Band I, Satz 6.2), liefert unter Annahme des *Boltzmann*-Axioms lediglich die Aussage, daß der Spannungstensor symmetrisch ist (Satz 1.2). Seine Aussagekraft ist damit erschöpft. In der Mechanik deformierbarer Körper, die als klassische Kontinua (Punkt-Kontinua) zu betrachten sind, erscheint er darüber hinaus nicht mehr als selbständige Grundgleichung. Ist die Beschleunigung aller Körperpunkte identisch Null, so verschwinden die rechten Seiten der Gleichungen von Satz 1.21 und wir gelangen zur Statik der deformierbaren Körper. Das Gleichungssystem der Statik wird durch die Überlagerung einer gleichförmigen Translationsbewegung nicht gestört (*Galilei*-Transformation).

1.5 Energiesatz der Mechanik

Wir wollen den Austausch mechanischer Energie ermitteln, der im Verlauf der Bewegung und der Deformationen eines unter der Einwirkung von Kräften stehenden Körpers stattfindet. Dabei beschränken wir uns auf differentielle Änderungen des Verschiebungszustandes und können es offen lassen, wodurch diese Änderungen bewirkt sind.

Zur Ermittlung des gesuchten Energie-Austausches gehen wir vom Impulssatz für ein Körperelement aus. Wir multiplizieren den Impulssatz skalar mit dem Verschiebungs-Inkrement $\mathrm{D}\boldsymbol{u}$ und integrieren dann über den ganzen Körper. Auf diese Weise erhalten wir zunächst in symbolischer Schreibweise

$$\int_V \{\mathrm{d}\boldsymbol{F}_A + \mathrm{d}\boldsymbol{F}_V\} \cdot \mathrm{D}\boldsymbol{u} = \int_V \mathrm{d}m\,\dot{\boldsymbol{v}} \cdot \mathrm{D}\boldsymbol{u}\,.$$

Die analytische Fassung dieser Beziehung lautet in abgekürzter Schreibweise

$$\int_V \sum_k \left\{\sum_i \frac{\partial \sigma_{ik}}{\partial x_i}\right\} \mathrm{D}u_k\,\mathrm{d}V + \int_V \rho \sum_k f_k\,\mathrm{D}u_k\,\mathrm{d}V = \int_V \rho \sum_k \frac{\mathrm{D}v_k}{\mathrm{d}t}\,\mathrm{D}u_k\,\mathrm{d}V\,.$$

Wir formen nun um. Es ist einerseits

$$\sum_k \left\{\sum_i \frac{\partial \sigma_{ik}}{\partial x_i}\right\} \mathrm{D}u_k = \sum_k \sum_i \frac{\partial}{\partial x_i}(\sigma_{ik}\,\mathrm{D}u_k) - \sum_k \sum_i \sigma_{ik} \frac{\partial}{\partial x_i}(\mathrm{D}u_k)$$

und andererseits

$$\sum_k \frac{\mathrm{D}v_k}{\mathrm{d}t}\,\mathrm{D}u_k = \sum_k \frac{\mathrm{D}v_k}{\mathrm{d}t}\,v_k\,\mathrm{d}t = \frac{\mathrm{D}}{\mathrm{d}t}\left(\frac{v^2}{2}\right)\mathrm{d}t = \mathrm{D}\left(\frac{v^2}{2}\right)$$

mit

$$v^2 = \sum_k v_k v_k\,.$$

Setzen wir das oben ein, so erhalten wir

$$\int_V \sum_i \sum_k \frac{\partial}{\partial x_i} (\sigma_{ik}\, \mathrm{D}u_k)\, \mathrm{d}V - \int_V \sum_i \sum_k \sigma_{ik} \frac{\partial}{\partial x_i} (\mathrm{D}u_k)\, \mathrm{d}V + \int_V \sum_k f_k\, \mathrm{D}u_k\, \mathrm{d}m = \int_V \mathrm{D}\left(\frac{v^2}{2}\right) \mathrm{d}m\,.$$

Wir betrachten nun die einzelnen Glieder dieser Gleichung:

1. nach dem *Gaußschen* Integralsatz ist

$$\int_V \sum_i \sum_k \frac{\partial}{\partial x_i} (\sigma_{ik}\, \mathrm{D}u_k)\, \mathrm{d}V = \int_A \sum_k p_k\, \mathrm{D}u_k\, \mathrm{d}A\,.$$

Das auf der linken Seite stehende Volumenintegral geht in ein Integral über die Oberfläche des Körpers über. Hierin bezeichnet $\boldsymbol{p}$ den Spannungsvektor der von außen flächenhaft verteilt auf den Körper einwirkenden Kräfte. Das vorstehende Integral stellt deshalb das Inkrement der Arbeit dieser Kräfte dar:

$$\int_V \sum_k p_k\, \mathrm{D}u_k\, \mathrm{d}A = \mathrm{D}A_A^{(a)}\,.$$

2. Unter Beachtung der Symmetrie des Spannungstensors ($\sigma_{ik} = \sigma_{ki}$) können wir

$$\int_V \sum_i \sum_k \sigma_{ik} \frac{\partial}{\partial x_i} (\mathrm{D}u_k)\, \mathrm{d}V = \int_V \sum_i \sum_k \sigma_{ik} \frac{1}{2} \left\{ \frac{\partial}{\partial x_i} \mathrm{D}u_k + \frac{\partial}{\partial x_k} \mathrm{D}u_i \right\} \mathrm{d}V.$$

setzen. Der rechts stehende Ausdruck beschreibt das Inkrement der Formänderungsarbeit, d.h. jenes Anteils der Arbeit, der zur Formänderung des Körpers aufgewendet wird:

$$\int_V \sum_i \sum_k \sigma_{ik}\, \mathrm{D}\epsilon_{ik}\, \mathrm{d}V = \mathrm{D}W\,.$$

Um dies nachzuweisen, betrachten wir den Ausdruck

$$\begin{aligned} \mathrm{D}w &= \sum_i \sum_k \frac{\sigma_{ik}}{\rho} \mathrm{D}\epsilon_{ik} \\ &= \frac{1}{\rho} \{ \sigma_{xx}\, \mathrm{D}\epsilon_{xx} + \sigma_{xy}\, \mathrm{D}\epsilon_{xy} + \sigma_{xz}\, \mathrm{D}\epsilon_{xz} \\ &\quad + \sigma_{yx}\, \mathrm{D}\epsilon_{yx} + \sigma_{yy}\, \mathrm{D}\epsilon_{yy} + \sigma_{yz}\, \mathrm{D}\epsilon_{yz} \\ &\quad + \sigma_{zx}\, \mathrm{D}\epsilon_{zx} + \sigma_{zy}\, \mathrm{D}\epsilon_{zy} + \sigma_{zz}\, \mathrm{D}\epsilon_{zz} \}\,. \end{aligned}$$

Er beschreibt, wie wir gleich sehen werden, das auf die Masse eines Körperelementes bezogene Inkrement der Verzerrungsarbeit, d.h. die spezifische Arbeit, die die an einem Körperelement angreifenden Spannungen bei einer inkrementellen Verzerrung dieses Elementes leisten. Nehmen wir beispielsweise das erste Glied der rechten Seite (multipliziert mit $\mathrm{d}m = \rho\,\mathrm{d}V$), also den Ausdruck

$$\sigma_{xx}\,\mathrm{d}y\,\mathrm{d}z\,\mathrm{d}x\,\mathrm{D}\epsilon_{xx} = \sigma_{xx}\,\mathrm{D}\epsilon_{xx}\,\mathrm{d}V\,,$$

so erkennen wir (vgl. Bild 1.16), daß es die Arbeit angibt, die die Spannungen σ_{xx} bei einer Verzerrung $\mathrm{D}\epsilon_{xx}$ des Körperelementes leisten. Analog stellt (vgl. Bild 1.17)

$$\sigma_{xy}\,\mathrm{d}y\,\mathrm{d}z\,\mathrm{d}x\,(\,\mathrm{D}\epsilon_{xy} + \mathrm{D}\epsilon_{yx}) = \{\sigma_{xy}\,\mathrm{D}\epsilon_{xy} + \sigma_{yx}\,\mathrm{D}\epsilon_{yx}\}\,\mathrm{d}V$$

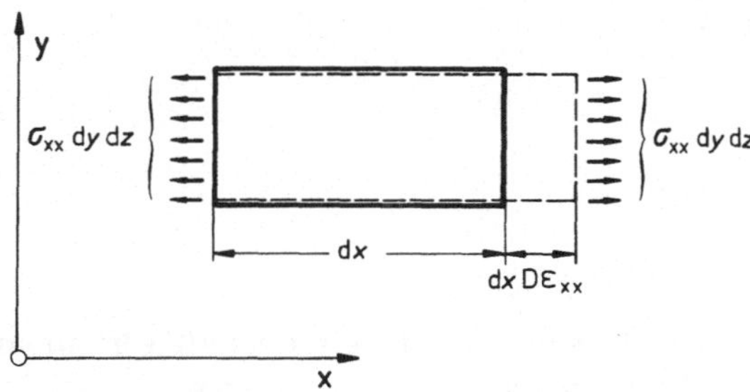

Bild 1.16 Verzerrungsarbeit infolge σ_{xx}

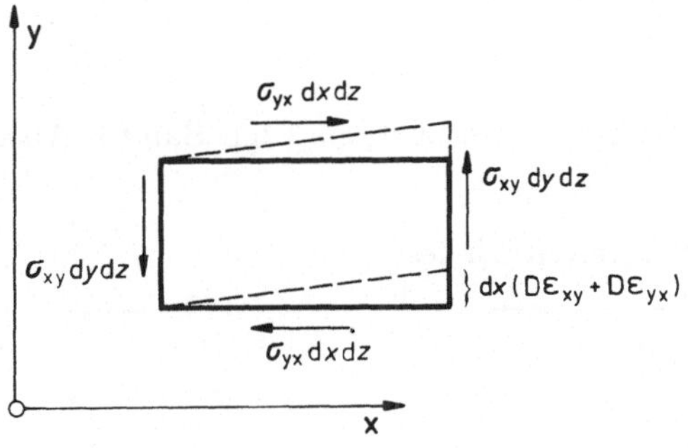

Bild 1.17 Verzerrungsarbeit infolge $\sigma_{xy} = \sigma_{yx}$

die Arbeit der Spannungen $\sigma_{xy} = \sigma_{yx}$ bei einer Verzerrung $\mathrm{D}\epsilon_{xy} = \mathrm{D}\epsilon_{yx}$ dar. Entsprechendes gilt für die Arbeit der übrigen Spannungen. Die spezifischen Arbeiten erhalten wir, indem wir die obigen Ausdrücke durch $\mathrm{d}m = \rho\,\mathrm{d}V$ dividieren.

Die einzelnen Arbeitsanteile lassen sich superponieren, weil beispielsweise bei einer Dehnungsänderung $\mathrm{D}\epsilon_{xx}$ nur die Spannungen σ_{xx} Arbeit leisten usw.

Ferner ist auch einfach zu zeigen, daß etwaige Überlagerungen von Starrkörper-Bewegungen (Translationen und Rotationen) keine zusätzlichen Arbeitsanteile verursachen. Mithin gehen in $\mathrm{D}w$ nur die Arbeitsanteile ein, die die Spannungen σ_{ik} bei Verzerrungsinkrementen $\mathrm{D}\epsilon_{ik}$ leisten. Aus der spezifischen Verzerrungsarbeit eines Körperelementes

$$\mathrm{D}w = \sum_i \sum_k \frac{\sigma_{ik}}{\rho} \, \mathrm{D}\epsilon_{ik}$$

erhalten wir die Formänderungsarbeit für den ganzen Körper durch Integration über alle Körperelemente:

$$\mathrm{D}W = \int_V \mathrm{D}w \, \rho \, \mathrm{d}V = \int_V \sum_i \sum_k \sigma_{ik} \, \mathrm{D}\epsilon_{ik} \, \mathrm{d}V \, .$$

Das aber ist gerade der Ausdruck, der sich oben ergeben hat.

3. Es ist

$$\int_V \sum_k \mathrm{D}u_k \, f_k \, \rho \, \mathrm{d}V = \mathrm{D}A_V$$

das Inkrement der Arbeit aller an dem Körper volumenhaft verteilt angreifenden Kräfte, und zwar sowohl der inneren wie der äußeren.

4. Es ist schließlich

$$\int_V \mathrm{D}\left(\frac{v^2}{2}\right) \mathrm{d}m = \mathrm{D} \int_V \frac{v^2}{2} \, \mathrm{D}m = \mathrm{D}E$$

die Änderung der kinetischen Energie E des Körpers (vgl. Band I, Abschnitt 6.5.2).

Als Ergebnis unserer Betrachtungen halten wir fest:

Satz 1.22: Energiesatz der Mechanik

Es ist

$$\mathrm{D}A_A^{(a)} + \mathrm{D}A_V = \mathrm{D}W + \mathrm{D}E \, ,$$

wobei

$\mathrm{D}A_A^{(a)}$ das Inkrement der Arbeit der flächenhaft angreifenden äußeren Kräfte,

$\mathrm{D}A_V$ das Inkrement der Arbeit aller volumenhaft angreifenden Kräfte,

$\mathrm{D}W$ das Inkrement der Formänderungsarbeit,

$\mathrm{D}E$ das Differential der kinetischen Energie

bezeichnet. Spalten wir die Arbeit der volumenhaft verteilt angreifenden Kräfte auf in

$$\mathrm{D}A_V = \mathrm{D}A_V^{(a)} + \mathrm{D}A_V^{(i)},$$

wobei $\mathrm{D}A_V^{(a)}$ die Arbeit der äußeren und $\mathrm{D}A_V^{(i)}$ die Arbeit der inneren volumenhaft verteilt angreifenden Kräfte darstellt, so gilt

$$\underbrace{\mathrm{D}A_A^{(a)} + \mathrm{D}A_V^{(a)}}_{\mathrm{D}_A^{(a)}} + \mathrm{D}A_V^{(i)} = \mathrm{D}W + \mathrm{D}E\,.$$

Wenn in unseren Energie-Betrachtungen keine inneren volumenhaft verteilt angreifenden Kräfte zu berücksichtigen sind, werden wir anstelle von $\mathrm{D}A^{(a)}$ häufig auch einfach $\mathrm{D}A$ für das Inkrement der Arbeit aller äußeren Kräfte schreiben.

Abschließend halten wir noch einmal fest, daß der Energiesatz der Mechanik, wie die vorstehenden Betrachtungen zeigen, eine Folgerung aus dem Grundgesetz der Mechanik ist. Er stellt deshalb kein selbständiges Axiom dar.

2 Materialgesetz für elastische Körper

2.1 Allgemeines

Die Überlegungen, die wir im 1. Kapitel bezüglich der Beschreibung des Spannungs- und des Verzerrungszustandes angestellt haben, sowie die Formulierung des Grundgesetzes der Mechanik und die Energiebetrachtungen sind materialunabhängig. Sie gelten für alle klassischen Kontinua, seien es feste Körper, Flüssigkeiten oder Gase. Das spezielle Materialverhalten wird durch Gesetze beschrieben, die materialabhängig sind und darum Materialgesetze heißen. Sie sind dadurch gekennzeichnet, daß in ihnen physikalische Größen vorkommen, die bestimmte Materialeigenschaften festlegen und Materialkonstanten genannt werden.

Es gibt verschiedene Arten von Materialgesetzen, z.B. solche, die das optische Verhalten eines Materials betreffen, oder andere, die sich auf das elektromagnetische Verhalten beziehen. Wir haben hier das mechanische Materialgesetz im Auge, und zwar insbesondere jenen Teil dieses Materialgesetzes, der die Beziehungen zwischen den Spannungen, den Verzerrungen und der Temperatur beschreibt und auch als Formänderungsgesetz bezeichnet wird.

Wir bezeichnen ein Material als elastisch, wenn eine eindeutig umkehrbare Beziehung zwischen den Spannungen σ_{ik}, den Verzerrungen ϵ_{ik} und der Temperatur T besteht. Eine solche Beziehung stellt eine Zustandsgleichung zwischen den Zustandsgrößen σ_{ik}, ϵ_{ik} und T dar. Alle Verzerrungen eines Körperelementes sind bei Bestehen einer solchen Zustandsgleichung reversibel. Wir können deshalb auch für jedes Körperelement eines solchen elastischen Materials einen natürlichen Zustand definieren, den es bei Spannungsfreiheit für eine bestimmte – in physikalisch sinnvollen Grenzen beliebig festlegbare – Temperatur T_0 einnimmt.

Die Annahme eines rein elastischen Verhaltens ist stets eine Idealisierung. Reale Körper zeigen immer gewisse Abweichungen davon, die allerdings in vielen Fällen vernachlässigbar klein sein können. Darum ist es sinnvoll, mit solchen idealisierten Modell-Körpern zu rechnen. Wie sich elastische Körper in eine Reihe anderer einfa-

starre Körper	elastische Körper	plastische Körper	ideale Flüssigkeiten	viskose Flüssigkeiten
	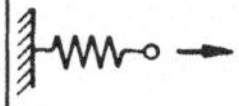	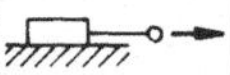		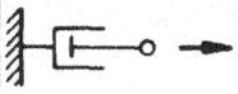
Keine Verzerrungen, Spannungen unbestimmt.	Umkehrbar eindeutige Beziehungen zwischen Spannungen und Verzerrungen.	Gestaltänderungsinkremente hängen von Deviatorspannungen ab.	Keine Deviatorspannungen.	Gestaltänderungsgeschwindigkeit hängt von den Deviatorspannungen ab.
	Formänderungsgesetze sind homogen in der Zeit, d.h. geschwindigkeitsunabhängig. Verzerrungen, bzw. deren Inkremente gehen in Formänderungsgesetze ein.		Die Verzerrungen selbst gehen in Formänderungsgesetze nicht ein.	
Definierte Körperformen			Keine definierten Körperformen	

Tabelle 2.1 Übersicht über die Formänderungsgesetze einiger einfacher Modellkörper (isotherme Prozesse)

cher Modell-Körper einfügen, zeigt die Übersicht in Tabelle 2.1. Zur Vereinfachung haben wir bei der Charakterisierung der einzelnen Modellkörper die Abhängigkeit des Materialverhaltens von der Temperatur dadurch ausgeklammert, daß wir lediglich isotherme Prozesse ($T =$ konst.) betrachten. Die zweite Zeile der Übersicht enthält die symbolischen Darstellungen, die das Materialverhalten unter einachsiger Beanspruchung bildhaft kennzeichnen, mit Ausnahme der idealen Flüssigkeit, für die eine Kennzeichnung in dieser Weise nicht möglich ist.

Durch die Kombination von Materialeigenschaften erhalten wir weitere Klassen einfacher Modell-Körper, z.B. elasto-plastische Körper oder visko-elastische Körper. Im Rahmen dieses Kapitels werden wir uns jedoch nur mit dem Materialgesetz für elastische Körper befassen. Dabei wollen wir uns auf linear-elastische isotrope Körper beschränken. Wir setzen also voraus:

a) geometrische Linearität,
b) physikalische Linearität, d.h. lineare Beziehungen zwischen den Spannungen, den Verzerrungen und der Temperatur, sowie
c) isotropes Material.

Im allgemeinen werden wir ferner voraussetzen, daß die betrachteten Körper homogen, die Materialkonstanten also ortsunabhängig sind.

2.2 Das Materialgesetz für isotrope, linear-elastische Körper

2.2.1 Einige Versuchsergebnisse

Zur Ableitung der allgemeinen Form des Formänderungsgesetzes für elastische Körper greifen wir zunächst auf einige Erfahrungen zurück, die wir aus Versuchen mit elastischen Körpern gewinnen können.

Dazu betrachten wir das Verhalten verschiedener Probestäbe des gleichen Materials mit unterschiedlichem Querschnitt $A_0 = \frac{\pi}{4} d_0^2$ und unterschiedlicher Meßlänge l_0 (s. Bild 2.1) im Zugversuch bei quasistatischer, isothermer Belastung. Die Bezeichnung quasistatisch soll dabei zum Ausdruck bringen, daß die Belastung so langsam erfolge, daß wir den Vorgang als eine Folge von Gleichgewichtszuständen betrachten können, und isotherm bedeutet, daß der Versuch bei gleichbleibender Temperatur stattfindet. Wir setzen ferner voraus, daß der Werkstoff homogen und isotrop sei, d.h. daß der Werkstoff überall gleichartig sei und keine ausgezeichnete Richtung besitze, so daß es nicht darauf ankommt, in welcher Orientierung die Probestäbe dem Material entnommen sind.

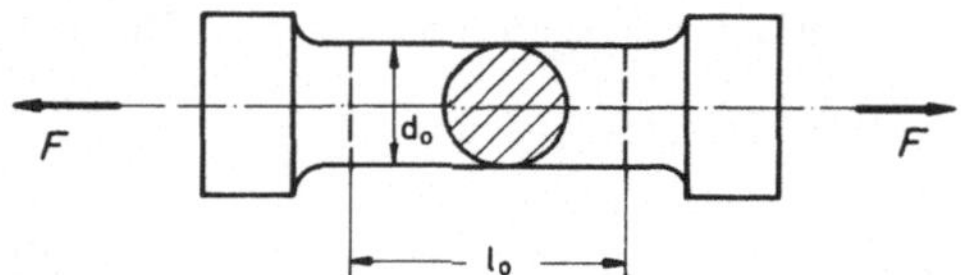

Bild 2.1
Zugprobe

Wir beobachten nun den Zusammenhang zwischen der aufgebrachten Belastung F und der Verlängerung Δl der ursprünglichen Meßlänge. Tragen wir die Abhängigkeit $F = F(\Delta l)$ bzw. $\Delta l = \Delta l(F)$ in einem Diagramm (s. Bild 2.2) auf, so erhalten wir Kurven verschiedenen, aber ähnlichen Verlaufs. Wir können diese Kurven zur Deckung bringen, indem wir nicht $F(\Delta l)$, sondern $\sigma(\epsilon)$ auftragen, wobei

$$\sigma = \frac{F}{A_0} \quad \text{und} \quad \epsilon = \frac{\Delta l}{l_0}$$

ist (s. Bild 2.3).

Für viele Werkstoffe finden wir zumindest für hinreichend kleine Zahlenwerte von ϵ einen linearen Zusammenhang zwischen σ und ϵ und können dann also schreiben

$$\boxed{\sigma = E\,\epsilon\,.}$$

Man bezeichnet dies als das *Hooke*sche Gesetz, nach dem englischen Physiker *Hooke* (1635-1703), der in einer Veröffentlichung über Versuche an Federn auf den linearen Zusammenhang zwischen Belastung und Verlängerung hingewiesen hat. Er formulierte das in dem Satz: *ut tensio, sic vis* (wie die Dehnung, so die Kraft). Den Proportionalitätsfaktor E nennen wir Elastizitätsmodul. Er ist eine Materialkonstante. Seine Dimension ist $[\mathrm{ML}^{-1}\mathrm{Z}^{-2}] = [\mathrm{KL}^{-2}]$.

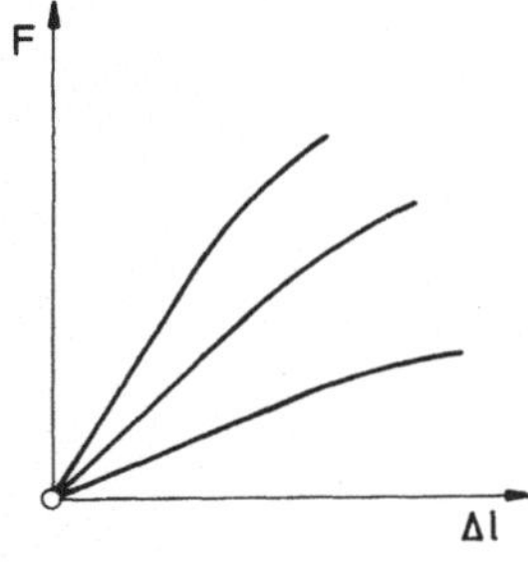

Bild 2.2
Zugversuche mit verschiedenen A_0 und l_0

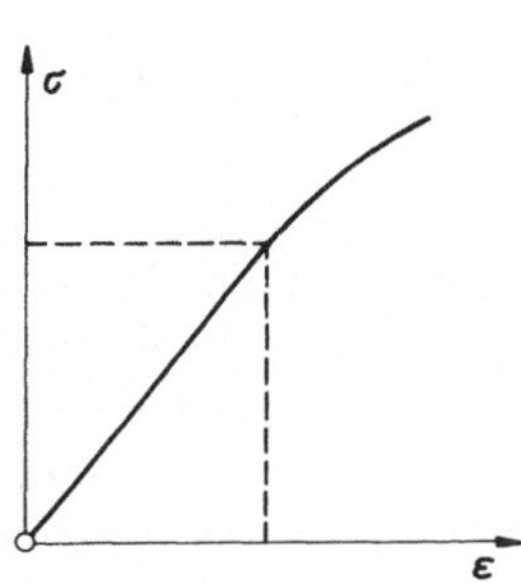

Bild 2.3
Spannungs-Dehnungs-Diagramm mit linearem Bereich

Bei den gleichen Versuchen können wir auch eine Querkontraktion der Probestäbe beobachten, die in einem festen Verhältnis zur Längsdehnung steht. Dieses Versuchsergebnis können wir beschreiben, indem wir für die Querdehnung ϵ_q ansetzen

$$\boxed{\epsilon_q = \frac{\Delta d}{d_0} = -\nu\,\epsilon}$$

Die Materialkonstante ν (Dimension [1]) nennen wir *Poisson*'sche Querkontraktionszahl nach dem französischen Mathematiker *Poisson* (1781-1840), der diese Größe in die Theorie elastischer Körper einführte.

Kehren wir die Belastungsrichtung um, so wird aus dem Zugversuch ein Druckversuch. Für viele Werkstoffe ergeben sich dabei, zumindest für kleine Stauchungen ($\epsilon < 0$; $|\epsilon|$ hinreichend klein), die gleichen Beziehungen wie im Zugversuch. Die vorstehenden Gleichungen, die die Beziehungen zwischen Spannung, Dehnung und Querdehnung beschreiben, gelten deshalb innerhalb gewisser Grenzen auch im Druckbereich. Lediglich die Vorzeichen der Zahlenwerte von σ, ϵ und ϵ_q kehren sich dabei um.

Die Grenzen der Gültigkeit des *Hooke*'schen Gesetzes und der Aussage über die Querdehnung finden wir, wenn wir unsere Versuche zu immer höheren Belastungen im Zug- und Druckbereich ausdehnen. Den Gültigkeitsbereich können wir durch

$$\sigma_{P_D} \leqslant \sigma \leqslant \sigma_{P_Z}$$

kennzeichnen, wobei $\sigma_{P_D} < 0$ die Proportionalitätsgrenze im Druckbereich und $\sigma_{P_Z} > 0$ die Proportionalitätsgrenze im Zugbereich angibt (s. Bild 2.4).

Von einer gewissen Grenze ab geht ferner die eindeutige Umkehrbarkeit der Beziehung zwischen den Spannungen und den Verzerrungen verloren. Wir erhalten

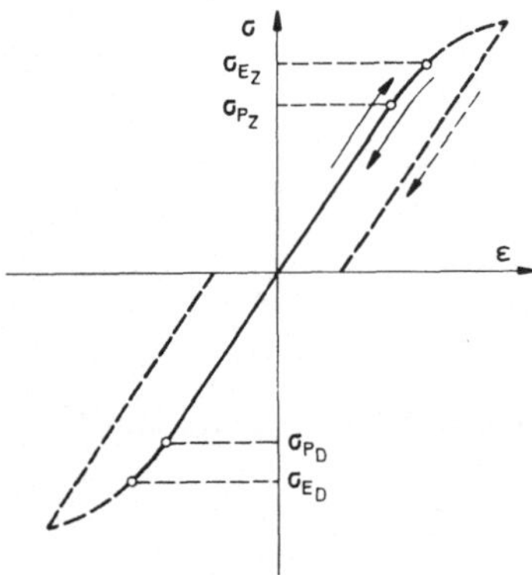

Bild 2.4
Grenzen der Gültigkeit des Hooke'schen Gesetzes

bei Entlastung andere Zuordnungen $\sigma(\epsilon)$ als bei der vorhergehenden Belastung. Die entsprechenden Grenzspannungen σ_{E_Z} und σ_{E_D} markieren die Elastizitätsgrenze. Vielfach werden die den Elastizitätsbereich eingrenzenden Spannungen auch Fließspannungen genannt und mit σ_F bezeichnet. Finden wiederholte Be- und Entlastungen statt, so verschieben sich im allgemeinen die Proportionalitäts- und die Elastizitätsgrenze.

Für viele Werkstoffe kann die Proportionalitätsgrenze mit der Elastizitätsgrenze gleichgesetzt werden, und zwar sowohl im Zug- wie im Druckbereich. Häufig unterscheidet sich auch die Elastizitätsgrenze im Zugbereich betragsmäßig kaum von der Elastizitätsgrenze im Druckbereich. Es gibt aber durchaus auch Werkstoffe, bei denen dies nicht so ist.

Um weiteren Aufschluß über das Materialverhalten zu gewinnen, können wir zusätzlich auch Torsionsversuche durchführen, für die häufig Proben mit dünnwandigem Kreisringquerschnitt gewählt werden (s. Bild 2.5). Wir gehen davon aus, daß die Belastung wiederum quasistatisch und isotherm erfolge und können entsprechend den Zusammenhang zwischen dem aufgebrachten Torsionsmoment M_T und der gegenseitigen Verdrehung $\Delta\varphi$ zweier Querschnitte (mit dem Abstand l_0) beobachten. Zu einer übersichtlicheren Darstellung der Versuchsergebnisse gelangen wir abermals, wenn wir nicht $M_T(\Delta\varphi)$, sondern $\tau(\gamma)$ angeben (s. Bild 2.6), wobei

$$\tau = \frac{M_T}{(D^2 - d^2)\,\frac{\pi}{4}\cdot\frac{1}{4}(D+d)} = \frac{M_T}{\frac{\pi}{16}(D+d)^2(D-d)} \approx \frac{M_T}{\frac{\pi}{2}D^2 s}$$

und $$\gamma = \Delta\varphi\,\frac{D+d}{4\,l_0} \approx \Delta\varphi\,\frac{D}{2\,l_0}$$

sind. Für kleine Zahlenwerte von γ können wir bei vielen Werkstoffen wiederum einen linearen Zusammenhang annehmen und

$$\boxed{\tau = G\,\gamma}$$

setzen. Die Materialkonstante G nennen wir Schubmodul oder Gleitmodul; ihre Dimension $[\mathrm{ML^{-1}Z^{-2}}] = [\mathrm{KL^{-2}}]$ ist die gleiche wie die des Elastizitätsmoduls E. Die

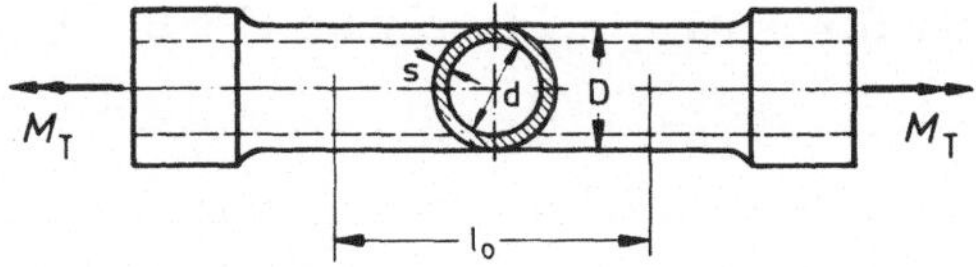

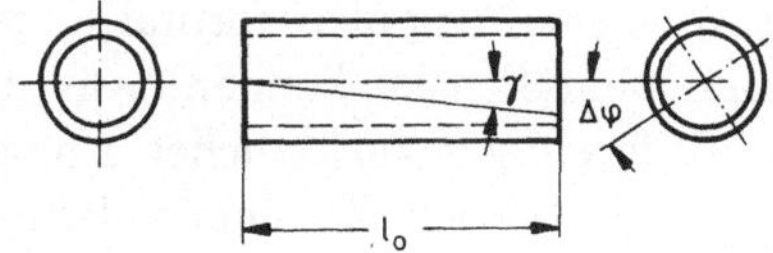

Bild 2.5 Torsionsversuch mit dünnwandiger Zylinderprobe

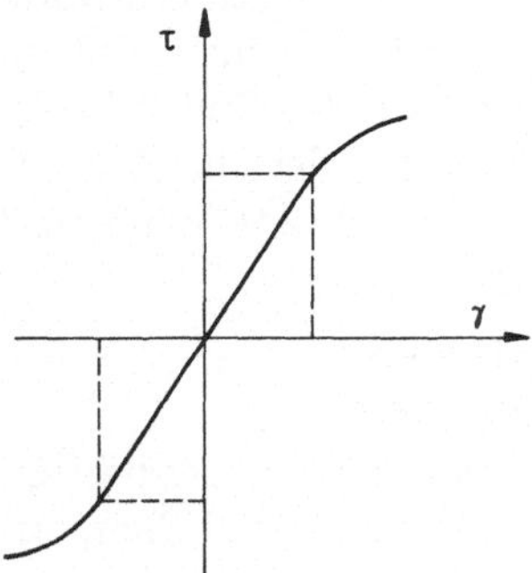

Bild 2.6
τ-γ-Diagramm mit linearen Bereichen

Beschreibung des Zusammenhanges zwischen τ und γ geht im übrigen auf *de St. Venant* (1837) zurück. Für die Grenzen des Proportionalitäts- sowie des Elastizitätsbereiches im Torsionsversuch gelten ähnliche Feststellungen wie für den Zug- bzw. Druckversuch.

Weitere Beobachtungen über das Materialverhalten können wir sammeln, indem wir unbelastete Körper, beispielsweise Würfel, gleichmäßig erwärmen. Wir finden, daß solche Körper eine gleichmäßige Ausdehnung (ohne Winkeländerungen) nach allen Seiten erfahren, die wir durch

$$\boxed{\epsilon_T = \alpha\, \Delta T}$$

beschreiben können. ΔT bezeichnet hierbei die Temperaturänderung (Dimension [T]) und α den linearen Wärmeausdehnungs-Koeffizienten (Dimension [T^{-1}]). Für die Volumendehnung infolge Temperaturänderungen gilt mithin

$$\boxed{e_T = 3\, \epsilon_T = 3\, \alpha \Delta T\,.}$$

2.2.2 Das Formänderungsgesetz für isotrope, elastische Körper bei kleinen Verzerrungen

Die vorstehend geschilderten Versuche geben zunächst nur Auskunft über das Verhalten eines homogenen, elastischen, isotropen Körpers bei bestimmten Beanspruchungen: Zug, Druck, Torsion, Temperaturänderung. Die zur Beschreibung der Versuchsergebnisse eingeführten Größen σ, ϵ, τ, γ haben dabei nur formale Bedeutung; sie sind aus beobachtbaren (meßbaren) Versuchs-Variablen formal abgeleitet mit dem Ziel, die Versuchsergebnisse einfacher darstellen zu können. Aus diesen Versuchsergebnissen können wir jedoch mit Hilfe einiger zusätzlicher Annahmen das Materialgesetz eines homogenen, isotropen, elastischen Körpers ableiten, das das Verhalten eines Körperelementes unter beliebigen Beanspruchungen beschreibt, also angibt, welche Beziehungen zwischen dem Spannungs- und dem Verzerrungszustand sowie der Temperatur eines Körperelementes bestehen. Dabei wollen wir uns auf kleine Verzerrungen und kleine Drehungen der Körperelemente beschränken.

Zur Aufstellung des Formänderungsgesetzes für einen homogenen, isotropen, elastischen Körper gehen wir zunächst vom Zugversuch aus (s. Bild 2.1). Um von dem Verhalten des gesamten Probestabes auf das Verhalten der einzelnen Körperelemente schließen zu können, nehmen wir an, daß innerhalb des Meßbereichs des Probestabes

(a) alle Körperelemente die gleichen Verzerrungen erfahren,
(b) alle Körperelemente den gleichen Spannungen unterliegen.

Diese Annahmen treffen zwar nicht immer ganz genau zu, bei sorgfältiger Versuchsdurchführung sind die Abweichungen in der Verzerrungs- und Spannungsverteilung jedoch so klein, daß sie im allgemeinen vernachlässigt werden können.

Zur Beschreibung der Spannungen und Verzerrungen wählen wir ein kartesisches Koordinatensystem, dessen x-Achse mit der Probenachse zusammenfällt (s. Bild 2.7). Aus den Versuchsergebnissen können wir dann unter Benutzung der Annahme (b) zunächst folgern, daß für den Spannungszustand aller Körperelemente gilt:

$$\sigma_{xx} = \frac{F}{A}$$

$$\sigma_{yy} = \sigma_{zz} = \sigma_{xy} = \sigma_{yz} = \sigma_{zx} = 0\,.$$

Dabei kann offen bleiben, ob A den Querschnitt im Ausgangszustand ($A_0 = \frac{\pi}{4}\,d_0^2$) oder den (durch die Querkontraktion veränderten) Querschnitt bezeichnet. Im Bereich kleiner Verzerrungen ist der Unterschied vernachlässigbar, so daß wir die zur Beschreibung des Zugversuches eingeführte Größe σ als reale Spannung an einem Körperelement deuten können.

Mit Hilfe der Annahme (a) können wir dann weiterhin von den Formänderungen der Probe auf die Verzerrungen der Elemente schließen und das Ergebnis des Zugversuches auf die einzelnen Körperelemente übertragen. Wir erhalten so für den linear-elastischen Bereich (d.h. für den Bereich linearer Beziehungen zwischen Spannungen und Verzerrungen) bei der vorliegenden Beanspruchung (nur $\sigma_{xx} \neq 0$)

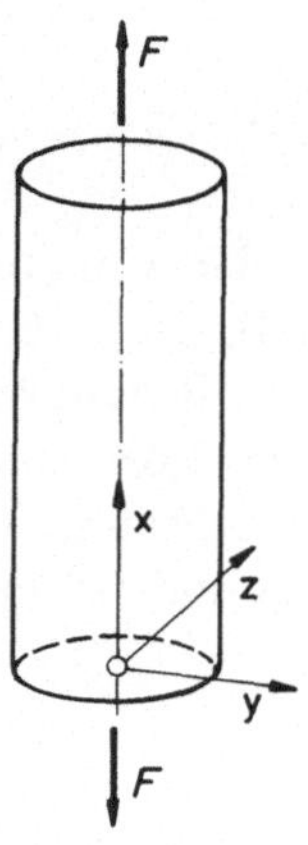

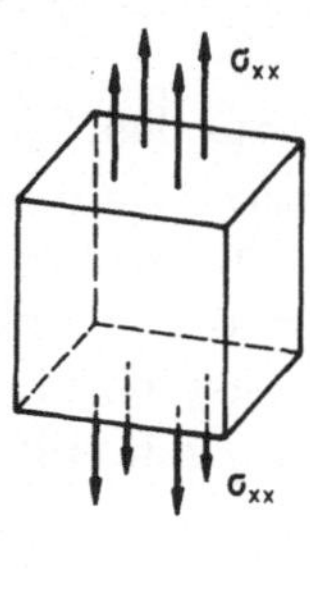

Bild 2.7 Zugversuch

$$\epsilon_{xx} = \epsilon = \frac{\sigma}{E} = \frac{1}{E}\,\sigma_{xx}\,, \qquad \epsilon_{yy} = \epsilon_{zz} = -\frac{\nu}{E}\,\sigma_{xx}$$

$$\epsilon_{xy} = \epsilon_{yz} = \epsilon_{zx} = 0\,.$$

Da wir Isotropie des Materials vorausgesetzt haben, muß ein Element, das einer Spannung $\sigma_{yy} \neq 0$ (als einziger Belastung) ausgesetzt ist, analog reagieren.

$$\epsilon_{yy} = \frac{1}{E}\,\sigma_{yy}\,, \qquad \epsilon_{zz} = \epsilon_{xx} = -\frac{\nu}{E}\,\sigma_{yy}$$

$$\epsilon_{yz} = \epsilon_{zx} = \epsilon_{xy} = 0\,.$$

Entsprechendes gilt für eine Beanspruchung durch σ_{zz}.

Bei kleinen Verzerrungen und Drehungen (geometrische Linearität) und bei linearen Beziehungen zwischen Spannungen und Verzerrungen (physikalische Linearität) sind die Zustände eines Körperelementes superponierbar, d.h. der Überlagerung zweier Spannungszustände auf der einen Seite entspricht genau eine Addition der beiden zugehörigen Verzerrungszustände auf der anderen Seite. Deshalb gelten für einen isotropen, linear-elastischen Körper für einen Spannungszustand, der gekennzeichnet ist durch $\sigma_{xx} \neq 0$, $\sigma_{yy} \neq 0$, $\sigma_{zz} \neq 0$, $\sigma_{xy} = \sigma_{yz} = \sigma_{zx} = 0$, die Beziehungen

$$\epsilon_{xx} = \frac{1}{E}\Big\{\sigma_{xx} - \nu\,(\sigma_{yy} + \sigma_{zz})\Big\}$$

$$\epsilon_{yy} = \frac{1}{E}\Big\{\sigma_{yy} - \nu\,(\sigma_{zz} + \sigma_{xx})\Big\}$$

$$\epsilon_{zz} = \frac{1}{E}\Big\{\sigma_{zz} - \nu\,(\sigma_{xx} + \sigma_{yy})\Big\}$$

$$\epsilon_{xy} = \epsilon_{yz} = \epsilon_{zx} = 0\,.$$

Damit ist eine erste Aussage zum Materialgesetz istroper, linear-elastischer Körper gefunden.

Eine zweite Aussage können wir aus dem Torsionsversuch unter der Annahme ableiten, daß innerhalb des Meßbereichs das Probenrohr so dünnwandig sei ($s/D \ll 1$), daß wir die Wandkrümmung vernachlässigen und hinreichend kleine Rohrausschnitte als eben betrachten können (s. Bild 2.8). Führen wir nun für jedes Körperelement ein lokales, kartesisches Koordinatensystem (x-Achse in Umfangsrichtung, y-Achse in Längsrichtung) ein, so können wir mit Hilfe der Annahmen (a) und (b) aus den Versuchsergebnissen folgern:

$$\sigma_{xy} = \sigma_{yx} = \tau = \frac{M_T}{\frac{1}{2}\pi D^2 s}$$

$$\sigma_{yz} = \sigma_{zx} = \sigma_{xx} = \sigma_{yy} = \sigma_{zz} = 0$$

$$\epsilon_{xy} = \epsilon_{yx} = \frac{1}{2}\gamma = \frac{\tau}{2G} = \frac{1}{2G}\sigma_{xy}$$

$$\epsilon_{yz} = \epsilon_{zx} = \epsilon_{xx} = \epsilon_{yy} = \epsilon_{zz} = 0\,.$$

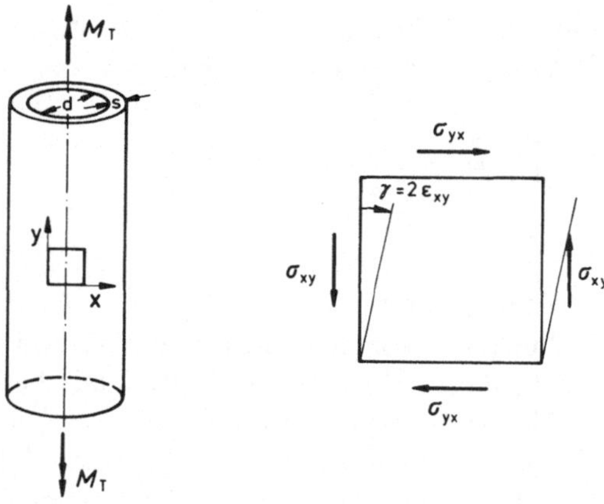

Bild 2.8 Torsionsversuch (Scherversuch)

Wegen der vorausgesetzen Isotropie des Materials muß dann für solche Spannungszustände, bei denen nur $\sigma_{yz} \neq 0$ bzw. $\sigma_{zx} \neq 0$ ist, entsprechend

$$\epsilon_{yz} = \frac{1}{2G}\sigma_{yz} \quad \text{bzw.} \quad \epsilon_{zx} = \frac{1}{2G}\sigma_{zx}$$

sein. Da unter unseren Voraussetzungen die unterschiedlichen Zustände superponierbar sind, gelten die obigen Beziehungen auch für beliebige Zustände, d.h. es ist allgemein im linearen Bereich

$$\epsilon_{xy} = \frac{1}{2G}\sigma_{xy}$$

$$\epsilon_{yz} = \frac{1}{2G}\sigma_{yz}$$

$$\epsilon_{zx} = \frac{1}{2G}\sigma_{zx} .$$

Nehmen wir zu diesen beiden Aussagen über das Materialgesetz noch hinzu, was wir unter entsprechenden Annahmen aus der Beobachtung der Dehnungen eines Versuchskörpers bei Temperaturänderungen für das thermo-mechanische Verhalten eines Körperelementes ablesen können, so erhalten wir

---

Satz 2.1: Formänderungsgesetz eines isotropen linear-elastischen Körpers (verallgemeinertes Hooke'sches Gesetz)

$$\epsilon_{xx} = \frac{1}{E}\left\{\sigma_{xx} - \nu(\sigma_{yy} + \sigma_{zz})\right\} + \alpha\Delta T$$

$$\epsilon_{yy} = \frac{1}{E}\left\{\sigma_{yy} - \nu(\sigma_{zz} + \sigma_{xx})\right\} + \alpha\Delta T$$

$$\epsilon_{zz} = \frac{1}{E}\left\{\sigma_{zz} - \nu(\sigma_{xx} + \sigma_{yy})\right\} + \alpha\Delta T$$

$$\epsilon_{xy} = \frac{1}{2G}\sigma_{xy}$$

$$\epsilon_{yz} = \frac{1}{2G}\sigma_{yz}$$

$$\epsilon_{zx} = \frac{1}{2G}\sigma_{zx}$$

Hierin sind

E der Elastizitätsmodul,
G der Schubmodul,
ν die Querkontraktionszahl und
α der (lineare) Wärmeausdehnungs-Koeffizient.

Dieses verallgemeinerte Hooke'sche Gesetz geht auf *Cauchy* (1789-1857) und *de St. Venant* (1797-1886) zurück. Es ist eindeutig auch nach den Zustandsgrößen σ_{ik} bzw. T auflösbar.

Wir wollen nun noch zeigen, daß von den darin noch enthaltenen vier Materialkonstanten E, G und ν nicht unabhängig voneinander sind. Dazu betrachten wir einen prismatischen Körper, der in der xy-Ebene einen quadratischen Querschnitt mit der Kantenlänge l hat. Seine Erstreckung in z-Richtung soll im Rahmen dieser Überlegungen endlich, ansonsten aber beliebig sein. Dieser Körper sei nun einem ebenen Spannungszustand mit

$$\sigma_{xx} = \sigma_1$$

$$\sigma_{yy} = \sigma_2 = -\sigma_1$$

$$\sigma_{zz} = \sigma_3 = 0$$

unterworfen (vgl. Bild 2.9). Die entsprechenden Dehnungen sind dann

$$\epsilon_{xx} = \epsilon_1 = \frac{1}{E}\{\sigma_{xx} - \nu\,\sigma_{yy}\} = \frac{1+\nu}{E}\,\sigma_1$$

$$\epsilon_{yy} = \epsilon_2 = \frac{1}{E}\{\sigma_{yy} - \nu\,\sigma_{xx}\} = -\,\frac{1+\nu}{E}\,\sigma_1\,.$$

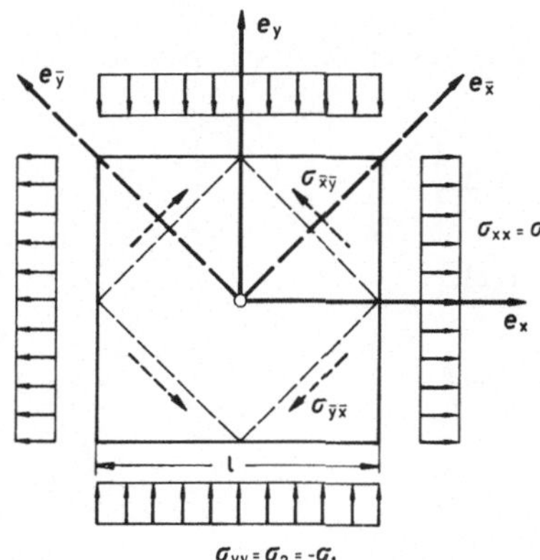

Bild 2.9
Ebener Spannungszustand

Für Schnittrichtungen senkrecht zu den Koordinatenachsen eines um $\frac{\pi}{4}$ gedrehten Koordinatensystems $\bar{x}$, $\bar{y}$ finden wir mit Hilfe der Transformationsformeln (Satz 1.6)

$$\sigma_{\bar{x}\bar{x}} = \sigma_{\bar{y}\bar{y}} = 0$$

$$\sigma_{\bar{x}\bar{y}} = -\,\frac{1}{2}\,(\sigma_{xx} - \sigma_{yy}) = -\sigma_1\,.$$

Analog erhalten wir für die entsprechenden Verzerrungen

$$\epsilon_{\bar{x}\bar{x}} = \epsilon_{\bar{y}\bar{y}} = 0$$

$$\epsilon_{\bar{x}\bar{y}} = -\,\frac{1}{2}\,(\epsilon_{xx} - \epsilon_{yy}) = -\,\frac{1}{2}\,(\epsilon_1 - \epsilon_2) = -\,\frac{1+\nu}{E}\,\sigma_1\,.$$

Mit $\sigma_1 = -\sigma_{\bar{x}\bar{y}}$ folgt aus der letzten Gleichung

$$\epsilon_{\bar{x}\bar{y}} = \frac{1+\nu}{E}\,\sigma_{\bar{x}\bar{y}}\,.$$

Andererseits muß nach dem verallgemeinerten *Hooke*'schen Gesetz

$$\epsilon_{\bar{x}\bar{y}} = \frac{1}{2G}\sigma_{\bar{x}\bar{y}}$$

sein. Durch Vergleich dieser beiden Beziehungen erhalten wir also

$$\frac{1+\nu}{E} = \frac{1}{2G} .$$

Damit ist der Zusammenhang zwischen den drei Materialkonstanten E, G und ν eines isotropen, linear-elastischen Körpers nachgewiesen. Das Ergebnis fassen wir noch einmal zusammen:

Satz 2.2: Die drei Materialkonstanten E, G und ν eines isotropen, linear- elastischen Körpers sind durch die Beziehung

$$G = \frac{E}{2(1+\nu)}$$

miteinander verknüpft. Deshalb sind nur zwei dieser Materialkonstanten voneinander unabhängig.

Aus energetischen Betrachtungen ergibt sich ferner, daß

$$-1 < \nu \leqslant 0,5$$

sein muß. Eine Zusammenstellung der Zahlenwerte der Materialkonstanten für einige Werkstoffe gibt die nachstehende Tabelle.

	E $\mathrm{N\,mm^{-2}}$	G $\mathrm{N\,mm^{-2}}$	ν	α $\mathrm{K^{-1}}$
Stahl	$2,1 \cdot 10^5$	$0,8 \cdot 10^5$	$0,3$	$11,9 \cdot 10^{-6}$
Gußeisen	$(0,8 \div 1,2) \cdot 10^5$	$(0,3 \div 0,5) \cdot 10^5$	$0,25$	$9 \cdot 10^{-6}$
Cu	$1,3 \cdot 10^5$	$0,47 \cdot 10^5$	$0,33$	$16,8 \cdot 10^{-6}$
Al	$0,72 \cdot 10^5$	$0,28 \cdot 10^5$	$0,33$	$23,9 \cdot 10^{-6}$

Tabelle 2.2 Zahlenwerte der Materialkonstanten E, G, ν und α für einige Werkstoffe

Das Formänderungsgesetz des isotropen, linear-elastischen Körpers wird physikalisch durchsichtiger, wenn wir sowohl den Spannungs- als auch den Verzerrungszustand in den kugelsymmetrischen Anteil und in den Deviator aufspalten:

$$\sigma_{ik} = \sigma_m\,\delta_{ik} + \tau_{ik}$$

$$\epsilon_{ik} = \frac{1}{3}\epsilon\,\delta_{ik} + \gamma_{ik}$$

mit

$$\sigma_m = \frac{1}{3}(\sigma_{xx} + \sigma_{yy} + \sigma_{zz}) = \frac{1}{3}(\sigma_1 + \sigma_2 + \sigma_3) \quad \text{(mittlere Normalspannung)}$$

und

$$\epsilon = \epsilon_{xx} + \epsilon_{yy} + \epsilon_{zz} = \epsilon_1 + \epsilon_2 + \epsilon_3 \quad \text{(Volumendehnung)}$$

Wir erhalten dann, wie aus Satz 2.1 unmittelbar abzuleiten ist:

Satz 2.3: Formänderungsgesetz für isotrope, linear-elastische Körper bei Aufspaltung der Verzerrungen in Volumen- und Gestaltänderungen

Es ist

$$\epsilon = \frac{1}{K}\sigma_m + 3\alpha(T - T_0)$$

$$\gamma_{ik} = \frac{1}{2G}\tau_{ik} .$$

Hierin bezeichnet

$K = \dfrac{E}{3(1-2\nu)}$ den Kompressionsmodul,

$G = \dfrac{E}{2(1+\nu)}$ den Schubmodul,

α den (linearen) Wärmeausdehnungs-Koeffizienten.

In dieser Fassung erscheinen von vornherein neben α nur zwei Materialkonstanten, nämlich der Kompressionsmodul K und der Schubmodul G, die wir natürlich auch durch E und ν ausdrücken können. Die Größe 3α bezeichnet man auch als Volumenausdehnungs-Koeffizient, weil sie die Beziehung zwischen der Temperaturänderung und der davon abhängigen Volumendehnung bestimmt.

Auch in der Fassung von Satz 2.3 enthält das Formänderungsgesetz für isotrope, linear-elastische Körper (wie in der Fassung von Satz 2.1) nur sechs voneinander unabhängige, skalare Gleichungen, weil

$$\gamma_{ik} = \gamma_{ki} \quad \text{bzw.} \quad \tau_{ik} = \tau_{ki}$$

und

$$\sum_i \gamma_{ii} = 0 \quad \text{bzw.} \quad \sum_i \tau_{ii} = 0$$

sind. In dieser Fassung ist das Gleichungssystem im übrigen auch besonders leicht nach σ_m bzw. T und nach τ_{ik} auflösbar. Darin liegt ein weiterer Vorzug dieser Formulierung.

Anmerken wollen wir noch, daß das Formänderungsgesetz für anisotrope, elastische Körper zusätzliche Materialkonstanten enthält. Im allgemeinsten Fall der

Anisotropie eines linear-elastischen Körpers gehen in das Formänderungsgesetz insgesamt 21 Materialkonstanten ein. In speziellen Fällen sind es entsprechend weniger. Bei physikalisch nicht-linearen elastischen Körpern (die geometrische Nicht-Linearität ist für die Anzahl der Materialkonstanten ohne Bedeutung) treten weitere Materialkonstanten auf.

2.3 Die spezifische Verzerrungsarbeit des isotropen, linear-elastischen Körpers

Bei der Ableitung des Energiesatzes der Mechanik (Abschnitt 1.5) sind wir auf den Ausdruck

$$\int_V \sum_i \sum_k \sigma_{ik} \frac{\partial}{\partial x_i} (\mathrm{D} u_k) \, \mathrm{d}V$$

gestoßen, den wir als Differential der Formänderungsarbeit

$$\mathrm{D}W = \int_V \sum_i \sum_k \sigma_{ik} \, \mathrm{D}\epsilon_{ik} \, \mathrm{d}V = \int_V \underbrace{\sum_i \sum_k \frac{1}{\rho} \sigma_{ik} \, \mathrm{D}\epsilon_{ik}}_{\mathrm{D}w} \underbrace{\rho \, \mathrm{d}V}_{\mathrm{d}m}$$

interpretiert haben. Den Ausdruck

$$\mathrm{D}w = \sum_i \sum_k \frac{1}{\rho} \sigma_{ik} \, \mathrm{D}\epsilon_{ik}$$

haben wir in diesem Zusammenhang als spezifische (d.h. auf die Masse $\mathrm{d}m$ bezogene) Verzerrungsarbeit bezeichnet.

Diese Interpretation gilt allgemein, d.h. auch für große Verschiebungen, Verzerrungen und Drehungen, sofern

σ_{ik} die auf den momentanen Zustand bezogene Spannung,

ρ die momentane Dichte und

$\mathrm{D}\epsilon_{ik}$ das Inkrement der Verzerrung

darstellen. Die letzte Forderung besagt, daß auch im verzerrten Zustand stets

$$\mathrm{D}\epsilon_{ik} = \frac{1}{2} \left\{ \frac{\partial}{\partial x_i} (\mathrm{D}u_k) + \frac{\partial}{\partial x_k} (\mathrm{D}u_i) \right\} = \frac{1}{2} \left\{ \frac{\partial v_k}{\partial x_i} + \frac{\partial v_i}{\partial x_k} \right\} \mathrm{d}t = d_{ik} \, \mathrm{d}t$$

sein soll, wobei d_{ik} die Verzerrungsgeschwindigkeit (vgl. Satz 1.19) bezeichnet. Dies können wir durch eine geeignete, auch für große Verzerrungen brauchbare Definition des Verzerrungstensors ϵ_{ik} erreichen.

Für kleine Verschiebungen, Verzerrungen und Drehungen (geometrische Linearität) können wir

σ_{ik} auf den Ausgangszustand beziehen,

ρ durch die Dichte $\overset{\circ}{\rho}$ im Ausgangszustand ersetzen und

$\mathrm{D}\epsilon_{ik}$ als Inkrement des in den Sätzen 1.13 und 1.14 (Abschnitt 1.3) definierten Verzerrungstensors interpretieren, da bei geometrischer Linearität die Ableitung $\frac{\mathrm{D}}{\mathrm{d}t}$ mit der Ableitung $\frac{\partial}{\partial x_i}$ vertauschbar ist.

Deshalb gilt

Satz 2.4: Bei geometrischer Linearität ist die spezifische Verzerrungsarbeit

$$\mathrm{D}w = \frac{1}{\overset{\circ}{\rho}} \sum_i \sum_k \sigma_{ik} \, \mathrm{D}\epsilon_{ik}$$

wobei

σ_{ik} auf den Ausgangszustand bezogen und

$\mathrm{D}\epsilon_{ik}$ das Inkrement des geometrisch linearen Verzerrungstensors ist.

Zerlegen wir σ_{ik} und ϵ_{ik} jeweis in einen Kugeltensor und in einen Deviator (s. Seite 43) und setzen das in den Ausdruck für $\mathrm{D}w$ ein, so folgt daraus

$$\mathrm{D}w = \frac{\sigma_m}{\overset{\circ}{\rho}} \frac{1}{3} \mathrm{D}\epsilon \left(\sum_i \sum_k \delta_{ik}\delta_{ik} \right) + \frac{\sigma_m}{\overset{\circ}{\rho}} \left(\sum_i \sum_k \delta_{ik} \, \mathrm{D}\gamma_{ik} \right)$$
$$+ \frac{1}{\overset{\circ}{\rho}} \left(\sum_i \sum_k \tau_{ik}\delta_{ik} \right) \frac{1}{3} \mathrm{D}\epsilon + \frac{1}{\overset{\circ}{\rho}} \sum_i \sum_k \tau_{ik} \, \mathrm{D}\gamma_{ik} \, .$$

Nun sind

$$\sum_i \sum_k \delta_{ik} \, \delta_{ik} = \sum_i \delta_{ii} = 3$$
$$\sum_i \sum_k \delta_{ik} \, \mathrm{D}\gamma_{ik} = \sum_i \mathrm{D}\gamma_{ii} = 0$$
$$\sum_i \sum_k \tau_{ik} \, \delta_{ik} = \sum_i \tau_{ii} = 0 \, .$$

Wir erhalten also

Satz 2.5: Das Inkrement der spezifischen Verzerrungsarbeit ist bei geometrischer Linearität entsprechend der Beziehung

$$\begin{aligned} \mathrm{D}w &= \frac{1}{\overset{\circ}{\rho}} \sum_i \sum_k \sigma_{ik}\, \mathrm{D}\epsilon_{ik} \\ &= \frac{1}{\overset{\circ}{\rho}}\, \sigma_m\, \mathrm{D}\epsilon + \frac{1}{\overset{\circ}{\rho}} \sum_i \sum_k \tau_{ik}\, \mathrm{D}\gamma_{ik} \end{aligned}$$

aufspaltbar in einen Anteil

$$\mathrm{D}w_V = \frac{1}{\overset{\circ}{\rho}}\, \sigma_m\, \mathrm{D}\epsilon\,,$$

der die spezifische Volumenänderungs-Arbeit beschreibt, und in einen Anteil

$$\mathrm{D}w_G = \frac{1}{\overset{\circ}{\rho}} \sum_i \sum_k \tau_{ik}\, \mathrm{D}\gamma_{ik}\,,$$

der spezifischen Gestaltänderungs-Arbeit.

Im folgenden beschränken wir uns auf isotherme Prozesse ($T = T_0$). Für sie ist σ_{ik} eine eindeutige Funktion von ϵ_{ik}. Für solche Prozesse wird auch die spezifische Verzerrungsarbeit w eine eindeutige Funktion der Verzerrungen bzw. der Spannungen:

$$w = w(\epsilon_{ik};\, T = T_0) \quad \text{bzw.} \quad w = w(\sigma_{ik};\, T = T_0)\,.$$

Um nun w zu berechnen, gehen wir zweckmäßig von der Aufspaltungsmöglichkeit der Verzerrungsarbeit in Volumenänderungs- und Gestaltänderungs-Arbeit aus. Dabei wollen wir uns hier auf linear-elastische Körper, also neben der geometrischen auch auf physikalische Linearität beschränken.

Wir erhalten so zunächst, wenn wir den natürlichen Zustand ($\sigma_{ik} = 0$, $\epsilon_{ik} = 0$, $T = T_0$) als Ausgangszustand wählen

$$w(\epsilon_{ik};\, T = T_0) = \frac{1}{\overset{\circ}{\rho}} \int_0^{\epsilon} \sigma_m\, \mathrm{D}\epsilon + \frac{1}{\overset{\circ}{\rho}} \sum_i \sum_k \int_0^{\gamma_{ik}} \tau_{ik}\, \mathrm{D}\gamma_{ik}\,.$$

Nach dem verallgemeinerten *Hooke*'schen Gesetz ist

$$\sigma_m = K\epsilon \quad \text{und} \quad \tau_{ik} = 2G\,\gamma_{ik}\,.$$

Damit ergibt sich

$$w(\epsilon_{ik};\, T = T_0) = \frac{1}{\overset{\circ}{\rho}} \left\{ K \int_0^{\epsilon} \epsilon\, \mathrm{D}\epsilon + 2G \sum_i \sum_k \int_0^{\gamma_{ik}} \gamma_{ik}\, \mathrm{D}\gamma_{ik} \right\}.$$

Da unter den gegebenen Voraussetzungen ($T = T_0$) das Integrationsergebnis unabhängig vom Weg ist, können wir die einzelnen Integrationen nacheinander ausführen und erhalten so

Satz 2.6: Die spezifische Verzerrungsarbeit eines linear-elastischen, isotropen Körpers ist bei isothermen Prozessen, ausgehend vom natürlichen Zustand des Körperelementes, d.h. von $\sigma_{ik} = 0$, $\epsilon_{ik} = 0$, $T = T_0$:

$$\begin{aligned} w(\epsilon_{ik}; T = T_0) &= \frac{1}{2\overset{\circ}{\rho}} \left\{ K\epsilon^2 + 2G \sum_i \sum_k \gamma_{ik}\gamma_{ik} \right\} \\ &= w_V(\epsilon) + w_G(\gamma_{ik}) . \end{aligned}$$

Wir können die spezifische Verzerrungsarbeit auch als Funktion der Spannungen angeben. Setzen wir die für isotherme Prozesse geltenden Beziehungen

$$\epsilon = \frac{\sigma_m}{K} \quad \text{und} \quad \gamma_{ik} = \frac{\tau_{ik}}{2G}$$

in Satz 2.6 ein, so folgt

Satz 2.7: Drücken wir die spezifische Verzerrungsarbeit eines linear-elastischen, isotropen Körpers bei isothermen Prozessen (ausgehend vom natürlichen Zustand) durch die Spannungen aus, so erhalten wir

$$\begin{aligned} w(\sigma_{ik}; T = T_0) &= \frac{1}{2\overset{\circ}{\rho}} \left\{ \frac{\sigma_m^2}{K} + \frac{1}{2G} \sum_i \sum_k \tau_{ik}\,\tau_{ik} \right\} \\ &= \frac{1}{2\overset{\circ}{\rho}} \left\{ \frac{S_1^2}{9K} + \frac{T_2}{2G} \right\} , \end{aligned}$$

wobei S_1 bzw. T_2 die in Satz 1.10 bzw. Satz 1.11 angegebenen Invarianten des Spannungszustandes sind.

Vielfach ist es vorteilhaft, statt der auf die Masse bezogenen Verzerrungsarbeit w die auf das Volumen bezogene Verzerrungsarbeit

$$\overset{\circ}{\rho}\, w = \frac{S_1^2}{18K} + \frac{T_2}{4G} \qquad [\mathrm{ML^{-1}Z^{-2}}] = [\mathrm{KL^{-2}}]$$

anzugeben, die die Dimension einer Spannung hat.

Die Invarianten S_1 und T_2 können wir natürlich auch durch die Spannungen σ_{ik} ausdrücken. Wir erhalten so

$$\begin{aligned} \overset{\circ}{\rho}\, w = & \underbrace{\frac{1}{18K} (\sigma_{xx} + \sigma_{yy} + \sigma_{zz})^2}_{\overset{\circ}{\rho}\, w_V} + \\ & \underbrace{\frac{1}{12G} \{(\sigma_{xx} - \sigma_{yy})^2 + (\sigma_{yy} - \sigma_{zz})^2 + (\sigma_{zz} - \sigma_{xx})^2 + 6\,(\sigma_{xy}^2 + \sigma_{yz}^2 + \sigma_{zx}^2)\}}_{\overset{\circ}{\rho}\, w_G} \\ = & \frac{1}{18K} (\sigma_1 + \sigma_2 + \sigma_3)^2 + \frac{1}{12G} \{(\sigma_1 - \sigma_2)^2 + (\sigma_2 - \sigma_3)^2 + (\sigma_3 - \sigma_1)^2\} . \end{aligned}$$

Dieses Ergebnis läßt sich auch noch in anderer Weise zusammenfassen, wenn wir auf die Aufspaltung in Volumenänderungs-Arbeit und Gestaltänderungs-Arbeit verzichten. Die Zusammenfassung ergibt

$$\begin{aligned}\overset{\circ}{\rho}\, w &= \frac{1}{2E}\{\sigma_{xx}^2 + \sigma_{yy}^2 + \sigma_{zz}^2 - 2\nu(\sigma_{xx}\sigma_{yy} + \sigma_{yy}\sigma_{zz} + \sigma_{zz}\sigma_{xx})\} \\ &+ \frac{1}{2G}\{\sigma_{xy}^2 + \sigma_{yz}^2 + \sigma_{zx}^2\} \\ &= \frac{1}{2E}\{\sigma_1^2 + \sigma_2^2 + \sigma_3^2 - 2\nu(\sigma_1\sigma_2 + \sigma_2\sigma_3 + \sigma_3\sigma_1)\}\,.\end{aligned}$$

Auf diesen Ausdruck für die Verzerrungsarbeit werden wir übrigens geführt, wenn wir das Integral

$$\overset{\circ}{\rho}\, w = \sum_i \sum_k \int_0^{\epsilon_{ik}} \sigma_{ik}\, \mathrm{D}\epsilon_{ik}$$

direkt auswerten.

2.4 Die Beanspruchung eines isotropen elastischen Körpers; Festigkeitshypothesen

In den technischen Anwendungen der Elasto-Statik besteht eine wesentliche Aufgabe darin festzustellen, welche Sicherheit eine Konstruktion oder ein einzelnes Bauteil gegenüber einem mechanischen Versagen bietet. In vielen Fällen tritt ein solches Versagen ein, wenn die Beanspruchung die Elastizitätsgrenze (oft auch als Fließgrenze bezeichnet) überschreitet, weil mit dem Überschreiten der Elastizitätsgrenze vielfach unzulässig große Formänderungen verbunden sind. In anderen Fällen ist allein die Sicherheit gegen Bruch bestimmend. Manchmal kann allerdings auch die Gewähr einer bestimmten Steifigkeit als Versagens-Kriterium dienen.

Sehen wir von dem letzten Fall ab, so geht es darum, aus dem Spannungszustand an der gefährdeten Stelle der Konstruktion ein Maß für die Beanspruchung des Werkstoffes abzuleiten, das uns erkennen läßt, wie weit die Beanspruchung noch von der Elastizitätsgrenze (Fließgrenze) bzw. der Bruchgrenze entfernt ist. Als Vergleich dient uns dabei im allgemeinen die Beanspruchung eines Werkstoffes im Zugversuch. Bei der Beurteilung einer Konstruktion hinsichtlich ihrer Bruchsicherheit ist hierbei allerdings Vorsicht geboten. Die im Zugversuch bei zähen Werkstoffen vor dem Bruch eintretende Einschnürung ist eine Besonderheit, die es nicht erlaubt, das Bruchverhalten im Zugversuch auf alle anderen Beanspruchungen unmittelbar zu übertragen. Deshalb wollen wir hier unsere Betrachtungen auf die Beurteilung der Beanspruchung innerhalb des elastischen Bereiches beschränken. Dazu merken wir noch an, daß für spröde Werkstoffe ohnehin die Bruchgrenze nahezu mit der Elastizitätsgrenze zusammenfällt.

Die Beanspruchung eines isotropen, elastischen Werkstoffes kann nicht davon abhängen, wie wir unser Koordinatensystem zur zahlenmäßigen Festlegung des Spannungszustandes gewählt haben. Das bedeutet, daß in das Maß für die Beanspruchung eines solchen Werkstoffes nur die Invarianten des Spannungszustandes bzw. die daraus ableitbaren Zahlenwerte der Haupt-Normalspannungen (jedoch nicht die Orientierung der Hauptachsen) eingehen können. Wie das Maß der Beanspruchung zu definieren ist, ist Gegenstand der Festigkeits-Hypothesen, die ihrerseits auf Versuchsergebnissen fußen, die unter verschiedenartigen Beanspruchungen (einachsige, ebene und räumliche Spannungszustände) gewonnen wurden.

Von den früher gebräuchlichen, zahlreichen Festigkeits-Hypothesen haben heute im wesentlichen nur noch die folgenden eine praktische Bedeutung:

1. Für zähe Werkstoffe (zu denen viele Metalle gehören):
   (a) die Gestaltänderungs-Arbeit-Hypothese, erstmalig von *Huber* (1904) aufgrund von Versuchsergebnissen formuliert und später von *Hencky* (1924) in ihrer physikalischen Bedeutung interpretiert.
   (b) die Schubspannungs-Hypothese, die von *Tresca* (1864) im Zusammenhang mit plastizitätstheoretischen Überlegungen eingeführt wurde.
2. Für spröde Werkstoffe (zu denen z.B. Felsen, Gesteine oder auch einige Metalle im gehärteten Zustand zu zählen sind):
   (c) die Normalspannungs-Hypothese.

Das Ziel der Festigkeits-Hypothesen ist es, die Beanspruchung eines Werkstoffes bei einem beliebigen Spannungszustand mit der Beanspruchung im Zugversuch mittels eines Zahlenwertes zu vergleichen. Die Annahme, daß es möglich sein soll, die Beanspruchung in einem Zahlenwert erfassen zu können, stellt allerdings selbst bereits eine Hypothese dar. Der Zahlenwert, mit dem die Beanspruchung gekennzeichnet wird, ist so festgelegt, daß er im Zugversuch mit der Normalspannung in Zugrichtung übereinstimmt.

Wir definieren also eine sogenannte Vergleichsspannung σ_V, die es gestattet, die Beanspruchung bei einem beliebigen Spannungszustand unmittelbar mit der Beanspruchung im Zugversuch zu vergleichen.

Bei der Gestaltänderungs-Arbeit-Hyothese (a) dient als Kriterium für die Beanspruchung die Gestaltänderungs-Arbeit, die in einem isothermen Prozeß bei dem gegebenen Spanungszustand in den Werkstoff hineingesteckt worden ist. Im Zugversuch ist (vgl. Abschnitt 2.3) mit $\sigma_1 = \sigma$, $\sigma_2 = \sigma_3 = 0$:

$$\overset{\circ}{\rho}\, w_G = \frac{1}{6G}\sigma^2 .$$

Deshalb wird nach dieser Hypothese

$$\sigma_V = \sqrt{6G\,\overset{\circ}{\rho}\, w_G} = \sqrt{\frac{3}{2}\,T_2}$$
$$= \sqrt{\frac{1}{2}\left\{(\sigma_1-\sigma_2)^2+(\sigma_2-\sigma_3)^2+(\sigma_3-\sigma_1)^2\right\}}$$

als Vergleichsspannung festgelegt.

Folgt man der Schubspannungs-Hypothese (b), ist die maximale Schubspannung das Kriterium für die Beanspruchung. Im Zugversuch ($\sigma_1 = \sigma$, $\sigma_2 = \sigma_3 = 0$) ist nach Satz 1.9

$$|\tau|_{\mathrm{max}} = \frac{1}{2}\sigma\,.$$

Deshalb erhalten wir nach dieser Hypothese als Vergleichsspannung

$$\sigma_V = 2\,|\tau|_{\mathrm{max}} = \sigma_1 - \sigma_3\,.$$

Die Normalspannungs-Hypothese (c) schließlich geht davon aus, daß die maximale Normalspannung maßgebend für die Beanspruchung ist. Daraus folgt unmittelbar, daß nach dieser Hypothese

$$\sigma_V = \sigma_1$$

zu setzen ist. Hinzuzufügen ist, daß nach dieser Hypothese nur positive Zahlenwerte von σ_1 zu einer Gefährdung des Werkstoffes führen. Für $\sigma_1 \leqslant 0$ ist $\sigma_V = 0$ zu setzen. Diese Hypothese hat deshalb allenfalls für solche Werkstoffe Bedeutung, die zum Spröd-Zugbruch neigen.

Vergleichen wir die drei Festigkeits-Hypothesen miteinander, so finden wir, daß in die Vergleichsspannung

bei der Gestaltänderungs-Arbeit-Hypothese σ_1, σ_2 und σ_3,
bei der Schubspannungs-Hypothese nur σ_1 und σ_3,
bei der Normalspannungs-Hypothese hingegen ledglich σ_1

eingehen. Das charakterisiert bereits in gewisser Weise den Grad der Vereinfachung durch die verschiedenen Hypothesen.

Wir haben schon festgestellt, daß die Kennzeichnung der Beanspruchung durch einen einzigen Zahlenwert bereits eine Hypothese enthält. Für eine Verfeinerung der Betrachtungsweise kann es nützlich sein, die Beanspruchungsart mit Hilfe der Invarianten des Spannungszustandes zu klassifizieren. Dazu bilden wir die Verhältnisse

$$\frac{S_1^2}{T_2} = \zeta \qquad 0 \leqslant \zeta$$

und

$$\frac{T_3^2}{T_2^3} = \vartheta \qquad 0 \leqslant \vartheta \leqslant \frac{1}{6}$$

Der erste Ausdruck ζ kennzeichnet das Verhältnis der mittleren Spannung (kugelsymmetrischer Spannungszustand) zur Intensität der Deviator-Spannungen. Im zweiten Ausdruck spiegelt sich die Art des Deviator-Spannungszustandes wider. Es läßt sich nämlich leicht zeigen, daß zu dem unteren Grenzwert $\vartheta = 0$ eine reine Schubbeanspruchung, zu dem oberen Grenzwert $\vartheta = \frac{1}{6}$ hingegen ein einachsiger Spannungszustand gehören.

Im Spannungsnachweis ist dann zu zeigen, daß für jeden Querschnitt die dort auftretende maximale Vergleichsspannung $\sigma_{V\,\mathrm{max}}$ kleiner bleibt als die zulässige Spannung, d. h.

$$\sigma_{V\,\mathrm{max}} \leqslant \sigma_{\mathrm{zul}} \, .$$

2.5 Das vollständige Gleichungssystem der Elasto-Mechanik

Als material-unabhängige Grundgleichung steht uns der Impulssatz (Satz 1.21) zur Verfügung, der das Spannungsfeld (sechs skalare Feldgrößen) mit dem Verschiebungsfeld (drei skalare Feldgrößen) durch eine vektorielle Feldgleichung (drei skalare Feldgleichungen) verknüpft. Die volumenhaft angreifenden Kräfte, die ebenfalls in den Impulssatz eingehen, können wir in vielen Fällen als gegeben betrachten oder in Abhängigkeit von den Verschiebungen beschreiben. Diese Kräfte treten deshalb nicht als gesonderte, unbekannte Feldgrößen in Erscheinung.

Das materialabhängige Formänderungsgesetz ist eine tensorielle Gleichung (bestehend aus sechs skalaren Gleichungen), die die Beziehung zwischen den Spannungen (sechs skalare Zahlenwerte), den Verzerrungen (sechs skalare Zahlenwerte) und der Temperatur (ein skalarer Zahlenwert) angibt. In dieser Form stellt das Formänderungsgesetz zunächst noch keine Feldgleichung dar. Führen wir jedoch die Verzerrungen auf das Verschiebungsfeld (drei skalare Feldgrößen) zurück, so nimmt auch diese Zustandsgleichung die Form einer Feldgleichung an. In sie gehen ein: die sechs Spannungen, der Gradient der drei Verschiebungskomponenten und die Temperatur, insgesamt also 10 Feldgrößen.

Drücken wir im Impulssatz die Spannungen durch den Gradienten der Verschiebungen und durch die Temperatur aus, so erhalten wir drei Gleichungen für vier skalare Feldgrößen. Dieses Gleichungssystem reicht im allgemeinen jedoch nicht aus, um daraus das Verschiebungs- und das Temperaturfeld zu ermitteln. Zusätzlich benötigen wir material-abhängige Aussagen über den thermischen Energie-Austausch, die die Wärmeleitung im Innern des Körpers sowie die Wärmeübertragung zwischen dem Körper und seiner Umgebung beschreiben.

Beschränken wir uns allerdings auf isotherme Probleme, so vereinfacht sich das Gleichungssystem wesentlich. Es zerfällt in zwei Teilprobleme, ein mechanisches und ein kalorisches, wobei die Temperatur als bekannt vorausgesetzt werden kann.

Das mechanische Teilproblem wird durch den Impulsatz und das (isotherme) Formänderungsgesetz beherrscht. Drücken wir also die Spannungen durch die Verzerrungen und diese wiederum durch die Verschiebungen aus, so liefert uns der Impulssatz drei partielle skalare Differentialgleichungen für die drei Verschiebungskomponenten, die für linear-elastische Körper folgende Form anehmen:

Satz 2.8: Gleichungssystem für die Verschiebungen bei isothermen Problemen der Statik eines linear-elastischen Körpers:

$$G\left\{\frac{\partial^2 u_x}{\partial x^2}+\frac{\partial^2 u_x}{\partial y^2}+\frac{\partial^2 u_x}{\partial z^2}+\frac{1}{1-2\nu}\,\frac{\partial}{\partial x}\left(\frac{\partial u_x}{\partial x}+\frac{\partial u_y}{\partial y}+\frac{\partial u_z}{\partial z}\right)\right\}+\rho\, f_x=0$$

$$G\left\{\frac{\partial^2 u_y}{\partial x^2}+\frac{\partial^2 u_y}{\partial y^2}+\frac{\partial^2 u_y}{\partial z^2}+\frac{1}{1-2\nu}\frac{\partial}{\partial y}\left(\frac{\partial u_x}{\partial x}+\frac{\partial u_y}{\partial y}+\frac{\partial u_z}{\partial z}\right)\right\}+\rho f_y=0$$

$$G\left\{\frac{\partial^2 u_z}{\partial x^2}+\frac{\partial^2 u_z}{\partial y^2}+\frac{\partial^2 u_z}{\partial z^2}+\frac{1}{1-2\nu}\frac{\partial}{\partial z}\left(\frac{\partial u_x}{\partial x}+\frac{\partial u_y}{\partial y}+\frac{\partial u_z}{\partial z}\right)\right\}+\rho f_z=0$$

bzw.

$$G\left\{\nabla\cdot\nabla\boldsymbol{u}+\frac{1}{1-2\nu}\nabla\left(\nabla\cdot\boldsymbol{u}\right)\right\}+\rho\boldsymbol{f}=\mathbf{0}\,.$$

Wir können den Impulssatz auch in ein Gleichungssystem für drei Spannungsfunktionen umformen. Dazu müssen wir die Verträglichkeitsbedingungen für die Verzerrungen mit heranziehen. Ersetzen wir in diesen Verträglichkeitsbedingungen die Verzerrungen mit Hilfe des Formänderungsgesetzes durch die Spannungen, so erhalten wir weitere Gleichungen für die Spannungen, die wir benutzen können, um überzählige Größen zu eliminieren. Auf spezielle Fälle kommen wir später zurück.

3 Elementare Elasto-Statik der Stäbe

3.1 Vorbemerkungen

Wir beschränken uns hier auf die Elasto-Statik der Stäbe, also solcher Körper, die wir idealisierend als linienhaft ansehen können. Dabei wollen wir im Rahmen der linearen Elastizitätstheorie bleiben, d.h. voraussetzen, daß

1. die Verschiebungen aller Körperpunkte sowie die Verzerrungen und Drehungen aller Körperelemente so klein bleiben, daß wir alle auf den Körper einwirkenden Kräfte am unverformten Körper ansetzen und Verzerrungen (sowie Drehungen) superponieren können (geometrische Linearität),
2. das Formänderungsgesetz linear sei (physikalische Linearität).

Als weitere Voraussetzungen nehmen wir hinzu, daß

3. der Werkstoff homogen und isotrop sei und daß deshalb für das mechanische Verhalten das verallgemeinerte Hooke'sche Gesetz gelte,
4. die Körper (Stäbe) stets im thermischen Gleichgewicht seien und deshalb alle Körperelemente die gleiche Temperatur haben.

Die Theorie, die wir hier entwickeln wollen, ist insofern elementar, als wir davon absehen, das vollständige Gleichungssystem der linearen Elasto-Statik aufzustellen und zu lösen. Insbesondere verzichten wir darauf, die mechanischen Gleichgewichtsbedingungen für jedes Körperelement zu erfüllen. Statt dessen werden wir jeweils gewisse Annahmen über die Formänderungen des Körpers und die Spannungsverteilung im Körper treffen. Das hat zur Folge, daß wir die mechanischen Gleichgewichtsbedingungen im allgemeinen nur noch im Mittel, d.h. gemittelt über gewisse Bereiche, erfüllen können.

Im Rahmen unserer Überlegungen werden wir Körper unter verschiedenen Belastungszuständen (unter Einschluß des unbelasteten Zustandes) betrachten. Zu jeder Belastung gehört dann ein anderer Gleichgewichtszustand. Für diese Betrachtungen nehmen wir nun an, daß Übergänge von einem Zustand zum anderen quasistatisch erfolgen. Dann bleibt es unerheblich, wie der Übergang im einzelnen abläuft, und es genügt, Anfangs- und Endzustand bei einer Belastungsänderung miteinander zu vergleichen.

Als Ausgangszustand (Grundzustand) eines Körpers wollen wir den unbelasteten Zustand ansehen. Dazu setzen wir voraus, daß der Ausgangszustand eines Körpers zugleich ein natürlicher Zustand sei, der wie folgt definiert ist:

Def. 3.1: Ein Körper befindet sich in einem natürlichen Zustand, wenn er

1. unbelastet ist, d.h. keine eingeprägten Kräfte an ihm angreifen,
2. eine einheitliche Bezugstemperatur T_0 hat und
3. alle Körperelemente spannungsfrei sind.

Die Existenz eines natürlichen Zustandes ist keine Selbstverständlichkeit. Manche Körper haben sogenannte Eigenspannungszustände, d.h. sie sind auch beim Fehlen einer äußeren Belastung nicht spannungsfrei. Dies gilt z.B. für einen Ring, aus dem man ein Stück herausgeschnitten und den restlichen Bogen unter Spannung wieder zu einem Ring zusammengefügt hat (s. Bild 3.1). Wir setzen hier jedoch voraus, daß ein natürlicher, spannungsfreier Zustand existiere und betrachten diesen Zustand als allgemeinen Ausgangszustand.

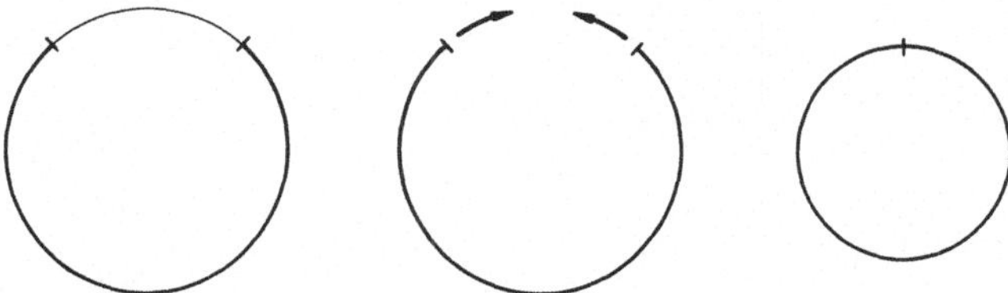

Bild 3.1 Ring mit Eigenspannungszustand

3.2 Reine Normalkraft

Zusätzlich zu den in Abschnitt 3.1 angegebenen allgemeinen Voraussetzungen setzen wir hier voraus

1. Eine gerade Stabachse
2. Einen längs der Stabachse unveränderlichen Querschnitt
3. Schnittgrößen: $N = \text{konst.}$

   $Q_y = Q_z = 0$

   $M_y = M_z = M_T = 0$
4. Temperatur: $T = T_0$.

Ein Beispiel, in dem diese Voraussetzungen erfüllt sind, zeigt Bild 3.2. Anders als im vorigen Kapitel, wo wir aus dem Zugversuch einen Teil des Formänderungsgesetzes abgeleitet haben, sehen wir nun das *Hooke*'sche Gesetz als gegeben an und untersuchen, welcher Spannungs- und Verzerrungszustand sich unter der gegebenen Belastung einstellt. Dazu treffen wir folgende Annahmen:

(a) Die Stabachse bleibt gerade, die Querschnitte bleiben eben und senkrecht zur Stabachse;

(b) Alle Schnittflächen parallel zur Stabachse sind spannungsfrei.

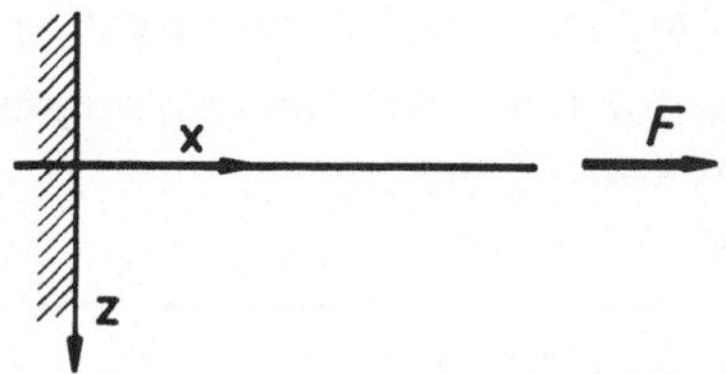

Bild 3.2
Stab unter Längskraft $N = F =$ konst.

An einem herausgeschnittenen Stabelement (s. Bild 3.3) ist die Bedeutung von Annahme (a) noch einmal veranschaulicht.

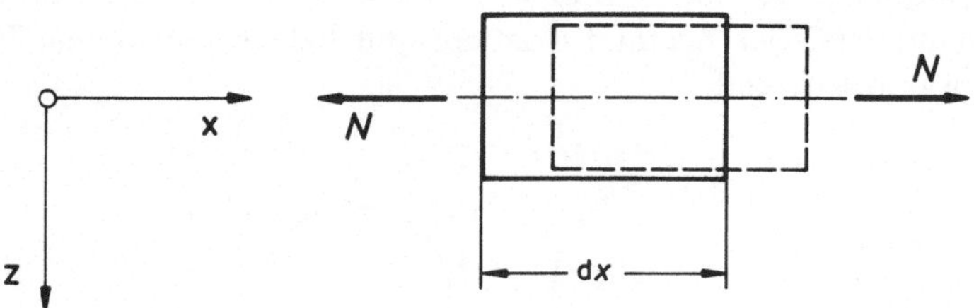

Bild 3.3 Stabelement

Aus Annahme (a) folgt zunächst

$$\epsilon_{xx}(x, y, z) = \epsilon_{xx}(x, 0, 0) = \epsilon_0(x)$$

$$\epsilon_{xy}(x, y, z) = \epsilon_{zx}(x, y, z) = 0 .$$

$\epsilon_0(x)$ bezeichnet darin die Dehnung der Stabachse. Aus Annahme (b) folgern wir

$$\sigma_{yy}(x, y, z) = \sigma_{zz}(x, y, z) = \sigma_{yz}(x, y, z) = 0 .$$

Aus dem Hooke'schen Gesetz schließen wir dann weiter, daß

$$\sigma_{xx}(x, y, z) = E\,\epsilon_0(x) = \sigma(x)$$

sein muß. Die Bedingung, daß N die Resultierende der Normalspannung σ_{xx} in jedem Querschnitt darstellt, führt auf die Beziehung

$$N = \int_A \sigma_{xx}(x, y, z)\, \mathrm{d}A = \sigma(x) \int_A \mathrm{d}A = \sigma(x)\, A .$$

Somit erhalten wir schließlich

$$\sigma_{xx}(x, y, z) = \sigma = \frac{N}{A} = \text{konst.}$$

Damit ist der Spannungs- und Verzerrungszustand in einem Zug- bzw. Druckstab vollständig bestimmt; denn die noch fehlenden Größen können wir unmittelbar aus dem Hooke'schen Gesetz errechnen. Wir finden

---

Spannungszustand:

$$\sigma_{xx} = \sigma = \frac{N}{A}$$

$$\sigma_{yy} = \sigma_{zz} = \sigma_{xy} = \sigma_{yz} = \sigma_{zx} = 0\,,$$

Verzerrungszustand:

$$\epsilon_{xx} = \epsilon_0 = \frac{N}{EA}$$

$$\epsilon_{yy} = \epsilon_{zz} = -\nu\,\epsilon_0 = -\nu\,\frac{N}{EA}$$

$$\epsilon_{xy} = \epsilon_{yz} = \epsilon_{zx} = 0\,.$$

Bei einer ausgeführten bzw. zur Ausführung bestimmten Konstruktion haben wir nachzuweisen, daß die Beanspruchung des Stabes innerhalb der zulässigen Grenzen liegt (Spannungsnachweis). Es muß

$$\boxed{\sigma_{D\,\mathrm{zul}} \leqslant \sigma = \frac{N}{A} \leqslant \sigma_{Z\,\mathrm{zul}}}$$

sein. $\sigma_{Z\,\mathrm{zul}}$ bzw. $\sigma_{D\,\mathrm{zul}}$ sind die zulässigen Normalspannungen bei Zug- bzw. Druckbeanspruchung. Für die Festlegung der zulässigen Spannungen gelten teils gesetzliche Vorschriften, teils Normen oder sogenannte technische Regelwerke.

Sind die zulässigen Spannungen im Zug- und im Druckbereich betragsmäßig gleich, ist also

$$|\sigma_{D\,\mathrm{zul}}| = \sigma_{Z\,\mathrm{zul}} = \sigma_{\mathrm{zul}}\,,$$

was wir im folgenden in der Regel voraussetzen wollen, so vereinfacht sich der Spannungsnachweis zu

$$|\sigma| = \frac{|N|}{A} \leqslant \sigma_{\mathrm{zul}}\,.$$

Bei schlanken Druckstäben kann es eintreten, daß der Stab vor Erreichen der zulässigen Druckspannung seitlich ausknickt. Für solche Stäbe ist deshalb zusätzlich ein Sicherheitsnachweis gegen Knicken zu führen (s. Kapitel 8).

Ist eine Konstruktion, die Zug- bzw. Druckstäbe enthält, noch in der Planung, d.h. sind die Abmessungen noch nicht im einzelnen festgelegt, so stellt sich die Frage, wie der Querschnitt eines solchen Stabes bemessen werden soll, damit er den gegebenen Beanspruchungen standhält. Die Antwort finden wir durch Umkehr der obigen Überlegungen. Wir haben den Querschnitt so zu bemessen, daß

$$A \geqslant \frac{|N|}{\sigma_{\text{zul}}}$$

wird. Bei schlanken Druckstäben muß bei der Bemessung zusätzlich die Knickgefahr berücksichtigt werden.

Die vorstehenden Ergebnisse gelten allerdings nur unter den genannten Voraussetzungen. Sie sind dann sogar exakt, sofern wir noch dafür sorgen, daß die Krafteinleitung an den Stabenden jeweils gleichmäßig über den Querschnitt erfolgt. In der Praxis haben wir jedoch oft mit Gegebenheiten zu rechnen, die von den hier getroffenen Voraussetzungen abweichen.

3.3 Reine Biegung

Eine reine Biegebeanspruchung kann auf verschiedene Weise entstehen, wie Bild 3.4 zeigt. Im Falle c) beschränkt sich die reine Biegebeanspruchung allerdings auf den Mittelteil.

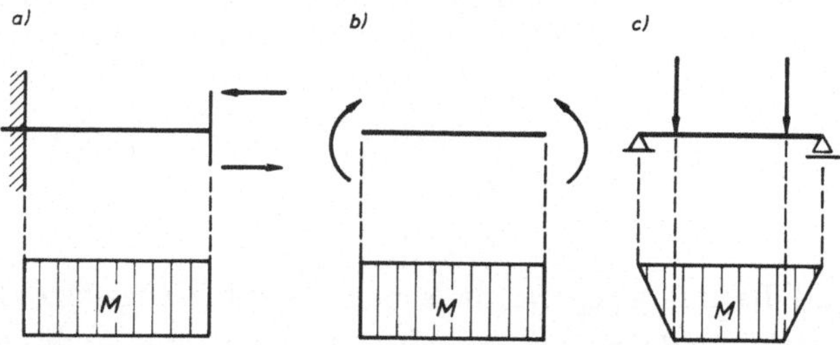

Bild 3.4 Balken unter Biegebeanspruchung

Zusätzlich zu den allgemeinen Voraussetzungen aus Abschnitt 3.1 setzen wir hier voraus

1. Gerade Stabachse
2. a) Unveränderlicher Stabquerschnitt
   b) y- und z-Achse sind Hauptachsen des Querschnittes
3. Schnittgrößen: $N = Q_y = Q_z = 0,\ M_T = 0$
   $M_y = \text{konst.},\ M_z = \text{konst.}$
4. Temperatur: $T = T_0$.

Zur Berechnung des Spannungs- und des Verzerrungszustandes treffen wir ferner die folgenden Annahmen:

(a) Die Stabachse geht in einen Kreisbogen über, die Querschnitte bleiben eben und senkrecht zur Stabachse;

(b) Schnittflächen parallel zur Stabachse sind spannungsfrei.

Die Annahme (a) läßt sich mit Symmetriebetrachtungen rechtfertigen. Aus ihr folgt zunächst

$$\epsilon_{xy}(x,y,z) = \epsilon_{zx}(x,y,z) = 0$$

und damit auch

$$\sigma_{xy}(x,y,z) = \sigma_{zx}(x,y,z) = 0\,.$$

Die Annahme (b) bedeutet, daß

$$\sigma_{yy}(x,y,z) = \sigma_{zz}(x,y,z) = \sigma_{yz}(x,y,z) = 0$$

sein soll. Demnach ist nur $\sigma_{xx} \neq 0$.

Bei kleinen Formänderungen des Stabes können wir die Durchbiegungen der Stabachse in der xy- und in der xz-Ebene überlagern. In beiden Ebenen erscheint in der Projektion die gemäß Annahme (a) zu einem Kreis durchgebogene Stabachse ebenfalls als Kreis. Die Krümmungsradien dieser Projektionen bezeichnen wir mit R_y bzw. R_z. Die Vorzeichen der Krümmungsradien wählen wir so, daß zu positiven Komponenten M_y, M_z auch jeweils ein positiver Biegeradius gehört, wobei M_y mit R_z und M_z mit R_y korrespondieren.

Wir betrachten zunächst nur die Durchbiegung in der xz-Ebene (zugehöriges Biegemoment: M_y) und vergleichen ein Stabelement im Ausgangszustand und im gebogenen Zustand (s. Bild 3.5):

Länge aller Fasern vor der Biegung:	$\mathrm{d}x$
Länge der gebogenen Stabachse:	$\mathrm{d}x[1+\epsilon_0(x)]$
Länge einer beliebigen Faser, die im Ausgangszustand den Abstand z von der mittleren Faserschicht ($z=0$) hat:	$\mathrm{d}x[1+\epsilon_0(x)]\,\dfrac{R_z+z}{R_z}\,.$

Damit erhalten wir als Folge der Biegung in der xz-Ebene folgende Dehnungsverteilung

$$\begin{aligned}\epsilon_{xx}(x,y,z) &= \frac{\mathrm{d}x[1+\epsilon_0(x)]\,\dfrac{R_z+z}{R_z} - \mathrm{d}x}{\mathrm{d}x}\\ &= \epsilon_0(x) + [1+\epsilon_0(x)]\,\frac{z}{R_z} \approx \epsilon_0(x) + \frac{z}{R_z}\,.\end{aligned}$$

Berücksichtigen wir gleichzeitig die Biegung in der xy-Ebene, so erhalten wir für den durchgebogenen Stab die Dehnungsverteilung

$$\boxed{\epsilon_{xx}(x,y,z) = \epsilon_0(x) + \frac{z}{R_z} - \frac{y}{R_y}\,.}$$

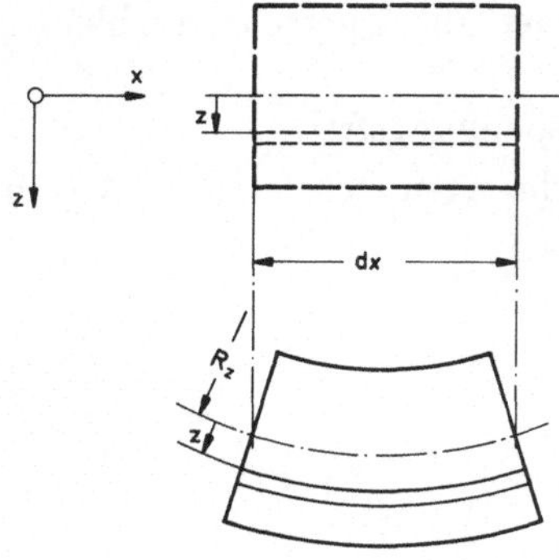

Bild 3.5
Stabelement im Ausgangszustand und im gebogenen Zustand

Die Dehnung $\epsilon_0(x)$ der Stabachse sowie die Krümmungsradien R_z und R_y sind dabei vorerst noch unbestimmt. Das Vorzeichen des Gliedes mit R_y ist im übrigen dadurch bestimmt, daß wir festgelegt haben, daß zu einem positiven M_z ein positives R_y gehören soll. Vermerken wollen wir noch, daß sich in der in y und z linearen Dehnungsverteilung unsere Annahme widerspiegelt, daß die Querschnitte bei reiner Biegung eben bleiben sollen. Man bezeichnet diese Annahme häufig auch als *Bernoulli*-Hypothese (nach *Jacob Bernoulli*, 1655-1705), doch ist wohl erst *Navier* (1785-1836) der erste gewesen, der sie auch so in Worten formuliert hat.

Aus der nach Annahme (a) ermittelten Dehnungsverteilung erhalten wir unter Berücksichtigung der Annahme (b) für die Verteilung der Normalspannung über den Querschnitt

$$\boxed{\sigma_{xx}(x,y,z) = E\left\{\epsilon_0(x) + \frac{z}{R_z} - \frac{y}{R_y}\right\}.}$$

Die noch unbestimmten Größen $\epsilon_0(x)$, R_z und R_y errechnen wir aus den Bedingungen, daß

$$\begin{aligned} \int_A \sigma_{xx}\,\mathrm{d}A &= N = 0 \\ \int_A z\,\sigma_{xx}\,\mathrm{d}A &= M_y \\ -\int_A y\,\sigma_{xx}\,\mathrm{d}A &= M_z \end{aligned}$$

sein muß. Setzen wir in die Integrale der linken Seite ein, was wir für σ_{xx} gefunden haben, so erhalten wir

$$0 = E\Big\{\epsilon_0(x)\int_A \mathrm{d}A + \frac{1}{R_z}\underbrace{\int_A z\,\mathrm{d}A}_{0} - \frac{1}{R_y}\underbrace{\int_A y\,\mathrm{d}A}_{0}\Big\}$$

$$M_y = E\Big\{\epsilon_0(x)\underbrace{\int_A z\,\mathrm{d}A}_{0} + \frac{1}{R_z}\underbrace{\int_A z^2\,\mathrm{d}A}_{J_{yy}} - \frac{1}{R_y}\underbrace{\int_A zy\,\mathrm{d}A}_{-J_{zy}=0}\Big\}$$

$$M_z = E\Big\{-\epsilon_0(x)\underbrace{\int_A y\,\mathrm{d}A}_{0} - \frac{1}{R_z}\underbrace{\int_A yz\,\mathrm{d}A}_{-J_{yz}=0} + \frac{1}{R_y}\underbrace{\int_A y^2\,\mathrm{d}A}_{J_{zz}}\Big\}.$$

Aus diesem Gleichungssystem ergibt sich unter unserer Voraussetzung (y-, z-Achse = Hauptachsen):

$$\boxed{\begin{aligned} &\epsilon_0(x) = 0 \\ &\frac{1}{R_z} = \frac{M_y}{EJ_{yy}} \\ &\frac{1}{R_y} = \frac{M_z}{EJ_{zz}}\,. \end{aligned}}$$

Damit erhalten wir also für die reine Stabbiegung:

Spannungsverteilung:

$$\sigma_{xx}(x,y,z) = \sigma(y,z) = \frac{M_y}{J_{yy}}\,z - \frac{M_z}{J_{zz}}\,y$$

$$\sigma_{yy} = \sigma_{zz} = \sigma_{xy} = \sigma_{yz} = \sigma_{zx} = 0\,,$$

Verzerrungsverteilung:

$$\epsilon_{xx}(y,z) = \frac{M_y}{EJ_{yy}}\,z - \frac{M_z}{EJ_{zz}}\,y$$

$$\epsilon_{yy}(y,z) = \epsilon_{zz}(y,z) = -\nu\,\epsilon_{xx}(y,z)$$

$$\epsilon_{xy} = \epsilon_{yz} = \epsilon_{zx} = 0\,.$$

Diese Beziehungen gelten allerdings nur unter der Voraussetzung, daß y-und z-Achse Hauptachsen sind. Darum suchen wir in aller Regel zunächst die Hauptachsen eines Querschnittes auf und zerlegen dann das Biegemoment in Komponenten entsprechend diesen Hauptrichtungen.

Ist M_y oder $M_z = 0$, so sprechen wir von gerader Biegung, sonst ($M_y \neq 0$, $M_z \neq 0$) von schiefer Biegung. Bei gerader Biegung vereinfachen wir vielfach die Schreibweise, indem wir z.B. bei $M_z = 0$ dann einfach J für J_{yy}, M für M_y usw. schreiben.

Die bei reiner Biegung von x unabhängige Normalspannung $\sigma(y, z)$ ist linear über den Querschnitt verteilt. Die Stabachse ($y = z = 0$) bleibt dabei stets spannungs- und dehnungsfrei, zugleich mit der Stabachse auch eine (im Ausgangszustand ebene) Schicht, die sogenannte neutrale Faser. Wir finden die neutrale Faser aus der Bedingung, daß in ihr

$$\sigma(y, z) = \frac{M_y}{J_{yy}} z - \frac{M_z}{J_{zz}} y = 0$$

wird. Das führt auf

$$\boxed{z = \frac{M_z}{M_y} \frac{J_{yy}}{J_{zz}} y\,.}$$

Das ist die Gleichung einer Nullpunkts-Geraden, die wir auch in der Form

$$\frac{z}{y} = \tan\beta = \frac{J_{yy}}{J_{zz}} \tan\alpha$$

schreiben können, wobei

$$\frac{M_z}{M_y} = \tan\alpha$$

gesetzt wurde (Bild 3.6). Wir lesen daraus ab, daß sich der Stab nur dann senkrecht zum Biegemoment durchbiegt, d.h. daß nur dann $\alpha = \beta$ ist, wenn

$$\text{a)} \quad \alpha = \begin{cases} 0 \\ \pm\dfrac{\pi}{2} \end{cases} \qquad \text{(gerade Biegung)}$$

oder

$$\text{b)} \quad J_{yy} = J_{zz} \qquad \text{(jede Schwerpunkt-Achse ist Hauptachse)}$$

ist.

Ist beispielsweise $\frac{J_{yy}}{J_{zz}} \gg 1$ (s. Bild 3.7) so gehören zu kleinen Beträgen von α bereits große Beträge von β. Die Biegeebene weicht dann stark von der Belastungsebene ab und der Stab neigt dazu, seitlich zu kippen.

Beim Spannungsnachweis haben wir zu beachten, daß die betragsmäßig größte Spannung in dem Randpunkt des Querschnittes herrscht, der den größten Abstand von der neutralen Faser hat. Dieser Randpunkt habe die Koordinaten y^*, z^* (vgl. Bild 3.8). Dann lautet unsere Forderung

$$|\sigma|_{\max} = \left| \frac{M_y}{J_{yy}} z^* - \frac{M_z}{J_{zz}} y^* \right| \leqslant \sigma_{\text{zul}}\,.$$

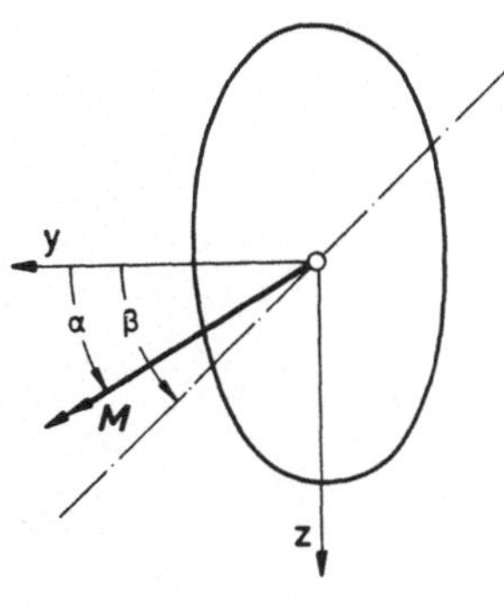

Bild 3.6
Lage der neutralen Faser

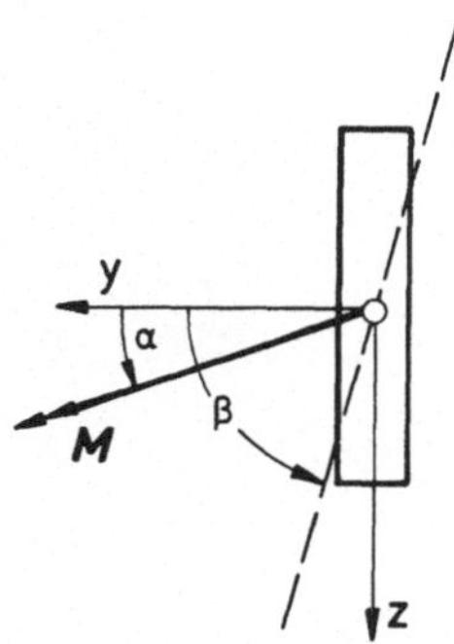

Bild 3.7
Neutrale Faser bei $J_{yy}/J_{zz} \gg 1$

Der Spannungsnachweis vereinfacht sich bei gerader Biegung. Ist z.B. $M_z = 0$, so wird (s. Bild 3.9)

$$|\sigma|_{\max} = \frac{|M_y|}{J_{yy}}\,|z^*| = \frac{|M_y|}{W_y}$$

mit $\quad W_y = \dfrac{J_{yy}}{|z^*|} \quad [\mathrm{L}^3]$.

Man bezeichnet die Größe W_y als Widerstandsmoment (bei Biegung um die y-Achse). $|z^*|$ bedeutet hierbei den maximalen Abstand des Querschnittrandes von der y-Achse: $|z^*| = e_z$. Analog haben wir bei gerader Biegung um die z-Achse

$$|\sigma|_{\max} = \frac{|M_z|}{J_{zz}}\,|y^*| = \frac{|M_z|}{W_z} .$$

Für häufig vorkommende Querschnittsformen finden wir in Handbüchern neben den Flächen-Trägheitsmomenten auch die Widerstandsmomente tabelliert.

Vereinfachungen ergeben sich auch bei schiefer Biegung für solche Querschnittsformen, für die sich die Lage des Randpunktes mit dem größten Abstand von der neutralen Faser (bei beliebiger Biegung) allgemein angeben läßt. So fällt z.B. bei Querschnitten, wie sie in Bild 3.10 angegeben sind, der Punkt (bzw. die Punkte) maximaler Spannung stets mit einem Eckpunkt der rechteckigen Umgrenzung (Einhüllende des Querschnittes) zusammen, und es wird

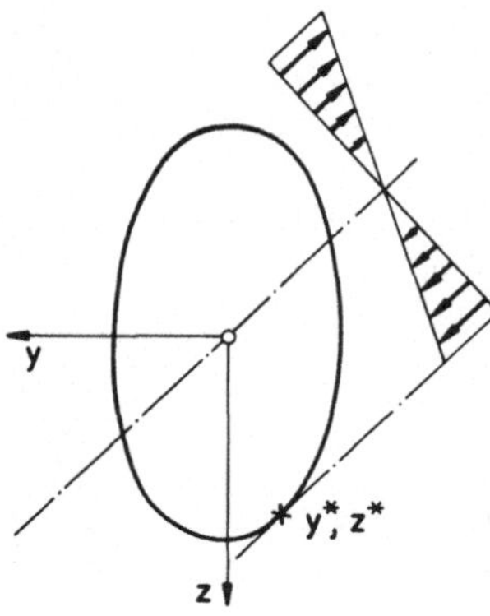

Bild 3.8
Spannungsnachweis

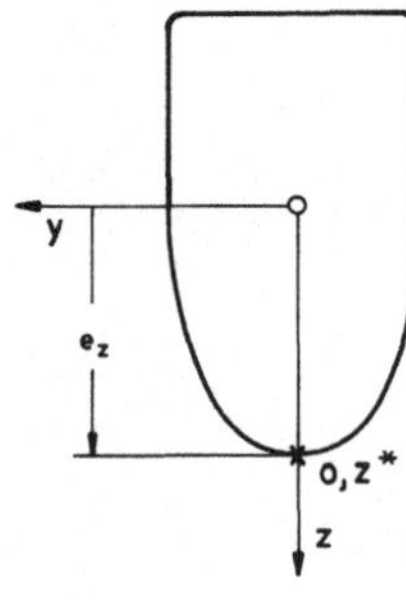

Bild 3.9
Spannungsnachweis bei gerader Biegung

$$|\sigma|_{\max} = \frac{|M_y|}{W_y} + \frac{|M_z|}{W_z} \; .$$

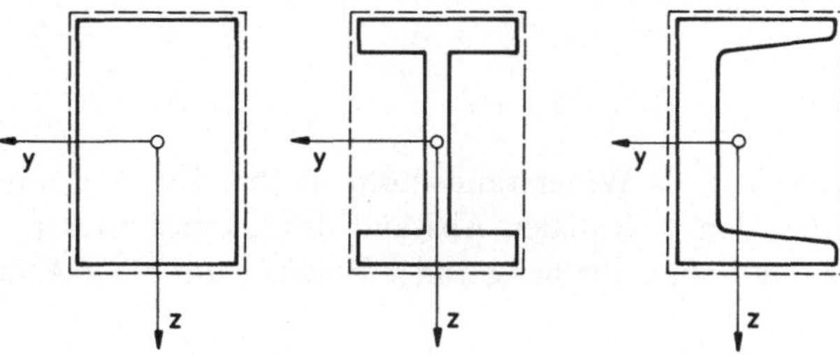

Bild 3.10 Spannungsnachweis bei verschiedenen Querschnittsformen

Die Bemessung eines Querschnittes führt bei gerader Biegung ($M_z = 0$) auf die Forderung

$$W_y \geqslant \frac{|M_y|}{\sigma_{\text{zul}}} \; .$$

Haben wir uns für eine bestimmte Querschnittsform entschieden (z.B. Rechteckquerschnitt mit $b : h = 1 : 2$), so können wir den Querschnitt entsprechend festlegen. Bei schiefer Biegung muß man sich jedoch von Fall zu Fall überlegen, wie man zweckmäßig vorgeht. Oft findet man die Lösung am einfachsten durch Probieren.

3.4 Biegung mit Normalkraft

Überlagern sich reine Biegung und reine Zug- bzw. Druckbeanspruchung unter im übrigen gleichbleibenden Voraussetzungen,

1. gerade Stabachse,
2. a) unveränderlicher Stabquerschnitt,
   b) y- und z-Achse sind Hauptachsen,
3. Schnittgrößen: $N =$ konst. $Q_y = Q_z = 0$
   $M_y =$ konst. $M_T = 0$
   $M_z =$ konst.
4. Temperatur: $T = T_0$,

so können wir auch die zugehörigen Spannungs- und Dehnungszustände entsprechend überlagern. Insbesondere erhalten wir also für die Verteilung der Längsspannung über den Querschnitt

$$\boxed{\sigma_{xx}(x,y,z) = \sigma(y,z) = \frac{N}{A} + \frac{M_y}{J_{yy}}\,z - \frac{M_z}{J_{zz}}\,y\,.}$$

Daraus lesen wir ab, daß die neutrale Faser bei $N \neq 0$ nicht mehr durch den Flächenschwerpunkt (Stabachse) geht, sondern gegenüber der reinen Biegung parallel verschoben ist (s. Bild 3.11). Die Überlegungen, die wir bei der reinen Biegung zum Spannungsnachweis und zur Bemessung angestellt haben, können allerdings unter Beachtung der Parallelverschiebung der neutralen Faser sinngemäß auf die Biegung mit Längskraft übertragen werden.

Die Biegung mit Normalkraft können wir uns auch erzeugt denken durch eine Längskraft F, die außermittig am Stab (z.B. am Stabende in der Ebene $x = 0$ oder $x = l$) angreift (vgl. Bild 3.12). Sind die Koordinaten y_F, z_F des Angriffspunktes gegeben, so erhalten wir die (von x unabhängigen Schnittgrößen

$$N = F$$
$$M_y = z_F F$$
$$M_z = -y_F F\,.$$

Damit ergibt sich für die Spannungsverteilung über den Querschnitt

$$\begin{aligned}\sigma_{xx}(x,y,z) = \sigma(y,z) &= \frac{F}{A} + \frac{F}{J_{yy}}\,z_F\,z + \frac{F}{J_{zz}}\,y_F\,y \\ &= \frac{F}{A}\left\{1 + \frac{A}{J_{yy}}\,z_F\,z + \frac{A}{J_{zz}}\,y_F\,y\right\}.\end{aligned}$$

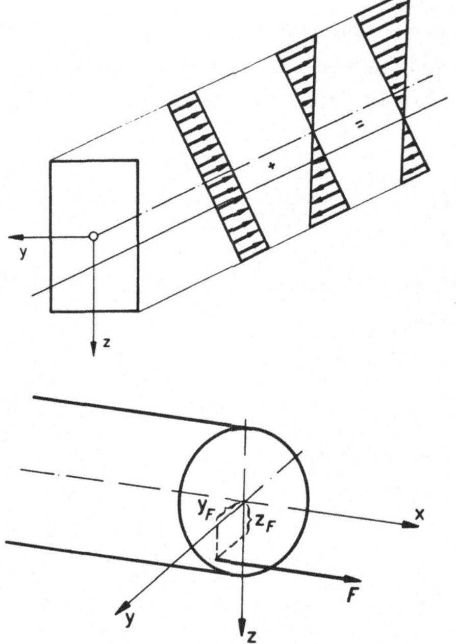

Bild 3.11
Neutrale Faser bei Biegung mit Längskraft mit Spannungsverteilungen senkrecht zur neutralen Faser

Bild 3.12
Außermittige Belastung

Die Gleichung der neutralen Faser ($\sigma = 0$) erhalten wir, indem wir die Klammer zu Null setzen

$$\boxed{1 + \frac{A}{J_{yy}}\, z_F\, z + \frac{A}{J_{zz}}\, y_F\, y = 0\,.}$$

Liegt die neutrale Faser außerhalb des Querschnittes, so haben die Normalspannungen in allen Punkten des Querschnittes das gleiche Vorzeichen, d.h. der Werkstoff ist dann nur auf Zug bzw. auf Druck beansprucht, wenn auch in unterschiedlicher Höhe.

Für manche Werkstoffe ist die Einheitlichkeit der Beanspruchungsrichtung von großer Bedeutung. So kann z.B. Mauerwerk im wesentlichen nur Druckbeanspruchung aufnehmen, während andererseits bestimmte faserverstärkte Kunststoffe besser Zug als Druck vertragen. In solchen Fällen stellt sich die Frage: In welchem Bereich des Querschnitts muß die Längskraft F angreifen, damit die Einheitlichkeit des Vorzeichens gewährleistet bleibt? Wir nennen diesen Bereich den sogenannten Kern des Querschnittes.

Seine Lage finden wir aufgrund folgender Überlegung. Für Kraftangriffspunkte auf dem Rand des Kernes, d.h. für

$$y_F = y_K\,, \qquad z_F = z_K$$

tangiert die zugehörige neutrale Faser gerade den Querschnitt (s. Bild 3.13). Umgekehrt liefert jede neutrale Faser, die den Querschnitt gerade tangiert, genau einen

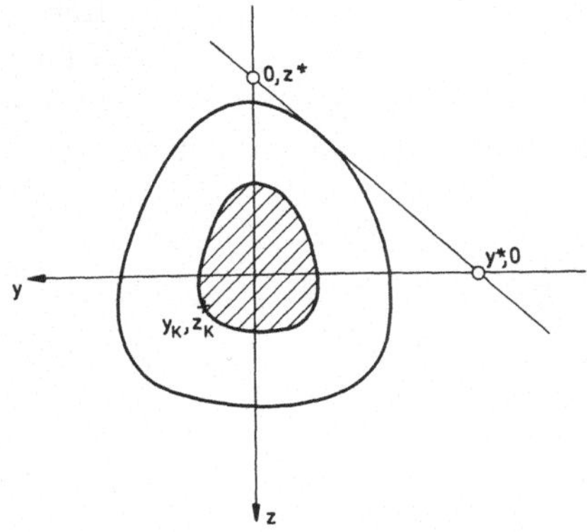

Bild 3.13
Kern des Querschnittes

Punkt der Berandung des Kernes. Die vollständige Berandung des Kernes finden wir also, wenn wir die Gesamtheit aller möglichen tangentialen Lagen der neutralen Faser betrachten.

Die Koordinaten eines einzelnen Punktes der Berandung finden wir, indem wir in die Gleichung der neutralen Faser (bei einer beliebigen tangentialen Lage) nacheinander die Koordinaten zweier beliebiger Punkte der neutralen Faser einsetzen. Zweckmäßig wählen wir beispielsweise im Falle von Bild 3.13 die auf den Koordinatenachsen gelegenen Punkte mit den Koordinaten (y^*, 0) und (0, z^*). Dann liefert das Einsetzen in die Gleichung der neutralen Faser (mit $y_F = y_K$, $z_F = z_K$)

$$(y^*, 0): \; 1 + \frac{A}{J_{zz}} \, y_K \, y^* = 0 \quad \rightarrow \quad y_K = -\frac{J_{zz}}{Ay^*}$$

$$(0, z^*): \; 1 + \frac{A}{J_{yy}} \, z_K \, z^* = 0 \quad \rightarrow \quad z_K = -\frac{J_{yy}}{Az^*} \; .$$

Bei der Ermittlung der vollständigen Berandung des Kernes helfen uns die folgenden Sätze:

Satz 3.1: Der Kern eines Querschnittes hat die gleichen Symmetrie-Eigenschaften wie der Querschnitt selbst.

Satz 3.2: Ist die Einhüllende des Querschnittes ein Polygon, so ist auch der Kern des Querschnittes ein Polygon. Dabei entspricht jeder Polygonseite der Querschnitt-Einhüllenden eine Ecke des Kern-Polygons.

Die Richtigkeit dieser Sätze ist leicht zu überprüfen.

Für zwei Beispiele wollen wir den Kern des Querschnittes ermitteln.

1. Beispiel: Kreisquerschnitt (Bild 3.14)

Aus Symmetriegründen (Satz 3.1) muß der Kern ebenfalls ein Kreis (Radius r_K)

sein. Mit der Ermittlung eines Randpunktes des Kernes ist deshalb der Kern bereits vollständig bestimmt. Dazu können wir beispielsweise von einer tangentialen Lage der neutralen Faser ausgehen, wie sie in Bild 3.14 angedeutet ist. Setzen wir die Koordinaten $(0, -R)$ des Berührungspunktes in die Gleichung der neutralen Faser ein, so erhalten wir

$$z_K = r_K = -\frac{J_{yy}}{A(-R)} = \frac{\frac{1}{4}R^4\pi}{R^3\pi} = \frac{R}{4}\,.$$

Da

$$\frac{J_{yy}}{R} = W_y = W_z = W$$

ist, können wir auch schreiben

$$r_K = \frac{W}{A}\,.$$

2. Beispiel: Rechteckquerschnitt (Bild 3.15)
Aus den Sätzen 3.1 und 3.2 folgt, daß der Kern ein doppelt-symmetrisches Viereck sein muß, dessen Ecken auf der y- bzw. z-Achse liegen. Für die Kernweiten y_K und z_K auf den Achsen erhalten wir aus Überlegungen, die analog zum 1. Beispiel verlaufen (ausgehend von den angedeuteten Lagen der neutralen Faser)

$$y_K = \frac{W_z}{A} = \frac{\frac{1}{6}hb^2}{bh} = \frac{b}{6}$$

$$z_K = \frac{W_y}{A} = \frac{\frac{1}{6}bh^2}{bh} = \frac{h}{6}\,.$$

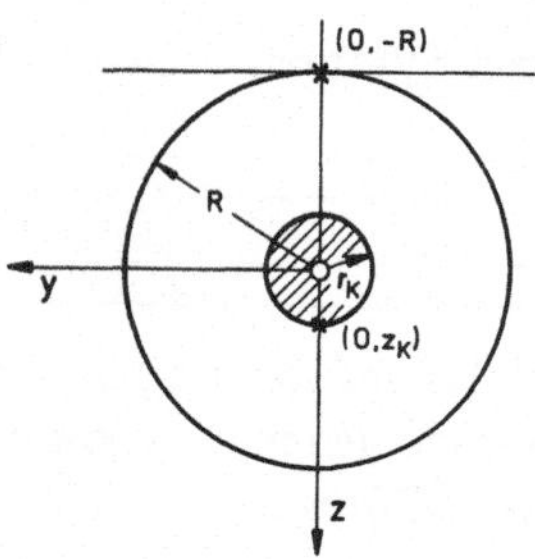

Bild 3.14
Kern des Kreisquerschnittes

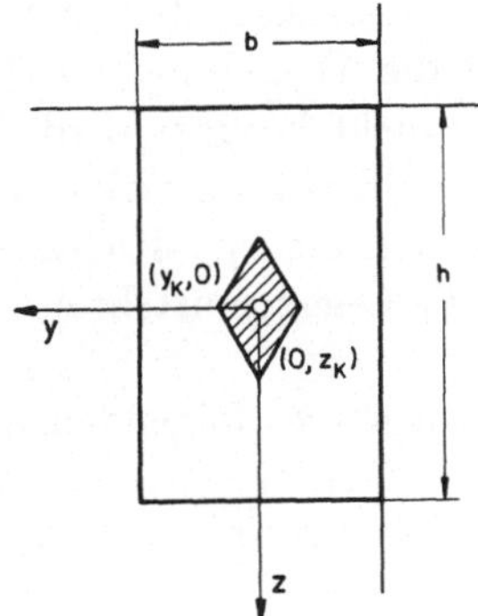

Bild 3.15
Kern des Rechteckquerschnittes

3.5 Biegung mit Normal- und Querkraft

Wir beschränken uns zunächst auf die gerade Biegung eines Balkens mit Rechteckquerschnitt. In einem zweiten Schritt werden wir dann die Betrachtungen auf andere Querschnittsformen ausdehnen, uns dabei aber weiterhin auf solche Querschnitte beschränken, die symmetrisch zur Biegeebene (xz-Ebene) sind.

3.5.1 Rechteckquerschnitt

Voraussetzungen:

1. Gerade Stabachse
2. a) Unveränderlicher Rechteckquerschnitt
   b) y- und z-Achse sind Hauptachsen des Querschnittes
3. Schnittgrößen: $N = \text{konst.}$ $\quad M_T = 0$
   $Q_z = Q = \text{konst.}$ $\quad Q_y = 0$
   $M_y = M(x)$ $\quad M_z = 0$
4. Temperatur: $T = T_0$.

Ein typisches Beispiel, in dem wir eine diesen Voraussetzungen entsprechende Verteilung der Schnittgrößen erhalten, zeigt Bild 3.16

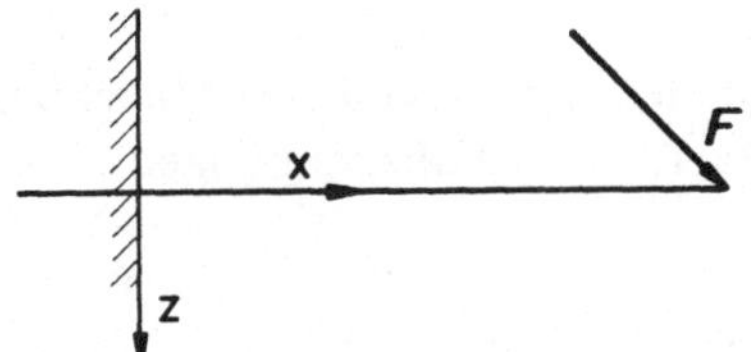

Bild 3.16
Balken unter Längs- und Querkraft $N =$ konst., $Q =$ konst.

Das Auftreten einer zusätzlichen Querkraft Q bedeutet, daß neben den Normalspannungen σ_{xx} nun auch Schubspannungen (σ_{xy}, σ_{xz}) im Querschnitt vorhanden sein müssen, deren Resultierende Q ist. Die mit diesen Schubspannungen verknüpften Verzerrungen der Körperelemente haben dann allerdings zur Folge, daß die

Stabquerschnitte nicht mehr eben und senkrecht zur Stabachse bleiben können. Wir wollen hier aber dennoch annehmen, daß davon die Verteilung der übrigen Spannungen – also auch der Normalspannungen σ_{xx} – nicht berührt wird. Ferner liegt es nahe anzunehmen, daß bei einer Querkraft, die in z-Richtung wirkt, in einem Rechteckquerschnitt auch nur Schubspannungen auftreten, die in z-Richtung wirken und daß diese Schubspannungen gleichmäßig über die Querschnittsbreite (nicht über die Höhe) verteilt sind.

Fassen wir diese Überlegungen zusammen, so kommen wir zu folgenden Annahmen:

(a) $\sigma_{xx}(x,y,z) = \sigma(x,z) = \dfrac{N}{A} + \dfrac{M(x)}{J}\,z$

(b) $\sigma_{yy} = \sigma_{zz} = \sigma_{yz} = 0$

(c) $\sigma_{xy} = 0$

$\sigma_{xz}(x,y,z) = \tau(z)\,.$

Unter diesen Annahmen können wir die Verteilung der Schubspannungen $\tau(z)$ ermitteln. Wir schneiden dazu von einem Stabelement (Länge $\mathrm{d}x$) einen Abschnitt in der Weise ab, wie es Bild 3.17 zeigt (Schnittfläche: z = konst.).

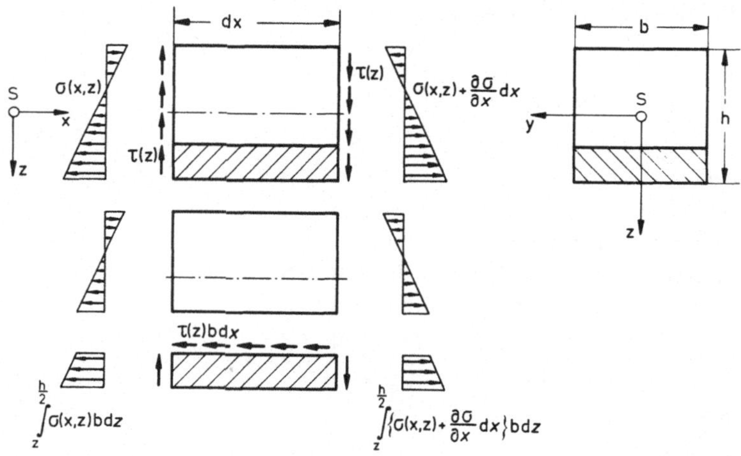

Bild 3.17 Abgeschnittenes Stabelement

In der Schnittfläche finden wir – aufgrund des Satzes von der Gleichheit der einander zugeordneten Schubspannungen (Satz 1.2) – Schubspannungen

$$\sigma_{zx} = \sigma_{xz} = \tau(z)$$

vor. Ihre Resultierende muß mit den übrigen Kräften, die an dem abgeschnittenen Teil des Stabelementes angreifen, im Gleichgewicht stehen, d.h. es muß

$$\int_z^{\frac{h}{2}} \left(\sigma(x,z) + \frac{\partial\sigma}{\partial x}\,\mathrm{d}x\right) b\,\mathrm{d}z - \int_z^{\frac{h}{2}} \sigma(x,z)\,b\,\mathrm{d}z - \tau(z)\,b\,\mathrm{d}x = 0$$

also

$$\tau(z) = \frac{1}{b} \int_z^{\frac{h}{2}} \frac{\partial \sigma(x,z)}{\partial x} \, b \, \mathrm{d}z$$

sein. Nun ist

$$\frac{\partial \sigma(x,z)}{\partial x} = \frac{\partial}{\partial x} \left\{ \frac{N}{A} + \frac{M(x)}{J} z \right\} = \frac{\mathrm{d}M(x)}{\mathrm{d}x} \frac{z}{J} = \frac{Q}{J} z \, .$$

Deshalb wird

$$\tau(z) = \frac{1}{b} \int_z^{\frac{h}{2}} \frac{Q}{J} z \, b \, \mathrm{d}z = \frac{Q}{bJ} \int_z^{\frac{h}{2}} z \, b \, \mathrm{d}z \, .$$

Das Integral

$$\int_z^{\frac{h}{2}} z \, b \, \mathrm{d}z = \int_z^{\frac{h}{2}} z \, \mathrm{d}A = S(z)$$

stellt das Moment 1. Grades (in bezug auf die y-Achse) der Fläche dar, die wir durch den Schnitt $z =$ konst. vom Querschnitt abgetrennt haben (sogenanntes statisches Moment der Restfläche).

Die Auswertung dieses Integrals ergibt

$$S(z) = b \int_z^{\frac{h}{2}} z \, \mathrm{d}z = \frac{bh^2}{8} \left\{ 1 - \left(\frac{2z}{h} \right)^2 \right\} .$$

Beachten wir noch, daß für den Rechteckquerschnitt $J = \dfrac{bh^3}{12}$ ist, so erhalten wir schließlich

$$\boxed{\tau(z) = \frac{QS(z)}{bJ} = \frac{3}{2} \frac{Q}{bh} \left\{ 1 - \left(\frac{2z}{h} \right)^2 \right\} ,}$$

also eine parabolische Schubspannungsverteilung wie in Bild 3.18 dargestellt. Daß $\tau(z)$ am oberen und am unteren Rand ($z = \pm \dfrac{h}{2}$) verschwindet, leuchtet ein, wenn man beachtet, daß an diesen Rändern $\sigma_{zx} = 0$ ist, weil voraussetzungsgemäß von außen keine Schubspannungen angreifen.

Wir machen uns klar, daß diese Schubspannungsverteilung zu einer Verwölbung der Querschnitte führen muß (s. Bild 3.19). Deshalb stimmen unsere Annahmen nicht mehr, unter denen wir die Normalspannungsverteilung $\sigma_{xx}(x, y, z) = \sigma(y, z)$

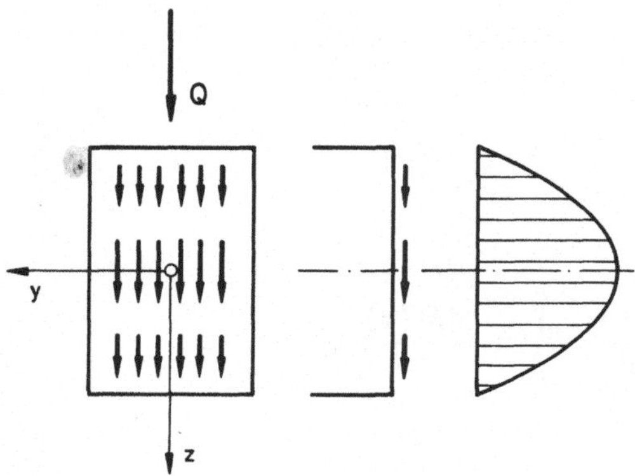

Bild 3.18 Schubspannungsverteilung

ermittelt haben. Diese Rückwirkungen werden wir jedoch vernachlässigen und auch künftig in der Regel von der Gültigkeit der Bernoulli-Hypothese ausgehen. In besonderen Fällen – etwa bei dynamisch beanspruchten Strukturen – kann es dagegen auch sinnvoll sein, den Einfluß der Schubdeformationen zumindest näherungsweise (im Mittel) zu berücksichtigen. Wir modifizieren dann Annahme (a) aus Abschnitt 3.3 und lassen die Querschnitte nur noch eben aber nicht mehr senkrecht zur Stabachse bleiben. Eine solche Kinematik wird im Gegensatz zur Bernoulli-Kinematik häufig als Timoshenko-Kinematik bezeichnet (nach *S. P. Timoshenko*: 1878-1972).

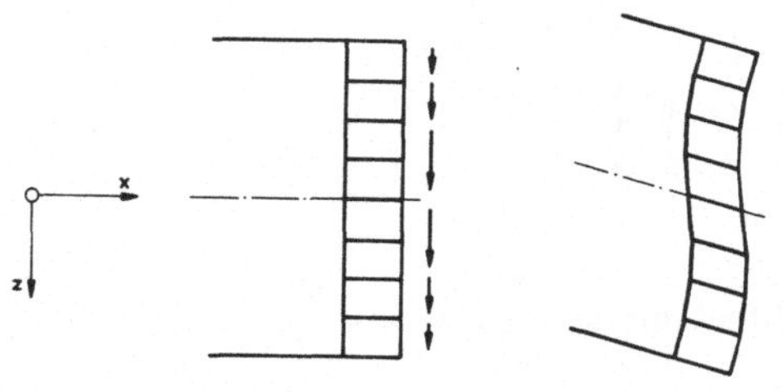

Bild 3.19
Deformation (Verwölbung) des Querschnittes infolge Schubspannungen

Die vorstehenden Überlegungen können wir analog auf eine Biegung in der xy-Ebene übertragen, wobei lediglich der Bedeutungswechsel der Größen M, Q, S, b und J zu beachten ist. Damit sind wir dann auch in der Lage, die schiefe Biegung beim Rechteckquerschnitt zu behandeln.

3.5.2 Allgemeinere Querschnittsformen

Wir beschränken uns weiterhin auf Querschnitte mit Symmetrie in bezug auf die z-Achse und auf gerade Biegung ($M_z = 0$). Dabei wollen wir unterscheiden zwischen Vollquerschnitten und dünnwandigen Querschnitten (Bild 3.20). Die zweite

Voraussetzung aus Abschnitt 3.5.1 ist dementsprechend abzuändern. Die übrigen Voraussetzungen behalten wir bei.

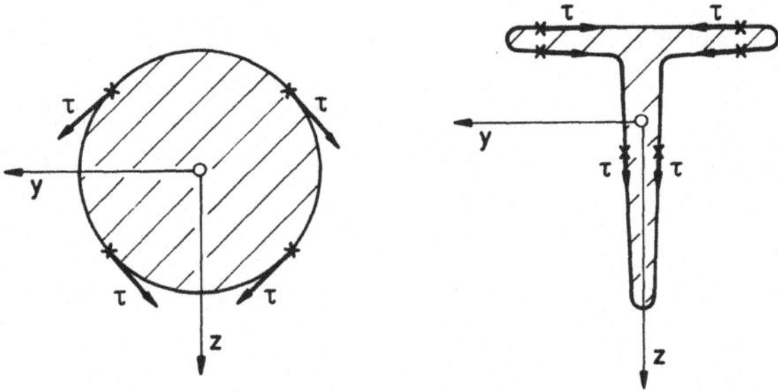

Bild 3.20 Vollquerschnitt (links), dünnwandiger Querschnitt (rechts)

Im Unterschied zu den Rechteckquerschnitten können wir nun nicht mehr annehmen, daß $\sigma_{xy} = 0$ sei. Am Querschnittsrand muß nämlich die resultierende Schubspannung stets parallel zum Rand sein, sofern nicht an der Stab-Mantelfläche eine Längsbelastung angreift (die nach Satz 1.2 zugleich mit Schubspannungen normal zum Querschnittsrand verknüpft wäre). Das ist hier voraussetzungsgemäß ausgeschlossen. Die Annahme (c), die wir in 3.5.1 für Rechteckquerschnitte getroffen haben, muß deshalb modifiziert werden.

Bei Vollquerschnitten nehmen wir an, daß die Schubspannungskomponente σ_{xz} weiterhin unabhängig von y bleibe und daß die durch den Randverlauf bedingten Schubspannungen σ_{xy} linear über die Breite verteilt sind (s. Bild 3.21). Mithin lautet in diesem Fall die

Annahme (c) (für Vollquerschnitte)

$$\sigma_{xz}(x,y,z) = \sigma_{xz}(z)$$

$$\sigma_{xy}(x,y,z) = \sigma_{xy}(y,z) = \sigma_{xz}(z)\,\frac{\mathrm{d}b(z)}{\mathrm{d}z}\,\frac{y}{b(z)}\,,$$

deren Bedeutung leicht aus Bild 3.21 abzulesen ist. Aufgrund dieser Annahme erhalten wir

$$\sigma_{xz}(z) = \frac{Q\,S(z)}{b(z)\,J}$$

$$\sigma_{xy}(y,z) = \frac{Q\,S(z)}{b(z)\,J}\,\frac{\mathrm{d}b(z)}{\mathrm{d}z}\,\frac{y}{b(z)}\,.$$

Das Ergebnis für $\sigma_{xz}(z)$ stimmt formal überein mit dem, was wir beim Rechteckquerschnitt für $\sigma_{xz} = \tau(z)$ gefunden haben, nur daß jetzt b von z abhängig ist.

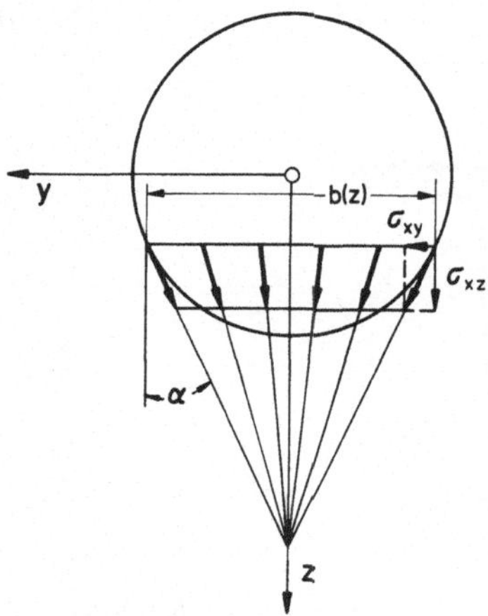

Bild 3.21
Vollquerschnitt mit Schubspannungen σ_{xy} und σ_{xz} bei $\tan\alpha = \frac{1}{2}\frac{\mathrm{d}b}{\mathrm{d}z}$

Beispiel: Kreisquerschnitt (Bild 3.22)
Es ist

$$b(z) = 2\sqrt{R^2 - z^2}$$

$$\frac{\mathrm{d}b}{\mathrm{d}z} = -\frac{2z}{\sqrt{R^2 - z^2}}$$

$$S(z) = \int_z^R z\, 2\sqrt{R^2 - z^2}\, \mathrm{d}z = \frac{2}{3}\left[R^2 - z^2\right]^{\frac{3}{2}}$$

$$J = \frac{\pi}{4} R^4 .$$

Damit wird

$$\boxed{\begin{aligned} \sigma_{xz}(z) &= \frac{Q}{R^2\pi}\,\frac{4}{3}\left\{1 - \left(\frac{z}{R}\right)^2\right\} \\ \sigma_{xy}(y,z) &= -\frac{Q}{R^2\pi}\,\frac{4}{3}\,\frac{yz}{R^2} . \end{aligned}}$$

Dünnwandige Querschnitte beschreiben wir durch Angabe der Profil-Mittellinie $y(\zeta)$, $z(\zeta)$ und der Profildicke $\delta(\zeta)$, wobei ζ eine längs der Profil-Mittellinie laufende Koordinate ist (s. Bild 3.23). Die Koordinate senkrecht dazu wollen wir mit η bezeichnen. Es liegt nun nahe, bei dünnwandigen Querschnitten von der folgenden Annahme für die Schubspannungsverteilung auszugehen:

Annahme (c) (für dünnwandige Querschnitte)

$$\sigma_{x\eta} = 0$$

$$\sigma_{x\zeta} = \tau(\zeta)$$

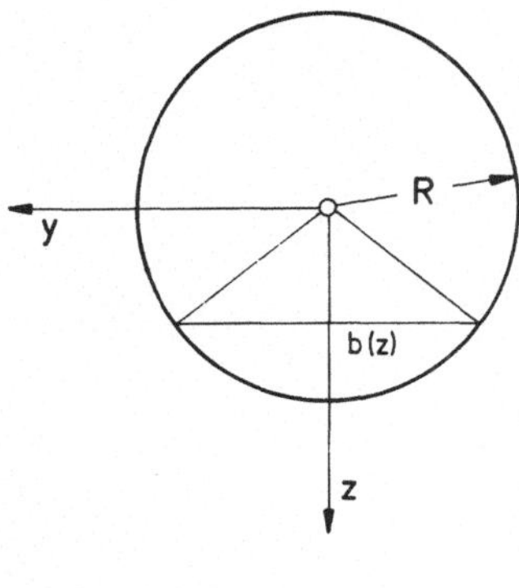

Bild 3.22
Kreisquerschnitt

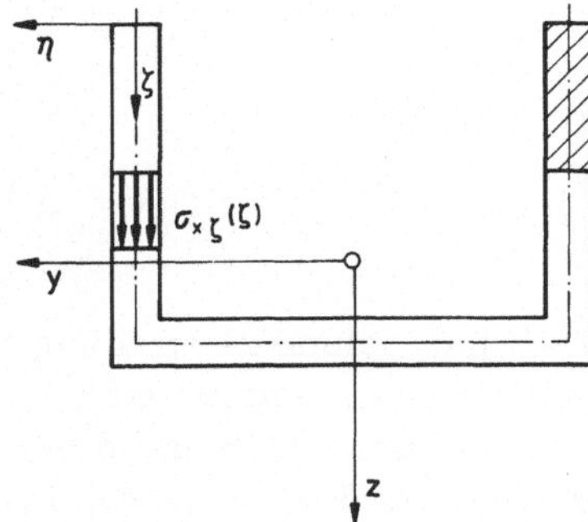

Bild 3.23
Dünnwandiger Querschnitt

Wir betrachten zunächst dünnwandige, offene Querschnitte. Schneiden wir vom Stabelement durch einen Schnitt $\zeta =$ konst. einen Abschnitt ab (s. Bild 3.23) und bilden das Kräftegleichgewicht in x-Richtung, so finden wir

$$\boxed{\tau(\zeta) = \frac{Q\,S(\zeta)}{\delta(\zeta)\,J}}\,,$$

wobei

$$S(\zeta) = \int_{\zeta}^{a} z(\zeta)\,\underbrace{\delta(\zeta)\,\mathrm{d}\zeta}_{\mathrm{d}A}$$

wiederum das statische Moment der Restfläche ist.

Beispiel: ⊔-Profil (s. Bild 3.24)

Wir setzen konstante Profildicke δ voraus. Dann erhalten wir für den Abstand e des Schwerpunktes von der Flanschmitte

$$e = h\,\frac{1}{2 + \dfrac{b}{h}}$$

und für das Flächenträgheitsmoment

$$J_{yy} = J = \delta b e^2 + 2\left\{\frac{\delta h^3}{12} + \delta h\left(\frac{h}{2} - e\right)^2\right\} = \frac{1}{3}\delta h^2 e\left(1 + 2\,\frac{b}{h}\right)$$

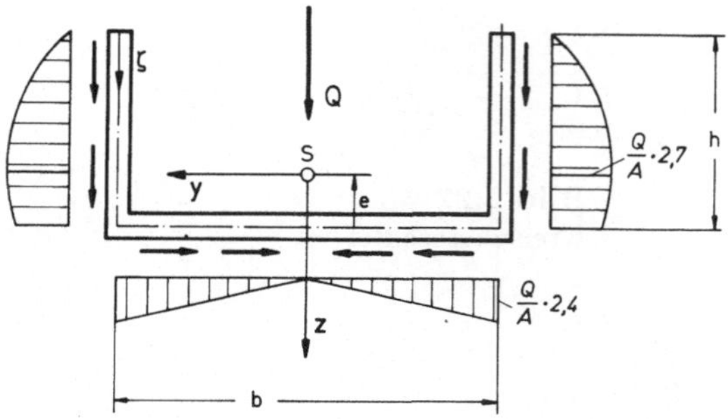

Bild 3.24 U-Profil mit $\delta =$ konst.; $b/h = 2$; $e = h/4$

Damit ergibt sich die in Bild 3.24 dargestellte Schubspannungsverteilung, deren Extremal- bzw. Eckwerte für ein Verhältnis $b/h = 2$ mit eingetragen sind.

Haben wir dünnwandige Querschnitte mit einem verzweigten Profil, so lassen wir die laufende Koordinate ζ sich entsprechend verzweigen (s. Bild 3.25). Am Ergebnis ändert sich dabei nichts.

In gleicher Weise können wir auch dünnwandige geschlossene Profile (s. Bild 3.25b) betrachten. Wegen der vorausgesetzen Symmetrie zur z-Achse verschwinden für Punkte auf der z-Achse die Schubspannungen. Wir können deshalb die beiden Profilhälften hinsichtlich der Schubspannungsverteilung auch getrennt betrachten. Die sich ergebenden Schubspannungsverteilungen sind in den Bildern 3.25a) und 3.25b) qualitativ mit dargestellt.

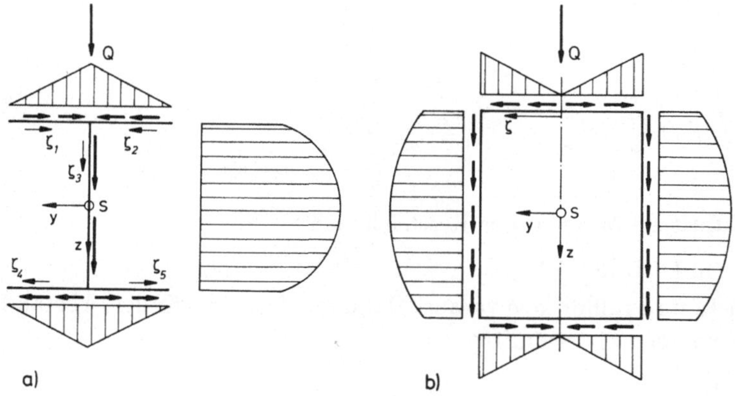

Bild 3.25 Dünnwandige Querschnitte mit Schubspannungsverteilungen, a) I-Profil, b) Hohlkastenprofil

3.6 Reine Torsion bei Stäben mit Kreisquerschnitt

Wir beschränken uns hier auf die Untersuchung von Stäben mit Kreisquerschnitt unter den Voraussetzungen

1. Gerade Stabachse
2. Unveränderlicher Kreisquerschnitt
3. Schnittgrößen: $N = Q_y = Q_z = 0$
   $M_y = M_z = 0$
   $M_T =$ konst.
4. Temperatur: $T = T_0$.

Zur Beschreibung der Spannungen und Verzerrungen führen wir Zylinder-Koordinaten ein, wobei wir jedoch die axiale Koordinate weiterhin mit x (statt mit z) bezeichnen wollen (s. Bild 3.26).

Wir treffen folgende Annahmen:

(a) Die Stabachse bleibt gerade; die Querschnitte bleiben eben und senkrecht zur Stabachse; sie verdrehen sich lediglich unverzerrt um die Stabachse;

(b) $\sigma_{yy} = \sigma_{zz} = 0$

Aus der Annahme (a) folgt zunächst

$$\epsilon_{yz} = 0 \quad \text{und damit auch} \quad \sigma_{yz} = 0\,.$$

Aus (a) und (b) (in Verbindung mit $N = 0$) ergibt sich ferner

$$\sigma_{xx} = 0\,.$$

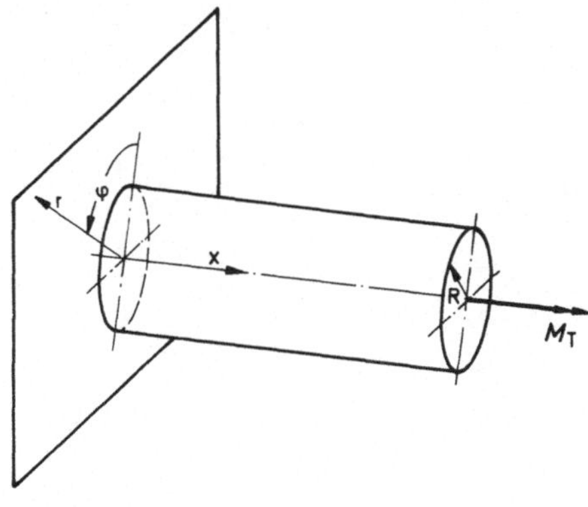

Bild 3.26
Reine Torsion eines Kreisquerschnittes, $M_T =$ konst.

Als Folge der gegenseitigen Verdrehung der Stabquerschnitte (s. Bild 3.27) erfahren die Körperelemente auf dem Rande eine Winkeländerung γ_R in Umfangsrichtung, d.h. eine Gleitung

$$\epsilon_{x\varphi}(R) = \frac{1}{2}\gamma_R = \frac{1}{2}R\frac{\Delta\varphi}{l} = \frac{1}{2}R\frac{\mathrm{d}\varphi}{\mathrm{d}x} = \frac{1}{2}R\vartheta\,,$$

wobei

$$\vartheta = \frac{\mathrm{d}\varphi}{\mathrm{d}x}$$

die sogenannte Drillung bezeichnet. Für die Gleitung in einem beliebigen Zylinderschnitt leiten wir daraus in Verbindung mit Annahme (a) ab

$$\epsilon_{x\varphi}(r) = \frac{1}{2}\, r\vartheta\,.$$

Damit wird

$$\tau(r) = \sigma_{x\varphi}(r) = 2G\,\epsilon_{x\varphi}(r) = G\,\vartheta\,r\,.$$

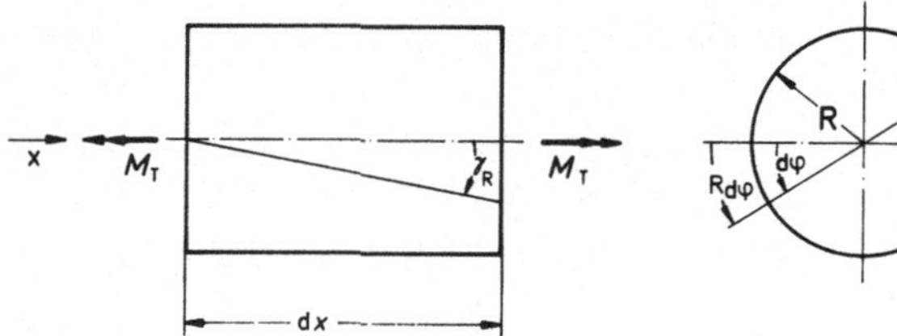

Bild 3.27 Stabelement

Aus der Bedingung, daß (s. Bild 3.28)

$$M_T = \int_0^R r\,\tau(r)\,2\pi r\,\mathrm{d}r$$

sein muß, folgt

$$M_T = G\,\vartheta \int_0^R r^2 \underbrace{2\pi r\,\mathrm{d}r}_{\mathrm{d}A} = G\,\vartheta\,\frac{\pi}{2}\,R^4 = G\,\vartheta\,J_0\,,$$

also

$$\boxed{\begin{aligned} \vartheta &= \frac{M_T}{G\,J_0} \\ \tau(r) &= \frac{M_T}{J_0}\,r\,. \end{aligned}}$$

Dabei bezeichnet J_0 das polare Flächen-Trägheitsmoment.

Für die maximale Schubspannung, die für den Spannungsnachweis und die Bemessung maßgeblich ist, ergibt sich daraus

$$|\tau|_{\mathrm{max}} = \frac{|M_T|}{J_0}\,R = \frac{|M_T|}{W_T}$$

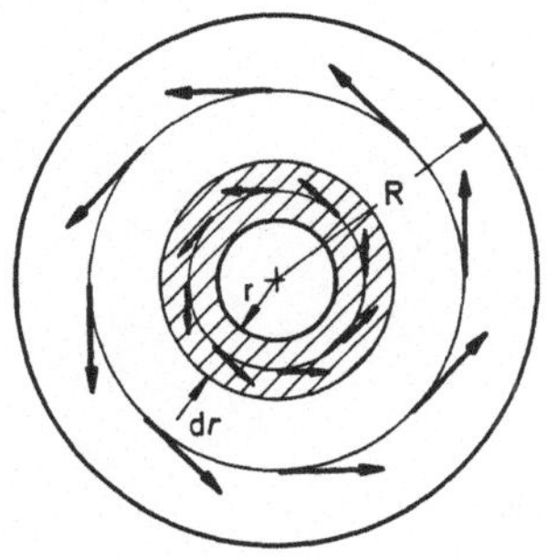

Bild 3.28
Querschnitt mit Schubspannungen

mit $W_T = \dfrac{J_0}{R}$ als dem Widerstandsmoment bei Torsion.

Die vorstehenden Überlegungen lassen sich unmittelbar auf Kreisringquerschnitte (s. Bild 3.29) übertragen. Es ist nur zu beachten, daß für sie

$$J_0 = \frac{\pi}{2}(R_a^4 - R_i^4)$$

$$W_T = \frac{\pi}{2}\,\frac{(R_a^4 - R_i^4)}{R_a}$$

einzusetzen ist.

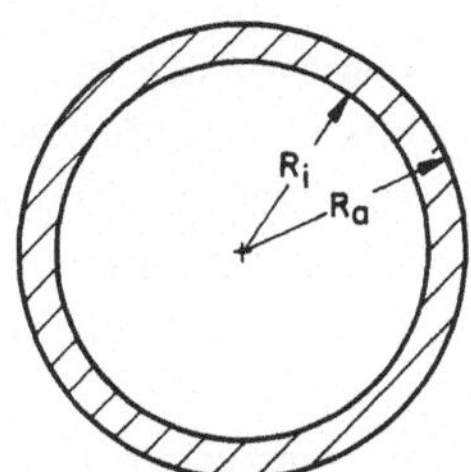

Bild 3.29
Kreisringquerschnitt

Die vorstehenden Ergebnisse, die übrigens im Rahmen der linearen Elastizitätstheorie exakt sind, bleiben auch gültig, wenn – etwa bedingt durch die Lagerung – nicht die Stabachse, sondern eine andere achsparallele Gerade zur Drillachse gemacht wird (s. Bild 3.30). Die Querschnitte bleiben dabei senkrecht zur Stabachse, stellen sich aber schräg zur Drillachse. Diese Schrägstellung darf nicht behindert sein. Die Lagerung muß dem angepaßt sein, etwa wie in Bild 3.30 angedeutet. Andernfalls ergibt sich eine Zwängung (Wölbkrafttorsion), bei der $\sigma_{xx} \neq 0$ wird.

Auf nicht-kreisrunde Querschnitte (Vollquerschnitte sowie dünnwandige Querschnitte) lassen sich unsere Annahmen und Überlegungen nicht übertragen. Diese Querschnitte bleiben bei einer Torsion nicht mehr eben, sondern verwölben sich. Die allgemeine Theorie der Torsion prismatischer Stäbe muß daher anders vorgehen. Darauf kommen wir in Kapitel 5 zurück.

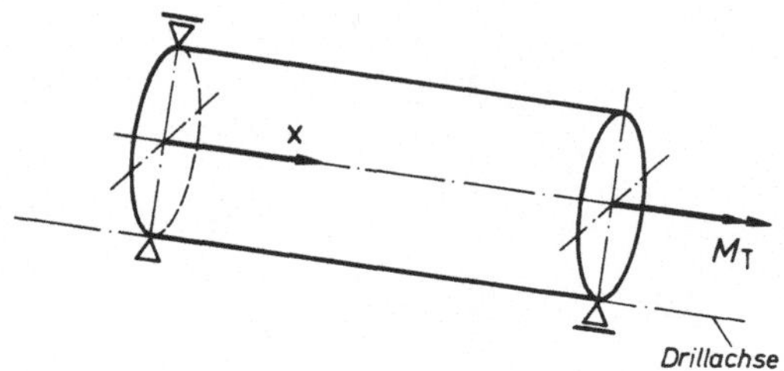

Bild 3.30 Torsion um eine achsparallele Drillachse

3.7 Mögliche Erweiterungen der elementaren Theorie

Wir haben bisher vorausgesetzt:

1. Gerade Stabachse
2. Unveränderlicher Querschnitt
3. Konstante Schnittgrößen N, Q und M_T
4. Konstante Temperatur T_0.

In der Praxis haben wir in aller Regel jedoch mit Abweichungen von diesen Voraussetzungen zu tun. Darum wollen wir hier überlegen, welche Verallgemeinerungen unserer Betrachtungen möglich sind.

Veränderliche Normal- und Querkräfte (mit entsprechenden Auswirkungen auf den Verlauf des Biegemomentes) sowie veränderliche Torsionsmomente treten auf, wenn entsprechende Belastungen (und Auflager-Reaktionen) nicht nur an den Stabenden, sondern auch an anderen Stellen in den Stab eingeleitet werden. Die Krafteinleitung kann über den Querschnitt verteilt durch volumenhaft verteilt wirkende Kräfte (z.B. Eigengewicht) oder auch vom Querschnittsrand her durch flächenhaft verteilt wirkende Kräfte erfolgen.

In hinreichender Entfernung von den Krafteinleitungsstellen werden wir nach dem Prinzip von *de St. Venant* (s. Band I, Abschnitt 4.8) mit einer Spannungsverteilung rechnen können, wie sie konstanten Schnittgrößen entspricht. Im Nahbereich haben wir allerdings mit Abweichungen von dieser Spannungsverteilung zu rechnen. In vielen Fällen können wir diese Abweichungen aber vernachlässigen. Davon können wir uns durch einfache Abschätzungen, bzw. durch Verfeinerung der Betrachtung überzeugen. Wir rechnen im allgemeinen also auch im Nahbereich der Krafteinleitung, sofern diese nicht zu konzentriert erfolgt, (d.h. bei schwach veränderlichen Schnittgrößen), näherungsweise mit Spannungsverteilungen, wie sie konstanten Schnittgrößen entsprechen.

Es läßt sich zeigen (für einige spezielle Fälle werden wir das im folgenden Kapitel tun), daß auch Querschnittsveränderungen zu einer abweichenden Spannungsverteilung (gegenüber einem Stab mit örtlich gleichem, aber unveränderlichem Querschnitt) führen müssen. Diese Abweichungen bleiben wiederum vernachlässigbar, wenn sich sowohl Querschnittsform (einschließlich der Orientierung der Hauptachsen) wie Querschnittsgröße nur schwach längs des Stabes ändern. Dabei wollen wir aber daran festhalten, daß die Biegeebene wenigstens lokal entweder mit einer Symmetrie-Ebene des Querschnittes zusammenfallen oder der Querschnitt doppeltsymmetrisch sein muß, weil sich sonst Probleme bei der Berechnung der Schubspannungen ergeben. Auf diese Frage werden wir im Laufe des Kapitels 5 zurückkommen.

Treten Temperaturänderungen gegenüber dem Ausgangszustand auf, so überlagern sich bei statisch bestimmter Lagerung die allseitig gleichen Wärmedehnungen den von der Belastung hervorgerufenen Dehnungen. An der Spannungsverteilung ändert sich dadurch nichts. Wir können dabei auch Temperaturverteilungen zulassen, die längs des Stabes veränderlich sind, sofern die Temperatur dabei wenigstens über den Querschnitt konstant bleibt. Ungleichmäßige Temperaturverteilungen über den Querschnitt führen im allgemeinen zu einer zusätzlichen Biegebeanspruchung. Ebenso kann eine Behinderung der temperaturbedingten Längsdehnung zum Auftreten zusätzlicher Normalkräfte führen.

Die vorstehend getrennt betrachteten Sachverhalte (veränderliche Schnittgrößen, veränderlicher Querschnitt, veränderliche Temperatur) können sich überlagern. Dies wird im allgemeinen sogar der Fall sein. An unseren Überlegungen ändert sich dadurch nichts Wesentliches. Wir rechnen also auch in diesem Fall der Verallgemeinerung mit den bereits ermittelten Spannungsverteilungen bzw. ihren Überlagerungen.

4 Stab-Biegung mit Normal- und Querkraft

4.1 Allgemeine Voraussetzungen

Die im vorigen Kapitel im Rahmen der elementaren Elasto-Statik der Stäbe ermittelten Ergebnisse wollen wir nun in diesem und im folgenden Kapitel nach einigen Richtungen vertiefen und ergänzen, und zwar hier für die Biegung des geraden Stabes unter Einbeziehung der Wirkung von Längs- und Querkräften. Dabei werden wir allerdings im Rahmen einer elementaren Theorie bleiben, d.h. wir verzichten auch weiterhin auf die exakte Lösung des vollständigen Gleichungssystems der Elasto-Statik und gehen statt dessen von gewissen Annahmen über die Formänderungen der stabförmigem Körper sowie über die Spannungsverteilungen in diesen Körpern aus.

Allgemein setzen wir in diesem Kapitel voraus, sofern nicht ausdrücklich etwas anderes gesagt wird:

1. linear-elastischer Körper,
2. homogener, isotroper Werkstoff,
3. gerade Stabachse (Stabachse = x-Achse),
4. unveränderlicher Querschnitt,
5. y- und z-Achse sind Hauptachsen des Querschnittes,
6. $M_T = 0$.

In Abschnitt 3.7 haben wir überlegt, wie wir die Anwendung der elementaren Theorie auf allgemeinere Belastungsarten, veränderliche Querschnitte usw. erweitern können. Einigen dieser Fragen wollen wir uns in den folgenden Abschnitten zuwenden. Zuvor wollen wir jedoch die Frage klären, welche Formänderungen ein Stab bei einer Belastungs- bzw. Temperaturänderung erfährt. Diese Frage ist bisher nämlich unerörtert geblieben. Wir haben uns lediglich auf einige Aussagen über die Formänderungen der einzelnen Stabelemente beschränkt.

4.2 Formänderungen des geraden Stabes bei Biegung mit Normal- und Querkraft

4.2.1 Allgemeines

Änderungen der Belastung oder der Temperatur eines Stabes rufen zugleich auch Formänderungen des Stabes hervor. Da wir vorausgesetzt haben, daß der Stab als linear-elastischer Körper zu betrachten ist, kommt es auf den Ausgangszustand nicht an, sondern lediglich auf die Änderungen, solange wir im Rahmen der linearen Theorie bleiben. Wir können deshalb z.B. davon ausgehen, daß der Ausgangszustand ein natürlicher Zustand ist (s. Definition 3.1). Häufig werden wir jedoch als Ausgangszustand etwa auch den Zustand ansehen, bei dem zwar der Stab unter der Wirkung seines Eigengewichtes steht, ansonsten aber unbelastet ist. Da bei einem linear-elastischen Körper alle Belastungszustände superponierbar sind, kommt es hier auf diese Unterscheidung nicht an. Wir dürfen deshalb auch, ohne auf Widerspruch zu stoßen, den Stab im Ausgangszustand stets als unverformt ansehen.

Vernachlässigen wir die von den Querkräften hervorgerufenen Formänderungen der Stabelemente, die im allgemeinen auch von untergeordneter Bedeutung sind, und setzen voraus, daß bei Temperaturänderungen keine Temperaturdifferenzen über den Querschnitt auftreten, so können wir davon ausgehen, daß bei allen Formänderungen die Stabquerschnitte eben und senkrecht zur Stabachse bleiben. Es sind dann die Formänderungen des Stabes (abgesehen von den Querkontraktionen, die aber leicht gesondert zu ermitteln sind) vollständig bestimmt, sobald wir die Deformationen der Stabachse kennen. Diese können wir durch die Angabe der Verschiebungen $\boldsymbol{u}(x)$ der Punkte der Stabachse beschreiben (vgl. Bild 4.1)

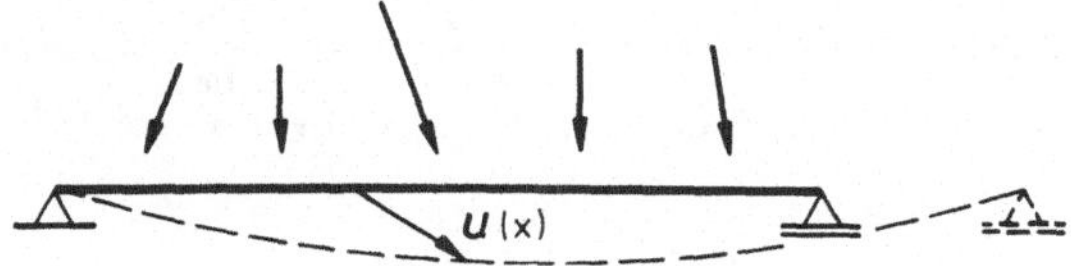

Bild 4.1 Verschiebung $\mathbf{u}(x)$ der Stabachse

4.2.2 Die Differentialgleichungen der Stabbiegung

Für die Formänderungen der Stabachse haben wir im vorigen Kapitel abgeleitet:

$$\text{Dehnung der Stabachse:} \quad \epsilon_0(x) = \frac{N(x)}{EA(x)} + \alpha\,(T(x) - T_0)\,,$$

$$\text{Krümmung der Stabachse:} \quad \frac{1}{R_z(x)} = \frac{M_y(x)}{EJ_{yy}(x)}$$

$$\frac{1}{R_y(x)} = \frac{M_z(x)}{EJ_{zz}(x)}\,.$$

Dabei wollen wir hier auch zulassen, daß die Schnittgrößen und der Stabquerschnitt längs der Stabachse veränderlich sind, so daß auch die Größen ϵ_0, R_z, R_y – wie angegeben – von x abhängig werden. Für den Zusammenhang dieser Größen mit den Verschiebungen der Punkte der Stabachse gelten dann

$$\epsilon_0(x) = \frac{\mathrm{d}u_x}{\mathrm{d}x} = u_x'(x)$$

$$\frac{1}{R_z(x)} = -\frac{\dfrac{\mathrm{d}^2u_z}{\mathrm{d}x^2}}{\left\{1 + \left(\dfrac{\mathrm{d}u_z}{\mathrm{d}x}\right)^2\right\}^{3/2}}$$

$$\frac{1}{R_y(x)} = \frac{\dfrac{\mathrm{d}^2u_y}{\mathrm{d}x^2}}{\left\{1 + \left(\dfrac{\mathrm{d}u_y}{\mathrm{d}x}\right)^2\right\}^{3/2}}\,.$$

Da wir im Rahmen der Theorie linear-elastischer Körper voraussetzen, daß die Drehungen der Körperelemente, die sich in den Größen $\dfrac{\mathrm{d}u_z}{\mathrm{d}x}$ und $\dfrac{\mathrm{d}u_y}{\mathrm{d}x}$ ausdrücken, klein bleiben, können wir die Quadrate dieser Größen gegenüber 1 vernachlässigen und mithin schreiben

$$\frac{1}{R_z(x)} = -\frac{\mathrm{d}^2u_z}{\mathrm{d}x^2} = -u_z''(x)$$

$$\frac{1}{R_y(x)} = \frac{\mathrm{d}^2u_y}{\mathrm{d}x^2} = u_y''(x)\,.$$

Damit ergeben sich für die Formänderungen der Stabachse die folgenden Differentialgleichungen:

$$\frac{\mathrm{d}u_x}{\mathrm{d}x} = u_x'(x) = \frac{N(x)}{EA(x)} + \alpha\,(T(x) - T_0)$$

$$\frac{\mathrm{d}^2u_y}{\mathrm{d}x^2} = u_y''(x) = \frac{M_z(x)}{EJ_{zz}(x)}$$

$$\frac{\mathrm{d}^2u_z}{\mathrm{d}x^2} = u_z''(x) = -\frac{M_y(x)}{EJ_{yy}(x)}\,.$$

Bei ebenen Problemen ($u_y = 0$, $M_z = 0$) setzt man vielfach

$$u_x = u(x), \quad u_z = w(x)$$

$$M_y = M(x), \quad J_y y = J(x).$$

Mit diesen Bezeichnungen gilt dann (vgl. Bild 4.2)

$$u'(x) = \frac{N(x)}{EA(x)} + \alpha\,(T(x) - T_0)$$

$$w''(x) = -\frac{M(x)}{EJ(x)}\,.$$

Unter Beachtung der gegebenen Randbedingungen lassen sich diese Gleichungen bei bekannten Schnittgrößen unmittelbar und getrennt integrieren und so die Verschiebungen der Punkte der Stabachse ermitteln. Die Größen $u_y(x)$, $u_z(x)$ bzw. $w(x)$ beschreiben die Durchbiegung des Stabes oder – wie wir auch sagen – die Biegelinie des Stabes.

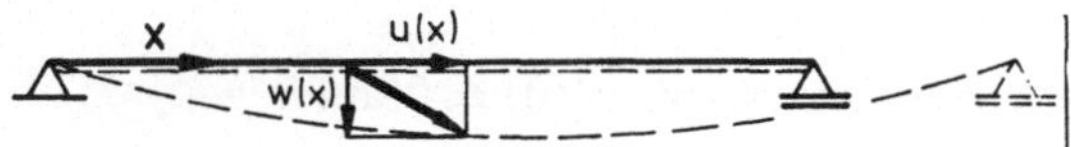

Bild 4.2 Biegelinie $w(x)$

Beispiel (s. Bild 4.3)

Unveränderlicher Querschnitt, d.h. $EA =$ konst., $EJ =$ konst.

Schnittgrößen: $N = F_2$

$M(x) = -F_1(l - x)$

Randbedingungen: $u(0) = 0$

$w(0) = 0, \; w'(0) = 0$

Die Integration der Differentialgleichung für die Längsverschiebung $u(x)$ ergibt zunächst

$$\int_0^x u'(x)\,\mathrm{d}x = u(x) - u(0) = \int_0^x \frac{N(x)}{EA}\,\mathrm{d}x = \frac{1}{EA}\int_0^x F_2\,\mathrm{d}x = \frac{F_2}{EA}\,x\,,$$

also (wegen $u(0) = 0$)

$$u(x) = \frac{F_2}{EA}\,x\,.$$

Die erste Integration der Differentialgleichung für $w(x)$ liefert

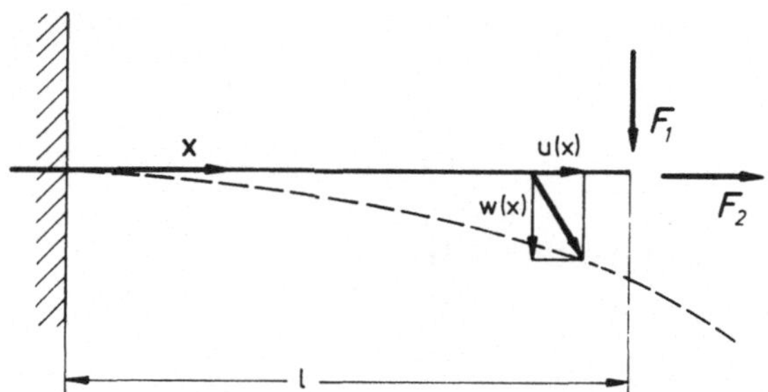

Bild 4.3 Biegelinie eines Kragträgers, $EA =$ konst., $EJ =$ konst.

$$\int_0^x w''(x)\,\mathrm{d}x = w'(x) - w'(0) = -\int_0^x \frac{M(x)}{EJ}\,\mathrm{d}x$$
$$= \frac{F_1}{EJ}\int_0^x (l-x)\,\mathrm{d}x = \frac{F_1}{EJ}\left(lx - \frac{x^2}{2}\right)$$

Die zweite Integration führt unter Beachtung von $w'(0) = 0$ auf

$$\int_0^x w'(x)\,\mathrm{d}x = w(x) - w(0) = \frac{F_1}{EJ}\int_0^x \left(lx - \frac{x^2}{2}\right)\mathrm{d}x$$
$$= \frac{F_1 l^3}{EJ}\left\{\frac{1}{2}\left(\frac{x}{l}\right)^2 - \frac{1}{6}\left(\frac{x}{l}\right)^3\right\},$$

d.h. mit $w(0) = 0$ auf

$$w(x) = \frac{F_1 l^3}{EJ}\left\{\frac{1}{2}\left(\frac{x}{l}\right)^2 - \frac{1}{6}\left(\frac{x}{l}\right)^3\right\}.$$

Speziell erhalten wir für die Durchbiegung am Stabende ($x = l$)

$$w(l) = \frac{1}{3}\,\frac{F_1 l^3}{EJ}.$$

Der Einfachheit halber wollen wir uns auch bei den folgenden Betrachtungen auf ebene Systeme beschränken; die Erweiterung auf räumliche Systeme bereitet keine grundsätzlichen Schwierigkeiten.

Differenzieren wir die Differentialgleichung für die Biegelinie noch zweimal nach x, so folgt daraus (bei $EJ \neq$ konst.)

$$[EJ(x)w''(x)]'' = -M''(x).$$

Nun ist (vgl. Band I, Abschnitt 9.4, bei $m =$ konst.)

$$M''(x) = -q(x).$$

Deshalb gilt

$$[EJ(x)w''(x)]'' = q(x).$$

Bei $EJ =$ konst. vereinfacht sich diese Beziehung zu

$$EJw''''(x) = q(x).$$

In dieser Form ist die Durchbiegung $w(x)$ unmittelbar mit der Belastung $q(x)$ verknüpft. Wir können uns bei dieser Fassung der Differentialgleichung der Biegelinie die Zwischenrechnung für die Ermittlung des Biegemomentenverlaufs $M(x)$ sparen und die Differentialgleichung für $w(x)$ unter Beachtung der entsprechenden Randbedingungen unmittelbar viermal integrieren. Dieses Vorgehen eignet sich besonders für verteilte Querbelastung – sowie für statisch unbestimmte Systeme, bei denen der Verlauf des Biegemomentes nicht unmittelbar angegeben werden kann.

Beispiel (s. Bild 4.4)

Belastung: $q =$ konst.

Randbedingungen: $w(0) = 0\,, \quad w(l) = 0$

$$w''(0) = -\frac{M(0)}{EJ} = 0\,, \quad w''(l) = -\frac{M(l)}{EJ} = 0\,.$$

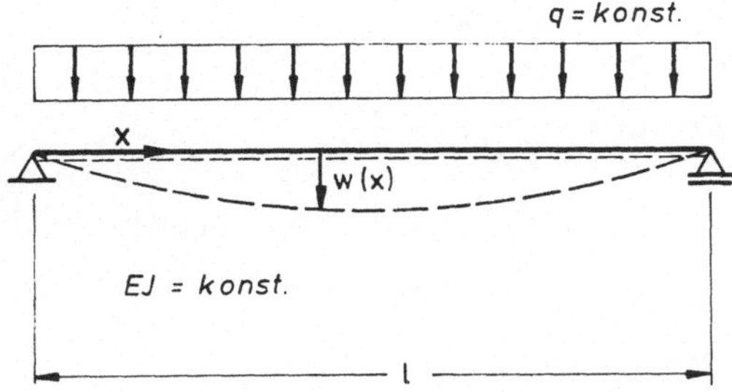

Bild 4.4 Biegelinie unter konstanter Last q

Die viermalige Integration der Differentialgleichung ergibt unter Berücksichtigung der Randbedingungen:

1. Integration:

$$EJ\,w'''(x) - EJ\,w'''(0) = \int_0^x q\,\mathrm{d}x = qx\,.$$

2. Integration:

$$EJ\,w''(x) - \underbrace{EJ\,w''(0)}_{0} = \int_0^x EJ\,w'''(0)\,\mathrm{d}x + \int_0^x qx\,\mathrm{d}x$$

$$= EJ\,w'''(0)x + q\,\frac{x^2}{2}\,.$$

Die Randbedingung $EJ\,w''(l) = 0$ liefert die Bedingung

$$EJ\,w'''(0)l + q\,\frac{l^2}{2} = 0\,.$$

Daraus folgt

$$EJ\,w'''(0) = -q\,\frac{l}{2}\,.$$

3. Integration:

$$\begin{aligned} EJ\,w'(x) - EJ\,w'(0) &= -\int_0^x \frac{ql}{2}\,x\,\mathrm{d}x + \int_0^x q\,\frac{x^2}{2}\,x\,\mathrm{d}x \\ &= -\frac{qlx^2}{4} + \frac{qx^3}{6}\,. \end{aligned}$$

4. Integration:

$$\begin{aligned} EJ\,w(x) - \underbrace{EJ\,w(0)}_{0} &= \int_0^x EJ\,w'(0)\,\mathrm{d}x - \int_0^x \frac{qlx^2}{4}\,\mathrm{d}x + \int_0^x \frac{qx^3}{6}\,\mathrm{d}x \\ &= EJ\,w'(0)\,x - \frac{qlx^3}{12} + \frac{qx^4}{24}\,. \end{aligned}$$

Die letzte noch freie Integrationskonstante $w'(0)$ ermitteln wir aus der Randbedingung

$$EJ\,w(l) = 0 = EJ\,w'(0)l - \frac{ql^4}{24}\,.$$

Das ergibt

$$EJ\,w'(0) = \frac{ql^3}{24}\,.$$

Damit erhalten wir schließlich für die Biegelinie die Gleichung

$$w(x) = \frac{ql^4}{24EJ}\left\{\frac{x}{l} - 2\left(\frac{x}{l}\right)^3 + \left(\frac{x}{l}\right)^4\right\}.$$

Ist der Stab durch Einzelkräfte belastet, so müssen wir die Differentialgleichungen abschnittsweise integrieren. Die dabei zusätzlich auftretenden Integrationskonstanten können wir aus den Übergangsbedingungen ermitteln. Diese besagen, daß auch an den Angriffsstellen von Einzelkräften im Rahmen der elementaren Elasto-Statik der Stäbe die Verschiebungen u und w sowie w' stetig sein müssen. Analoge Aussagen gelten für räumliche Probleme.

Für die Zahlenrechnung ist es oft bequemer, mit den Größen EJw bzw. EAu statt mit den Verschiebungen w und u selbst zu rechnen. Davon haben wir bei den vorstehenden Beispielen teilweise schon Gebrauch gemacht, auch wenn wir die Gleichungen nicht zahlenmäßig ausgewertet haben.

Ist die Biegesteifigkeit EJ bzw. die Dehnsteifigkeit EA von x abhängig, so führt man bei der Durchführung der Rechnung zweckmäßig für diese Größen je eine konstante Bezugsgröße EJ_c bzw. EA_c ein. Die Differentialgleichungen lauten dann

$$\begin{aligned} EA_c u'(x) &= N(x)\,\frac{A_c}{A(x)} \\ EJ_c w''(x) &= -M(x)\,\frac{J_c}{J(x)}\,. \end{aligned}$$

Die Integration dieser Gleichungen liefert dann unmittelbar das EA_c-fache der Längsverschiebungen $u(x)$ bzw. das EJ_c-fache der Durchbiegung $w(x)$.

4.2.3 Die Mohr'sche Analogie für die Biegelinie

Wir betrachten der Einfachheit halber ebene Systeme. Die Differentialgleichung der Biegelinie $w(x)$ lautet

$$\begin{aligned} &\text{bei } EJ = \text{konst.} & EJ\,w''(x) &= -M(x) \\ &\text{bei } EJ \neq \text{konst.} & EJ_c\,w''(x) &= -M(x)\,\frac{J_c}{J(x)}\,. \end{aligned}$$

Andererseits gilt für den Zusammenhang zwischen Biegemoment $M(x)$ und Querbelastung $q(x)$

$$M''(x) = -q(x).$$

Zwischen den Differentialgleichungen für die Biegelinie und für den Momentenverlauf besteht also eine vollständige Analogie. Dabei entsprechen sich

	Biegelinie		Momentenverlauf
bei $EJ = $ konst.	$EJ\,w(x)$	$\longleftrightarrow$	$M(x)$
	$M(x)$	$\longleftrightarrow$	$q(x)$
bei $EJ \neq$ konst.	$EJ_c\,w(x)$	$\longleftrightarrow$	$M(x)$
	$M(x)\,\frac{J_c}{J(x)}$	$\longleftrightarrow$	$q(x)$

Alle Verfahren, die wir zur Ermittlung der Biegemomentenlinie aus der Querbelastung kennen, sind deshalb auch entsprechend folgender Vorgehensweise auf die Gewinnung der Biegelinie aus dem Momentenverlauf anwendbar (s. Bild 4.5):

Bei der Durchführung dieses Verfahrens haben wir jedoch zu beachten, daß die Analogie auch bei den Rand- und Übergangsbedingungen einzuhalten ist. Die gedachte Belastung $M(x)\,\frac{J_c}{J(x)}$ muß deshalb auf das adjungierte System aufgebracht

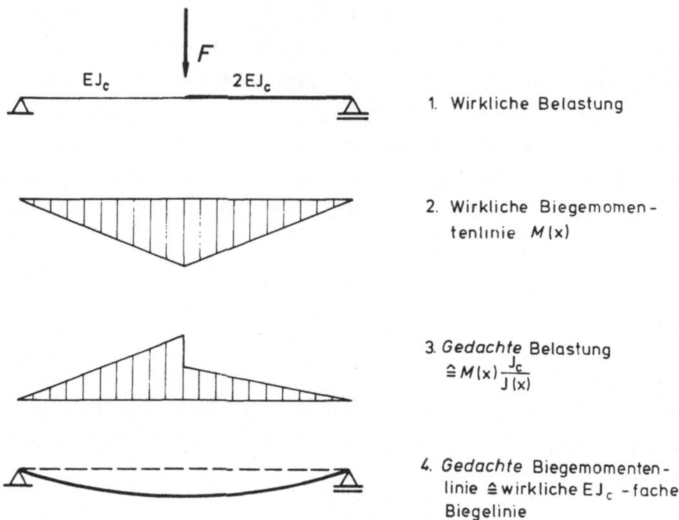

Bild 4.5 Mohr'sche Analogie: Vorgehensweise

werden. Eine entsprechende Gegenüberstellung ist in Tabelle 4.1 angegeben. Wir erkennen daraus auch, daß bei dem in Bild 4.5 erläuterten Beispiel gerade Ausgangssystem und adjungiertes System in den Randbedingungen übereinstimmen. Das gilt jedoch keineswegs allgemein.

Bei statisch unbestimmten Ausgangssystemen sind die adjungierten Systeme verschieblich, wie das letzte Beispiel in Tabelle 4.1 zeigt. Diese Verschieblichkeit wirkt sich jedoch nicht aus, weil in diesen Fällen die gedachte Belastung mit den etwa noch verbleibenden gedachten Auflagern des adjungierten Systems stets ein Gleichgewichtssystem bildet. Hat das adjungierte System keine Auflager mehr, so bildet die Belastung selbst ein Gleichgewichtssystem. Das läßt sich in jedem Einzelfall leicht nachweisen.

4.3 Einfluß der Krafteinleitung auf die Spannungsverteilung

4.3.1 Allgemeines

Die Ermittlung der Spannungsverteilung in der Nähe von Krafteinleitungsstellen ist im allgemeinen nur möglich, wenn wir auf das vollständige Gleichungssystem der Elasto-Statik zurückgreifen. Dabei müssen wir von der wirklichen Kräfteverteilung ausgehen. Das Prinzip von *de St. Venant* (vgl. Band I, Abschnitt 4.8), demzufolge statisch äquivalente Kräfte auch in ihren Wirkungen auf deformierbare Körper äquivalent sind, gilt nur für den Fernbereich, d.h. in hinreichender Entfernung von den Krafteinleitungsstellen.

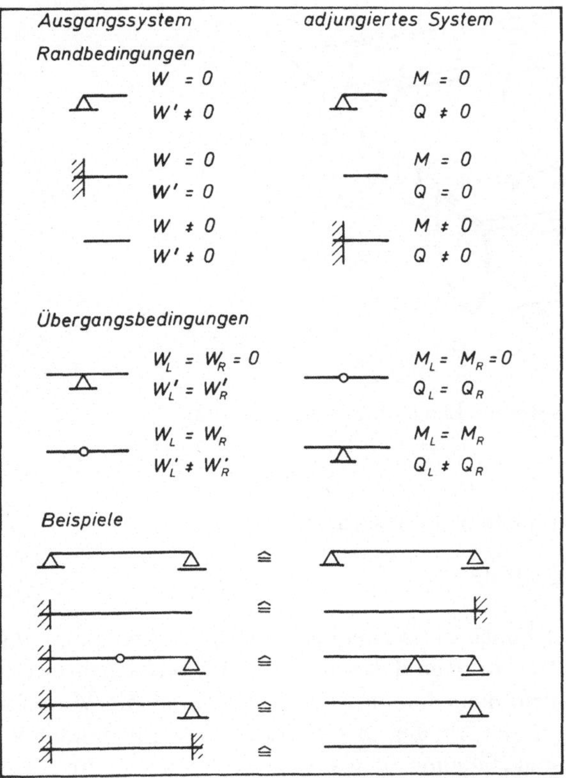

Tabelle 4.1 Mohr'sche Analogie: Analogie der Rand- und Übergangsbedingungen

In manchen Fällen können wir jedoch auch im Nahbereich mit elementaren Betrachtungen etwas weiter kommen. Zwei Probleme dieser Art, die in den Rahmen der elementaren Elasto-Statik der Stäbe passen, sollen dies veranschaulichen.

Wir übernehmen die allgemeinen Voraussetzungen, die wir in Abschnitt 4.1 formuliert haben. Wir setzen ferner einschränkend voraus:

1. Querschnitte symmetrisch zur z-Achse,
2. ebene Biegung, d.h. $N = N(x)$,
   $Q_y = 0\,,\quad M_z = 0$
   $Q_z = Q(x),\quad M_y = M(x);$
3. Krafteinleitung der Längs- und Querbelastung gleichmäßig in y-Richtung verteilt und deshalb nur von z abhängig;
4. $T = T_0$.

Die Verteilung der Längs- und Querbelastung über den Stabquerschnitt können wir in folgender Weise beschreiben:

a) *Längsbelastung* (s. Bild 4.6)

Die auf die Schicht eines Stabelementes von der Länge dx entfallende Belastung

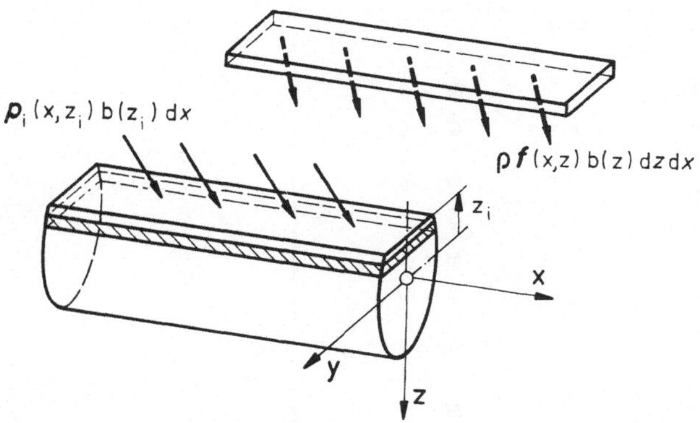

Bild 4.6 Stab unter verteilter Längs- und Querbelastung

der volumenhaft verteilt angreifenden Längskräfte ist

$$\mathrm{d}n_V\,\mathrm{d}x = f_x(x,z)\,\rho\, b(z)\,\mathrm{d}z\,\mathrm{d}x\,.$$

Hierzu kommt gegebenenfalls noch die flächenhaft verteilt angreifende Längsbelastung hinzu. Als Angriffsflächen kommen dabei nur solche Oberflächen in Betracht, die parallel zur xy-Ebene liegen; denn nur in solchen Fällen ist die Voraussetzung erfüllbar, daß alle Belastungen gleichmäßig in y-Richtung verteilt angreifen sollen. Für die auf eine solche Fläche entfallende Längsbelastung erhalten wir

$$n_{Ai}\,\mathrm{d}x = p_{ix}(x,z_i)\,b(z_i)\,\mathrm{d}x\,.$$

Die resultierende Längsbelastung pro Längeneinheit erhalten wir durch Integration über den Querschnitt:

$$n(x) = \int_A \rho\, f_x(x,z)\underbrace{b(z)\,\mathrm{d}z}_{\mathrm{d}A} + \sum_i p_{ix}(x,z_i)\,b(z_i).$$

Die Längsbelastung erzeugt ferner im allgemeinen zugleich eine Momentenbelastung pro Längeneinheit für die

$$m(x) = \int_A \rho f_x(x,z) z \underbrace{b(z)\,\mathrm{d}z}_{\mathrm{d}A} + \sum_i p_{ix}(x,z_i)\,z_i\,b(z_i)$$

gilt. Abkürzend schreiben wir auch

$$n(x) = \int_A \mathrm{d}n\,, \qquad m(x) = \int_A z\,\mathrm{d}n$$

und beziehen in die Integrale die flächenhaft verteilt angreifenden Kräfte mit ein.

b) *Querbelastung*

Die Überlegungen zur Beschreibung der Längsbelastung lassen sich analog auf die Querbelastung übertragen. Wir erhalten

$$\mathrm{d}q_V = \rho\, f_z(x,z)\, b(z)\, \mathrm{d}z$$

$$q_{Ai} = p_{iz}(x,z_i)\, b(z_i)$$

$$q(x) = \int_A \rho\, f_z(x,z) \underbrace{b(z)\, \mathrm{d}z}_{\mathrm{d}A} + \sum_i p_{iz}(x,z_i)\, b(z_i)$$

oder abgekürzt

$$q(x) = \int_A \mathrm{d}q\,.$$

Eine Momentenbelastung $m(x)$ entsteht durch die Querbelastung nicht.

Als einfaches Beispiel wollen wir im folgenden die Spannungsverteilung in einem Stab mit Rechteckquerschnitt betrachten, und zwar einmal bei verteilter Längsbelastung, das andere Mal bei verteilter Querbelastung. Die Beispiele lassen sich im Rahmen der üblichen Voraussetzungen der elementaren Elasto-Statik der Stäbe leicht entsprechend verallgemeinern.

4.3.2 Stab mit Rechteckquerschnitt bei verteilter Längsbelastung

Wir betrachten einen Stab mit Rechteckquerschnitt unter der in Bild 4.7 skizzierten verteilten Längsbelastung:

$$f_x(x,z) = f_x = \text{konst.},$$

$$p_x\left(x, -\frac{h}{2}\right) = p_x = \text{konst.}$$

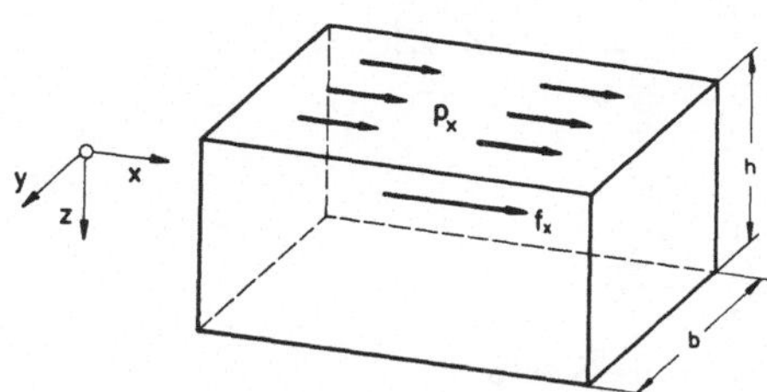

Bild 4.7
Rechteckquerschnitt mit verteilter Längsbelastung

Die flächenhaft verteilt angreifenden Kräfte können wir uns hierbei etwa durch Reibung erzeugt denken. Aus dieser Belastungsverteilung resultieren als Belastungen pro Längeneinheit

$$n(x) = \rho f_x bh + p_x b ,$$

$$m(x) = p_x b \frac{h}{2} .$$

Für die Verteilung der Spannungen im Querschnitt treffen wir die in der elementaren Elasto-Statik übliche Annahme

(a) $\sigma_{xx} = \sigma(x,z) = \dfrac{N(x)}{A} + \dfrac{M(x)}{J} z ,$

$\sigma_{xy} = 0 , \quad \sigma_{xz} = \tau(x,z).$

Ferner nehmen wir wie üblich an

(b) $\sigma_{yy} = \sigma_{zz} = \sigma_{yz} = 0$

Zur Ermittlung der Schubspannungsverteilung $\tau(x,z)$ im Querschnitt gehen wir in gleicher Weise vor, wie wir es beim Stab mit konstanter Längs- und Querkraft (vgl. Abschnitt 3.5.1) getan haben. Wir schneiden von einem Stabelement einen Abschnitt in der in Bild 4.8 angegebenen Weise (Schnittfläche: z = konst.) ab. Stellen wir für den abgeschnittenen Teil die Gleichgewichtsbedingung in x-Richtung auf, so erhalten wir

$$-\tau(x,z)\, b + \int_z^{\frac{h}{2}} \frac{\partial \sigma}{\partial x}\, b \,\mathrm{d}z + \int_z^{\frac{h}{2}} \rho f_x \, b \,\mathrm{d}z = 0 ,$$

d.h.

$$\tau(x,z) = \frac{1}{b} \left\{ \int_z^{\frac{h}{2}} \frac{\partial \sigma}{\partial x}\, b \,\mathrm{d}z + \int_z^{\frac{h}{2}} \mathrm{d}n \right\} .$$

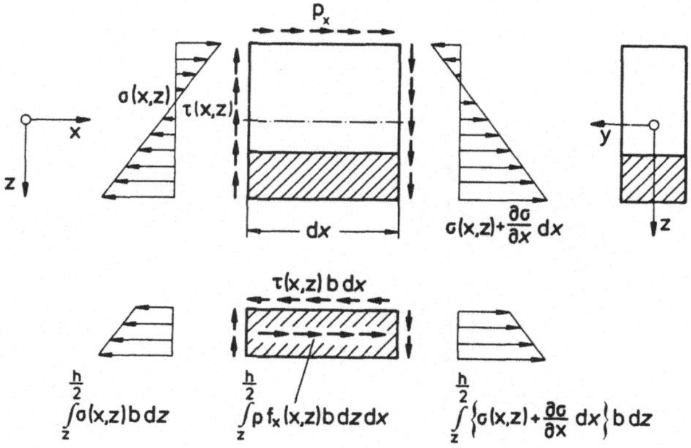

Bild 4.8 Abgeschnittenes Stabelement

Nun ist (vgl. Band I, Abschnitt 9.4.1)

$$\begin{aligned}\frac{\partial\sigma}{\partial x} &= \frac{\partial}{\partial x}\left\{\frac{N(x)}{A} + \frac{M(x)}{J}z\right\}\\ &= \frac{1}{A}\frac{\mathrm{d}N}{\mathrm{d}x} + \frac{z}{J}\frac{\mathrm{d}M}{\mathrm{d}x}\\ &= -\frac{n(x)}{A} + \frac{z}{J}\{Q(x) - m(x)\}\,.\end{aligned}$$

Deshalb wird

$$\tau(x,z) = \frac{[Q(x) - m(x)]\,S(z)}{bJ} - \frac{1}{b}\left\{\frac{n(x)}{A}\int_z^{\frac{h}{2}}\underbrace{b\,\mathrm{d}z}_{\mathrm{d}A} - \int_z^{\frac{h}{2}}\underbrace{\rho f_x\,b\,\mathrm{d}z}_{\mathrm{d}n}\right\}$$

mit $S(z) = \int_z^{\frac{h}{2}} z\underbrace{b\,\mathrm{d}z}_{\mathrm{d}A}\,.$

In dieser Schreibweise können wir das vorstehende Ergebnis auch auf allgemeinere Vollquerschnitte mit Symmetrie zur z-Achse ausdehnen. Wir haben dann lediglich $\tau(x,z) = \sigma_{xz}(x,z)$ und $b = b(z)$ zu setzen und die oberen Grenzen der Integrale entsprechend zu bezeichnen. Die Schubspannungskomponenten $\sigma_{xy}(x,y,z)$ sind hierbei nachträglich unter den üblichen Annahmen (vgl. Abschnitt 3.5.2) zu berechnen. Wir können ferner das Ergebnis auch auf dünnwandige Querschnitte mit Symmetrie zur z-Achse übertragen, wobei τ, S usw. entsprechend zu interpretieren sind.

In unserem speziellen Beispiel können wir die Integrale noch weiter auswerten. Es ist

$$S(z) = \int_z^{\frac{h}{2}} z\,b\,\mathrm{d}z = \frac{bh^2}{8}\left\{1 - \left(\frac{2z}{h}\right)^2\right\}.$$

$$\frac{n(x)}{A}\int_z^{\frac{h}{2}} b\,\mathrm{d}z - \rho f_x\int_z^{\frac{h}{2}} b\,\mathrm{d}z = p_x\frac{b}{2}\left\{1 - \frac{2z}{h}\right\},$$

$$J = \frac{bh^3}{12}\,, \qquad A = bh\,.$$

Damit wird

$$\tau(x,z) = \frac{3}{2}\frac{Q}{bh}\left\{1 - \left(\frac{2z}{h}\right)^2\right\} + \underbrace{p_x\left\{\frac{1}{4} + \frac{1}{2}\frac{2z}{h} - \frac{3}{4}\left(\frac{2z}{h}\right)^2\right\}}_{\text{Einfluß der Längsbelastung}}.$$

Die Schubspannungsverteilung ist in Bild 4.9 schematisch dargestellt. Wir erhalten für den oberen und den unteren Rand, wie es nach dem Satz von der Gleichheit der einander zugeordneten Schubspannungen sein muß,

$$\tau\left(x,-\frac{h}{2}\right)=-p_x,\quad \tau\left(x,\frac{h}{2}\right)=0\,.$$

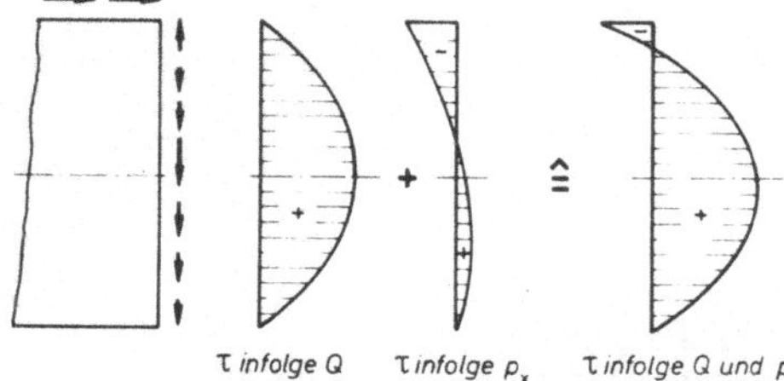

Bild 4.9
Schubspannungsverteilung

Die Rückwirkungen der mit diesen Schubspannungen verknüpften Verzerrungen auf die Verteilungen der anderen Spannungen bleiben in der elementaren Theorie unberücksichtigt. Da umgekehrt z.B. die Verteilung von $\sigma_{xx}=\sigma$ wesentlich in die hier durchgeführte Berechnung von $\sigma_{xz}=\tau$ eingeht, können die Ergebnisse unserer Betrachtungen natürlich nur näherungsweise gültig sein. Der dabei gemachte Fehler ist im allgemeinen jedoch klein.

4.3.3 Stab mit Rechteckquerschnitt bei verteilter Querbelastung

Ein Stab mit Rechteckquerschnitt sei in der in Bild 4.10 skizzierten Weise durch flächenhaft und volumenhaft verteilt angreifende Kräfte senkrecht zur Stabachse belastet. Wir beschreiben diese Belastungsverteilung durch die Angabe von

$$f_z(x,z)=f_z=\text{konst.}$$

$$p_z\left(x,-\frac{h}{2}\right)=p_z=\text{konst.}$$

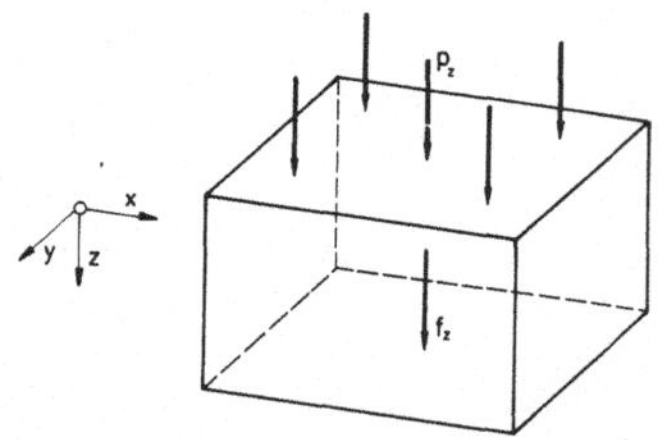

Bild 4.10
Rechteckquerschnitt unter verteilter Querbelastung

Die volumenhaft verteilt wirkende Belastung können wir uns etwa durch das Eigengewicht erzeugt denken; dann ist $f_z=g$. Die resultierende Querbelastung pro Längeneinheit ist

$$q(x)=\rho\,f_z\,bh+p_z\,b\,.$$

Die Normalkraft N setzen wir der Einfachheit halber als unabhängig von x voraus, d.h. wir gehen zunächst davon aus, daß nicht gleichzeitig eine verteilte Längsbelastung vorhanden ist.

Unter diesen Voraussetzungen dürfen wir für die Spannungsverteilung im Querschnitt im Rahmen der elementaren Elasto-Statik der Stäbe annehmen

(a) $$\sigma_{xx} = \sigma(x,z) = \frac{N}{A} + \frac{M(x)}{J} z$$

$$\sigma_{xz} = \tau(x,z) = \frac{Q(x)S(z)}{bJ} .$$

Ferner nehmen wir an

(b) $$\sigma_{yy} = \sigma_{yz} = 0 .$$

Hingegen dürfen wir nicht mehr $\sigma_{zz} = 0$ setzen. Wir würden sonst die Bedingung verletzen, daß an der Oberfläche des Stabes (d.h. für $z = -\frac{h}{2}$) $\sigma_{zz} = -p_z$ sein muß.

Die Verteilung der Spannungen $\sigma_{zz}(x,z)$ ermitteln wir wiederum, indem wir von einem Stabelement einen Abschnitt durch einen Schnitt senkrecht zur z-Achse abtrennen und für den abgeschnittenen Teil die Gleichgewichtsbedingung in z-Richtung aufstellen (s. Bild 4.11). Diese ergibt

$$\sigma_{zz}(x,z) = \frac{1}{b}\left\{\int_z^{\frac{h}{2}} \frac{\partial\tau}{\partial x}\, b\,\mathrm{d}z + \int_z^{\frac{h}{2}} \underbrace{\rho\, f_z\, b\,\mathrm{d}z}_{\mathrm{d}q}\right\}.$$

Daraus folgt mit

$$\frac{\partial\tau(x,z)}{\partial x} = \frac{\partial}{\partial x}\left\{\frac{Q(x)S(z)}{bJ}\right\} = -q(x)\,\frac{S(z)}{bJ}$$

$$\sigma_{zz}(x,z) = -\frac{q(x)}{b^2 J}\int_z^{\frac{h}{2}} S(z)\underbrace{b\,\mathrm{d}z}_{\mathrm{d}A} + \frac{1}{b}\int_z^{\frac{h}{2}} \underbrace{\rho\, f_z\, b\,\mathrm{d}z}_{\mathrm{d}q} .$$

Dieses Ergebnis können wir bei entsprechender Interpretation auch auf allgemeinere Vollquerschnitte und auf dünnwandige Querschnitte übetragen, sofern die Querschnitte symmetrisch zur z-Achse sind.

In unserem speziellen Beispiel ist

$$\int_z^{\frac{h}{2}} S(z) b\,\mathrm{d}z = \frac{bh^2}{8}\int_z^{\frac{h}{2}}\left\{1-\left(\frac{2z}{h}\right)^2\right\} b\,\mathrm{d}z = \frac{b^2h^3}{24}\left\{1 - \frac{3}{2}\,\frac{2z}{h} + \frac{1}{2}\left(\frac{2z}{h}\right)^3\right\}$$

$$\int_z^{\frac{h}{2}} \rho\, f_z\, b\,\mathrm{d}z = \rho\, f_z\,\frac{bh}{2}\left\{1 - \frac{2z}{h}\right\}.$$

Damit wird, wenn wir noch $q(x)$ und J einsetzen

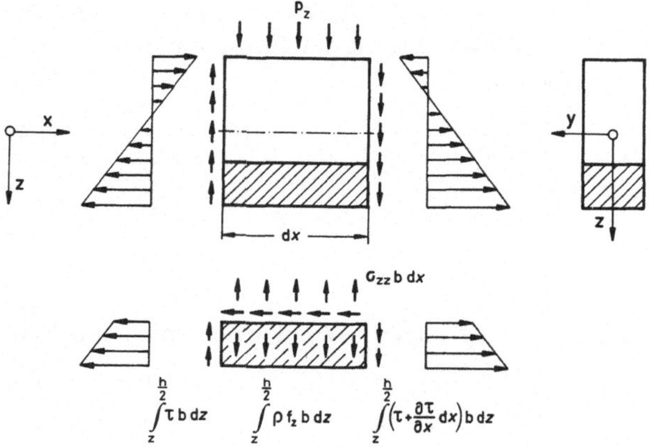

Bild 4.11 Abgeschnittenes Stabelement

$$\sigma_{zz}(x,z) = \rho f_z \frac{h}{4} \left\{ \frac{2z}{h} - \left(\frac{2z}{h}\right)^3 \right\} - \frac{1}{2} p_z \left\{ 1 - \frac{3}{2}\frac{2z}{h} + \frac{1}{2}\left(\frac{2z}{h}\right)^3 \right\}.$$

Die Verteilung der Spannungen σ_{zz} über die Höhe des Stabes ist in Bild 4.12 schematisch dargestellt.

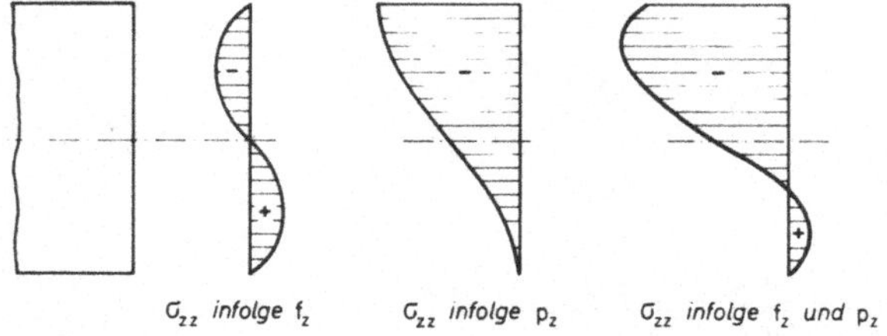

Bild 4.12 Normalspannungsverteilung σ_{zz}

Treten neben der Querbelastung zugleich verteilte Längsbelastungen auf, so enthalten die Schubspannungen $\tau(x,z)$ wie im vorigen Abschnitt gezeigt noch weitere Anteile. Damit ändern sich zugleich auch die Normalspannungen $\sigma_{zz}(x,z)$.

Die Spannungen σ_{zz} ihrerseits haben über die mit ihnen verbundenen Querdehnungen in x-Richtung Rückwirkungen auf die Verteilung der Normalspannungen $\sigma_{xx} = \sigma$ und damit auch auf die Schubspannungen $\sigma_{xz} = \tau$. Diese Auswirkungen bleiben in der elementaren Elasto-Statik der Stäbe allerdings unberücksichtigt.

4.4 Einfluß der Veränderung des Stabquerschnittes auf die Spannungsverteilung

4.4.1 Allgemeines

Im Rahmen der bisherigen Betrachtungen haben wir angenommen, daß Veränderungen des Stabquerschnittes, sofern wir sie überhaupt in unsere Überlegungen einbezogen haben, ohne nennenswerten Einfluß auf die Spannungsverteilung bleiben und sich nur insofern auswirken, als veränderliche Querschnittsgrößen, veränderliche Flächen-Trägheitsmomente usw. in die Ausdrücke für die Spannungsverteilung einzusetzen sind. Dieses Vorgehen ist jedoch nur zulässig, wenn es sich um schwache, stetig verlaufende Querschnittsveränderungen handelt, bzw. wenn wir solche Querschnitte betrachten, die hinreichend weit von stärkeren Querschnittsänderungen entfernt sind.

Zur Ermittlung der genauen Spannungsverteilung im Bereich einer stärkeren Querschnittsveränderung müssen wir im allgemeinen auf das vollständige, dreidimensionale Gleichungssystem der Elasto-Statik zurückgreifen. In einigen Sonderfällen können wir jedoch den Einfluß einer solchen Querschnittsveränderung auch mit den Methoden der elementaren Theorie abschätzen. Zwei Probleme dieser Art wollen wir im folgenden betrachten, und zwar die ebene Biegung von Stäben mit Rechteckquerschnitt, deren Höhe bzw. Breite veränderlich ist. Zur Vereinfachung wollen wir dabei voraussetzen, daß die Normal- und die Querkraft längs der Stabachse konstant seien und daß auch keine verteilte Momentenbelastung auftritt ($m(x) = 0$). Wir rechnen also mit

$$\begin{aligned} & & Q_y &= 0, & M_z &= 0, \\ N &= \text{konst.}, & Q_z &= Q = \text{konst.}, & M_y &= M(x). \end{aligned}$$

Ferner sei $T = T_0$.

Bei der Untersuchung des Einflusses der Querschnittsveränderlichkeit auf die Spannungsverteilung im Stab gehen wir davon aus, daß wir die folgenden Annahmen bzw. Ergebnisse der elementaren Theorie auch für die beiden hier zu betrachtenden Probleme übernehmen können:

$$\text{(a)}\quad \sigma_{xx} = \sigma(x,z) = \frac{N}{A(x)} + \frac{M(x)}{J(x)}\, z\,,$$

$$\text{(b)}\quad \sigma_{yy} = \sigma_{zz} = \sigma_{yz} = 0\,,$$

$$\text{(c)}\quad \sigma_{xz} = \sigma_{xz}(x,z).$$

Diese Annahmen haben wir dann jeweils noch durch eine spezielle Annahme über die Verteilung von σ_{xy} zu ergänzen.

4.4.2 Rechteckquerschnitt mit veränderlicher Höhe

Wir betrachten einen geraden Stab mit Rechteckquerschnitt veränderlicher Höhe, für den also

$$b = \text{konst.}, \quad h = h(x)$$

gilt. Die Neigung α des oberen wie des unteren Randes gegen die Stabachse ergibt sich (vgl. Bild 4.13) aus

$$\tan\alpha(x) = \frac{\mathrm{d}h(x)}{\mathrm{d}x}.$$

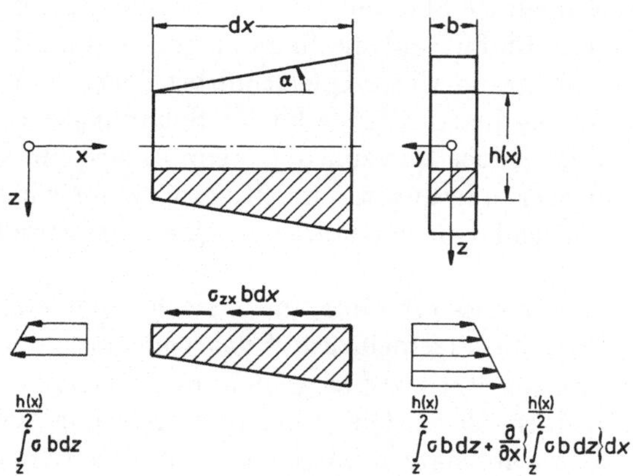

Bild 4.13 Abgeschnittenes Stabelement

Da die Breite b des Querschnittes konstant ist, können wir, ohne unmittelbar auf einen Widerspruch zu stoßen, ergänzend zu den Annahmen (a) bis (c) aus Abschnitt 4.4.1 zusätzlich annehmen

(d) $\sigma_{xy} = 0$.

Trennen wir von einem Stabelement durch einen Schnitt senkrecht zur z-Achse einen Abschnitt ab, wie es Bild 4.13 zeigt, so ergibt das Kräftegleichgewicht in x-Richtung für diesen Abschnitt

$$\sigma_{xz} = \tau(x,z) = \frac{1}{b}\frac{\partial}{\partial x}\int_z^{\frac{1}{2}h(x)} \sigma(x,z)\, b\, \mathrm{d}z.$$

Setzen wir in diesen Ausdruck

$$\sigma(x,z) = \frac{N}{A(x)} + \frac{M(x)}{J(x)} z$$

ein, so folgt zunächst allgemein

$$\begin{aligned}
\tau(x,z) &= \frac{1}{b}\frac{\partial}{\partial x}\int_z^{\frac{1}{2}h(x)} \left\{\frac{N}{A(x)} + \frac{M(x)}{J(x)} z\right\} b\, \mathrm{d}z \\
&= \frac{1}{b}\frac{\partial}{\partial x}\left\{\frac{N}{A(x)}\int_z^{\frac{1}{2}h(x)} b\, \mathrm{d}z + \frac{M(x)}{J(x)}\int_z^{\frac{1}{2}h(x)} z\, b\, \mathrm{d}z\right\}.
\end{aligned}$$

Nun ist

$\int\limits_z^{\frac{1}{2}h(x)} b\,\mathrm{d}z = A^*(x,z)$ die Stirnfläche des abgeschnittenen Teiles an der Stelle x,

$\int\limits_z^{\frac{1}{2}h(x)} z\,b\,\mathrm{d}z = S(x,z)$ das Moment 1. Grades dieser Stirnfläche in bezug auf die y-Achse.

Wir können deshalb schreiben

$$\begin{aligned}\tau(x,z) &= \frac{1}{b}\left\{N\frac{\partial}{\partial x}\left[\frac{A^*(x,z)}{A(x)}\right] + M(x)\frac{\partial}{\partial x}\left[\frac{S(x,z)}{J(x)}\right] + \frac{\mathrm{d}M}{\mathrm{d}x}\frac{S(x,z)}{J(x)}\right\} \\ &= \frac{QS(x,z)}{bJ(x)} + \underbrace{\frac{N}{b}\frac{\partial}{\partial x}\left[\frac{A^*(x,z)}{A(x)}\right] + \frac{M(x)}{b}\frac{\partial}{\partial x}\left[\frac{S(x,z)}{J(x)}\right]}_{\text{Zusatzglieder}}.\end{aligned}$$

Diese Beziehung gilt auch noch für solche Querschnitte, bei denen $b = b(x,z)$ ist, sofern wir weiterhin annehmen dürfen, daß $\sigma_{xz} = \sigma_{xz}(x,z)$, also unabhängig von y bleibt.

In unserem speziellen Beispiel ist

$$A^*(x,z) = \int\limits_z^{\frac{1}{2}h(x)} b\,\mathrm{d}z = \frac{bh(x)}{2}\left\{1 - \frac{2z}{h(x)}\right\},$$

$$S(x,z) = \int\limits_z^{\frac{1}{2}h(x)} z\,b\,\mathrm{d}z = \frac{bh^2(x)}{8}\left\{1 - \left(\frac{2z}{h(x)}\right)^2\right\},$$

$$A(x) = bh(x), \quad J(x) = \frac{bh^3(x)}{12}, \quad W(x) = \frac{bh^2(x)}{6}.$$

Deshalb wird

$$\frac{\partial}{\partial x}\left[\frac{A^*(x,z)}{A(x)}\right] = \frac{1}{2}\frac{\partial}{\partial x}\left[1 - \frac{2z}{h(x)}\right] = \frac{z}{h^2(x)}\frac{\mathrm{d}h(x)}{\mathrm{d}x} = \frac{2z}{h^2(x)}\tan\alpha,$$

$$\begin{aligned}\frac{\partial}{\partial x}\left[\frac{S(x,z)}{J(x)}\right] &= \frac{3}{2}\frac{\partial}{\partial x}\left\{\frac{1}{h(x)}\left[1 - \left(\frac{2z}{h(x)}\right)^2\right]\right\} \\ &= -\frac{3}{h^2(x)}\left\{1 - 3\left(\frac{2z}{h(x)}\right)^2\right\}\tan\alpha.\end{aligned}$$

Damit erhalten wir für die Schubspannungsverteilung in einem Stab mit Rechteckquerschnitt veränderlicher Höhe

$$\sigma_{xz} = \tau(x,z) = \frac{3}{2}\,\frac{Q}{A(x)}\left\{1 - \left(\frac{2z}{h(x)}\right)^2\right\}$$
$$+\underbrace{\left\{\frac{N}{A(x)}\,\frac{2z}{h(x)} - \frac{1}{2}\,\frac{M(x)}{W(x)}\left[1 - 3\left(\frac{2z}{h(x)}\right)^2\right]\right\}\tan\alpha}_{\text{Zusatzglieder}}$$

Die Zusatzglieder von σ_{xz} verschwinden nicht für $z = \frac{1}{2}\,h(x)$, doch läßt sich zeigen, daß sowohl die gegen die x-Achse geneigte Ober- wie die Unterseite spannungsfrei sind, wie es die Randbedingungen erfordern. Dies folgt im übrigen auch unmittelbar aus den Gleichgewichtsbetrachtungen, die wir angestellt haben und die davon ausgingen, daß diese Flächen spannungsfrei sind.

4.4.3 Rechteckquerschnitt mit veränderlicher Breite

Bei einem geraden Stab mit Rechteckquerschnitt veränderlicher Breite ist

$$b = b(x), \qquad h = \text{konst.}$$

In diesem Fall werden die Ausdrücke

$$\frac{A^*(x,z)}{A(x)} = 1 - \frac{2z}{h}$$

und

$$\frac{S(x,z)}{J(x)} = \frac{3}{2h}\left\{1 - \left(\frac{2z}{h}\right)^2\right\},$$

die in die allgemeine Beziehung für die Schubspannungen σ_{xz} eingehen (vgl. Abschnitt 4.4.2), unabhängig von x. Die Ableitungen dieser Ausdrücke nach x verschwinden deshalb, und wir erhalten

$$\sigma_{xz}(x,z) = \frac{Q\,S(x,z)}{b(x)J(x)} = \frac{3}{2}\,\frac{Q}{A(x)}\left\{1 - \left(\frac{2z}{h}\right)^2\right\}.$$

Zusatzglieder treten bei σ_{xz} also nicht auf. Dagegen können wir nicht mehr $\sigma_{xy} = 0$ annehmen, weil dabei auf den Seitenflächen die Bedingung der Spannungsfreiheit verletzt würde. Das erkennen wir unmittelbar, wenn wir die keilförmigen Randstücke betrachten, die wir durch je einen Schnitt senkrecht zur y-Achse an den Stellen $y = \pm\frac{1}{2}\,b(x)$ sowie durch zwei benachbarte Schnitte senkrecht zur z-Achse (Abstand $\mathrm{d}z$) heraustrennen können (vgl. Bild 4.14) Wir finden dann

$$\sigma_{xy}\left(x, y = \pm\frac{b(x)}{2}, z\right) = \pm\sigma_{xx}(x,z)\tan\beta = \pm\frac{1}{2}\,\sigma(x,z)\,\frac{\mathrm{d}b(x)}{\mathrm{d}x}.$$

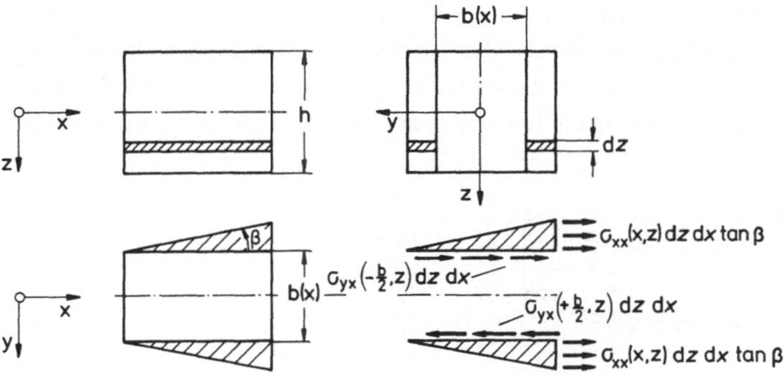

Bild 4.14 Abgeschnittenes Stabelement

Für $y = 0$ wird aus Symmetriegründen $\sigma_{xy} = 0$. Es liegt nun nahe, für die Schubspannungen σ_{xy} eine lineare Verteilung über die Breite anzunehmen, d.h. als 4. Annahme einzuführen:

(d) $\quad \sigma_{xy}(x, y, z) \sim \dfrac{2y}{b(x)}\,.$

Mit dieser Annahme erhalten wir dann

$$\sigma_{xy}(x, y, z) = \sigma(x, z)\,\frac{\mathrm{d}b(x)}{\mathrm{d}x}\,\frac{y}{b(x)}\,.$$

4.4.4 Einige ergänzende Bemerkungen

Wir können die für Rechteckquerschnitte veränderlicher Höhe bzw. Breite durchgeführten Betrachtungen auch auf die schiefe Biegung übertragen. Ferner lassen sich die Betrachtungen verhältnismäßig leicht auf solche Probleme ausdehen, bei denen die Querschnittsform (die die jeweils erforderlichen Symmetrie-Eigenschaften aufweisen muß) längs der Stabachse geometrisch ähnlich bleibt und nur die Größe des Querschnitts variiert.

Auf dünnwandige Querschnitte lassen sich diese Überlegungen allerdings nicht unmittelbar übertragen, weil wir bei solchen Querschnitten von anderen Annahmen über die Spannungsverteilung auszugehen haben.

4.5 Verbund-Querschnitte

4.5.1 Allgemeines

Wir lassen jetzt die Voraussetzung fallen, daß der Stab aus einem homogenen Werkstoff bestehe (Punkt 2 unserer allgemeinen Voraussetzungen in Abschnitt 4.1), beschränken uns aber auf solche Verbund-Querschnitte, bei denen die einzelnen

Werkstoff-Komponenten isotrop sind und bei denen sich die Werkstoff-Aufteilung über den Querschnitt längs der Stabachse nicht ändert, die einzelnen Längsfasern bzw. -faserschichten also homogen und isotrop sind (Beispiele s. Bild 4.15). Ferner setzen wir zur Vereinfachung zunächst querkraftfreie Biegung voraus.

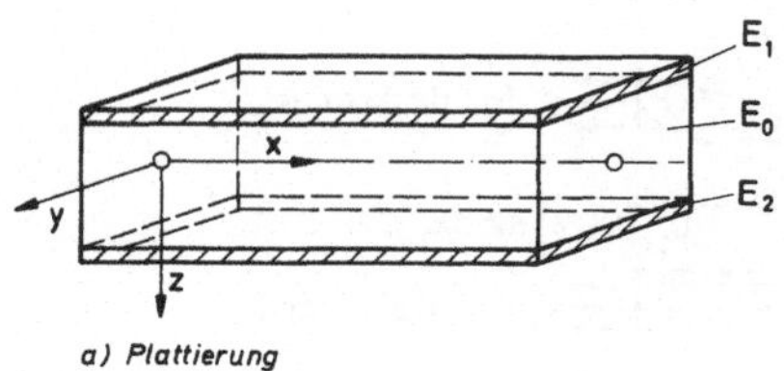

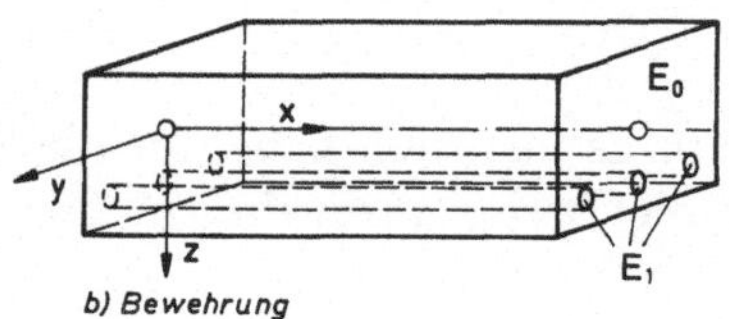

Bild 4.15
Verbund-Querschnitte

Die Werkstoff-Aufteilung können wir beschreiben, indem wir angeben, welchen Zahlenwert der Elastizitätsmodul in jedem Punkt des Querschnittes annimmt:

$$E = E(y, z)$$

Für praktische Zwecke ist es meist vorteilhafter, den örtlichen E-Modul in Beziehung zum E-Modul E_0 des Grundwerkstoffes zu setzen, also $E(y, z)$ in der Form

$$E(y, z) = n(y, z)\, E_0$$

anzugeben. Dabei steht es uns natürlich frei, welchen Werkstoff wir als Grundwerkstoff bezeichnen wollen. Im allgemeinen wird es der Werkstoff sein, dessen Anteil überwiegt. Den Zahlenfaktor $n(y, z)$, der das Verhältnis $E(y, z)/E_0$ beschreibt, nennen wir die Wertigkeit des Werkstoff-Anteiles. Er gibt an, mit welchem Gewichtsfaktor ein Flächenelement des Querschnittes in unsere Rechnungen eingeht

$n(y, z)\,\mathrm{d}A$: gewichtetes Flächenelement.

Mit diesen gewichteten Flächenelementen können wir in gleicher Weise Flächenmomente n-ten Grades bilden, wie wir es in Band I, Kapitel 7 getan haben. Wir bezeichnen diese gewichteten Flächenmomente als ideele Flächenmomente. Für sie gilt

---

Def. 4.1: Ideelles Flächenmoment 0. Grades

$$\int_A n(y, z)\,\mathrm{d}A = A_i : \qquad \text{ideelle Fläche}$$

Ideelle Flächenmomente 1. Grades

$\int_A n(y,z)\, z\, \mathrm{d}A = S_{iy}$: ideelles statisches Moment der Fläche in bezug auf die y-Achse

$\int_A n(y,z)\, y\, \mathrm{d}A = S_{iz}$: ideelles statisches Moment der Fläche in bezug auf die z-Achse

Ideelle Flächenmomente 2. Grades

$\int_A n(y,z)\, z^2\, \mathrm{d}A = J_{iyy}$: ideelles Flächenträgheitsmoment in bezug auf die y-Achse

usw.

Unter Benutzung dieser Begriffe können wir auch eine ideelle Stabachse definieren.

Def. 4.2: Die ideelle Stabachse ist die Linie, die jeweils durch den ideellen Mittelpunkt aller Stabquerschnitte geht.

Für ein Koordinatensystem y, z, dessen Ursprung mit dem ideellen Flächen-Mittelpunkt zusammenfällt, ist

$$S_{iy} = 0\,, \quad S_{iz} = 0\,.$$

Für die Transformation der Flächenmomente bei Drehung des Koordinatensystems usw. gelten die gleichen Beziehungen wie für gewöhnliche Flächenmomente. Wir können deshalb z.B. auch ideelle Hauptachsen angeben, für die $J_{iyz} = 0$ ist und für die J_{iyy} bzw. J_{izz} Extremwerte annehmen.

4.5.2 Spannungsverteilung und Formänderung bei der querkraftfreien Biegung mit Normalkraft

Wir stellen zunächst noch einmal die Voraussetzungen zusammen, die von den allgemeinen Voraussetzungen in Abschnitt 4.1 abweichen bzw. über sie hinausgehen:

1. Gerade ideelle Stabachse,
2. Querschnitt und Aufteilung der isotropen Werkstoff-Komponenten über den Querschnitt unabhängig von x:
   $E = n(y,z)\, E_0$
3. y- und z-Achse sind ideelle Hauptachsen der Querschnittsfläche.
4. Schnittgrößen: N = konst., $M_T = 0$
   $Q_y = Q_z = 0$
   M_y= konst., M_z = konst.
5. Temperatur: $T = T_0$.

Wir treffen dieselben Annahmen wie bei der Biegung (mit Normalkraft) eines Stabes aus homogenem, isotropen Werkstoff:

(a) Die ideelle Stabachse geht in einen Kreisbogen über; die Querschnitte bleiben eben und senkrecht zur ideellen Stabachse.
(b) Die Schnittflächen parallel zur Stabachse sind spannungsfrei, d.h.
$$\sigma_{yy} = \sigma_{zz} = \sigma_{yz} = 0\,.$$

Aus (a) folgt sodann zunächst

$$\epsilon_{xy} = \epsilon_{xz} = 0$$

und damit auch

$$\sigma_{xy} = \sigma_{xz} = 0\,.$$

Ferner ergibt sich aus Annahme (a) für die Verteilung der Längsdehnung (vgl. Abschnitt 3.3)

$$\epsilon_{xx}(y,z) = \epsilon_0 + \frac{z}{R_z} - \frac{y}{R_y}\,,$$

wobei R_y, R_z die Krümmungsradien der ideellen Stabachse in der xy- bzw. xz-Ebene bezeichnen. In Verbindung mit Annahme (b) erhalten wir mithin für die Verteilung der Normalspannung über den Stabquerschnitt

$$\sigma_{xx} = \sigma(y,z) = n(y,z)E_0\left\{\epsilon_0 + \frac{z}{R_z} - \frac{y}{R_y}\right\}.$$

Nun muß

$$\begin{aligned} N &= \int_A \sigma \,\mathrm{d}A \\ &= E_0\Big\{\epsilon_0 \underbrace{\int_A n(y,z)\,\mathrm{d}A}_{A_i} + \frac{1}{R_z}\underbrace{\int_A z\,n(y,z)\,\mathrm{d}A}_{0} - \frac{1}{R_y}\underbrace{\int_A y\,n(y,z)\,\mathrm{d}A}_{0}\Big\} \end{aligned}$$

$$\begin{aligned} M_y &= \int_A z\sigma \,\mathrm{d}A \\ &= E_0\Big\{\epsilon_0 \underbrace{\int_A z\,n(y,z)\,\mathrm{d}A}_{0} + \frac{1}{R_z}\underbrace{\int_A z^2 n(y,z)\,\mathrm{d}A}_{J_{iyy}} - \frac{1}{R_y}\underbrace{\int_A y\,z\,n(y,z)\,\mathrm{d}A}_{0}\Big\} \end{aligned}$$

$$\begin{aligned} M_z &= -\int_A y\sigma \,\mathrm{d}A \\ &= -E_0\Big\{\epsilon_0 \underbrace{\int_A y\,n(y,z)\,\mathrm{d}A}_{0} + \frac{1}{R_z}\underbrace{\int_A y\,z\,n(y,z)\,\mathrm{d}A}_{0} - \frac{1}{R_y}\underbrace{\int_A y^2 n(y,z)\,\mathrm{d}A}_{-J_{izz}}\Big\} \end{aligned}$$

gelten. Daraus folgt

$$\epsilon_0 = \frac{N}{E_0 A_i}, \qquad \frac{1}{R_z} = \frac{M_y}{E_0 J_{iyy}}, \qquad \frac{1}{R_y} = \frac{M_z}{E_0 J_{izz}}.$$

Für die Verteilung der Normalspannung erhalten wir mithin

$$\sigma_{xx} = \sigma(y,z) = n(y,z)\left\{\frac{N}{A_i} + \frac{M_y}{J_{iyy}} z - \frac{M_z}{J_{izz}} y\right\}.$$

Die Spannung ändert sich unstetig, wo die Wertigkeit $n(y,z)$ unstetig ist (vgl. Bild 4.16). Die Dehnung ist hingegen linear über den Querschnitt verteilt

$$\epsilon_{xx} = \epsilon(y,z) = \frac{N}{E_0 A_i} + \frac{M_y}{E_0 J_{iyy}} z - \frac{M_z}{E_0 J_{izz}} y.$$

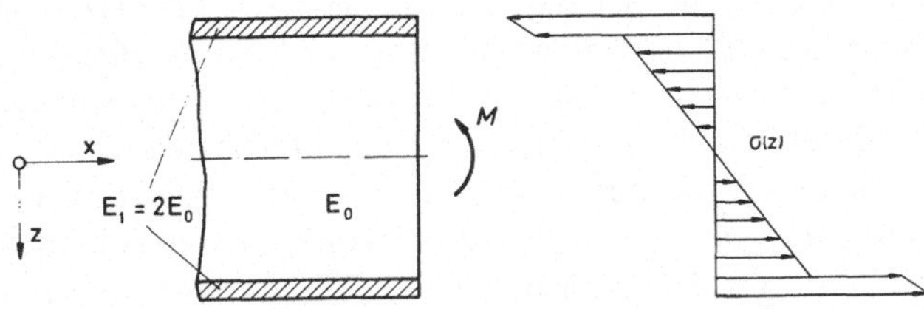

Bild 4.16 Spannungsverteilung $\sigma(z)$

Diese Beziehungen sind analog aufgebaut wie die entsprechenden Ausdrücke bei der Biegung eines homogenen Stabes. Es sind lediglich die gewöhnlichen Flächenmomente durch die ideellen zu ersetzen und bei der Spannungsverteilung der Faktor $n(y,z)$ hinzuzufügen. Dementsprechend sind z.B. auch die Aussagen über die Lage der neutralen Faser analog übertragbar. Das gleiche gilt für die Differentialgleichungen der Längsverschiebungen und der Biegelinie. Wir erhalten bei $(T = T_0)$

$$u_x' = \frac{N}{E_0 A_i}, \qquad u_y'' = \frac{M_z}{E_0 J_{izz}}, \qquad u_z'' = -\frac{M_y}{E_0 J_{iyy}}.$$

Unberücksichtigt geblieben sind in unseren Betrachtungen allerdings die Auswirkungen etwa vorhandener unterschiedlicher Querkontraktionen. Sie können zu Zusatzspannungen führen. Ferner lassen sich die Überlegungen zur Ermittlung der Schubspannungsverteilung bei der Biegung mit Längs- und Querkraft im allgemeinen nicht einfach auf Verbundwerkstoffe übertragen. Nur einige Sonderfälle sind den Ansätzen der elementaren Theorie zugänglich, so z.B. die gerade Biegung von Stäben, bei denen die Werkstoff-Aufteilung nur von z abhängt.

Temperaturänderungen führen wegen der unterschiedlichen Wärmeausdehnung der verschiedenen Werkstoffe im allgemeinen zu Eigenspannungen und damit zu zusätzlichen Deformationen. Ein interessantes Beispiel dieser Art ist die Biegung eines Bi-Metall-Streifens bei Temperaturänderungen.

4.6 Spannungs-Trajektorien

Bei gerader Biegung ($M_z = 0$) eines Stabes mit Rechteckquerschnitt haben wir einen ebenen Spannungszustand in der xz-Ebene ($\sigma_{yx} = \sigma_{yy} = \sigma_{yz} = 0$). Das gleiche gilt beispielsweise für den Steg eines T- oder I-Profils bei gerader Biegung.

Die Lage der Hauptachsen des Spannungszustandes können wir für jeden Punkt der xz-Ebene (bzw. der dazu parallelen Ebenen) aus der Beziehung (vgl. Abschnitt 1.2)

$$\tan 2\varphi(x,z) = \frac{2\sigma_{xz}(x,z)}{\sigma_{zz}(x,z) - \sigma_{xx}(x,z)}$$

bestimmen. Die Winkel φ sind hierbei von der z-Achse aus zu zählen. Wir erhalten dabei jeweils zwei Lösungen. Welcher Winkel zur Hauptachse 1 bzw. 2 gehört, ist gesondert zu ermitteln (s. Tabelle 1.1).

Die Richtungen der Hauptachsen liefern zwei Richtungsfelder, die orthogonal zueinander sind, entsprechend der Orthogonalität der Hauptachsen (s. Bild 4.17). Die Linien, die sich in diese Richtungsfelder einfügen, nennen wir Haupt-Normalspannungs-Trajektorien. Wir können sie in der Form $z = z(x)$ beschreiben.

Die Haupt-Normalspannungs-Trajektorien werden durch eine gewöhnliche Differentialgleichung 1. Ordnung bestimmt. Die Richtung eines Linienelementes einer solchen Trajektorie ist nämlich mit den Richtungen der Hauptachsen durch die Beziehung

$$\frac{\mathrm{d}z(x)}{\mathrm{d}x} = \cot\varphi = \frac{1}{\tan\varphi}$$

verknüpft. Drücken wir in dieser Gleichung $\tan\varphi$ durch $\tan 2\varphi$ aus, entsprechend der Beziehung

$$\cot\varphi = \frac{1}{\tan\varphi} = \frac{1}{\tan 2\varphi}\left\{1 \pm \sqrt{1 + \tan^2 2\varphi}\right\}$$

und setzen noch ein, was für $\tan 2\varphi$ gilt, so erhalten wir die Differentialgleichung für die Haupt-Normalspannungs-Trajektorien

$$\frac{\mathrm{d}z(x)}{\mathrm{d}x} = \frac{\sigma_{zz} - \sigma_{xx}}{2\,\sigma_{xz}}\left\{1 \pm \sqrt{1 + \left(\frac{2\,\sigma_{xz}}{\sigma_{zz} - \sigma_{xx}}\right)^2}\right\}.$$

Die Lösungen $z(x)$ dieser Differentialgleichung sind die gesuchten Trajektorien.

Beispiel (s. Bild 4.17)

Schnittgrößen: $N = 0$
$Q = -F$
$M = -Fx$

Spannungen: $\sigma_{xx} = \sigma(x,z) = \dfrac{M(x)}{J}\, z = -12\, \dfrac{F}{bh^3}\, xz$

$$\sigma_{xz} = \tau(z) = \frac{QS(z)}{bJ} = -\frac{2}{3}\,\frac{F}{bh}\left\{1 - \left(\frac{2z}{h}\right)^2\right\}$$

$$\sigma_{zz} = 0$$

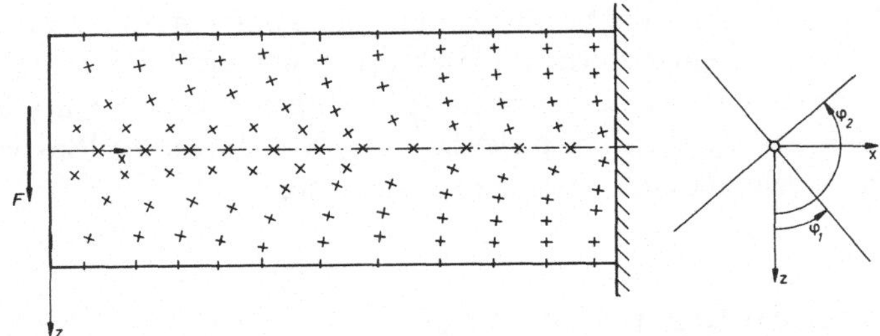

Bild 4.17 Richtungsfeld für einen Kragträger unter Einzellast F

Die Differentialgleichung ist nicht geschlossen zu integrieren. Wir können die Trajektorien jedoch durch numerische Integration gewinnen oder auch genähert aus dem punktweise ermittelten Richtungsfeld konstruieren (s. Bild 4.18).

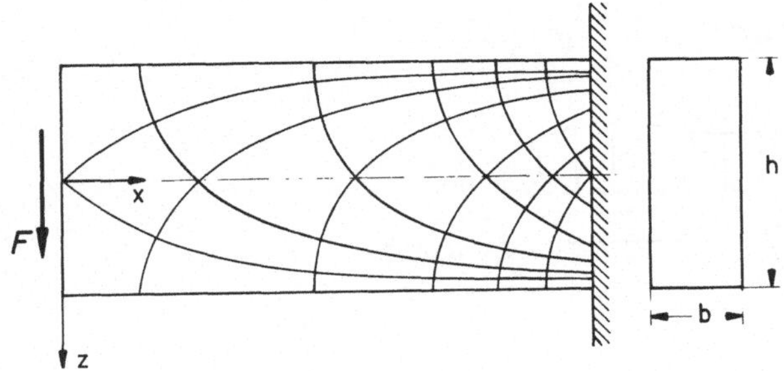

Bild 4.18 Trajektorien

Allgemein ist noch anzumerken, daß im Nahfeld der Krafteinleitung (Belastung und Auflager-Reaktionen) die von uns angenommene Spannungsverteilung nicht mehr stimmt und daß deshalb in diesem Bereich auch die Trajektorien anders verlaufen. In einiger Entfernung von den Krafteinleitungsstellen dürfen wir den ermittelten Verlauf jedoch als angenähert zutreffend ansehen.

Der Verlauf der Haupt-Normalspannungs-Trajektorien hat besondere Bedeutung für solche Werkstoffe, bei denen von Einlagen aus einem Werkstoff höherer Zugfestigkeit insbesondere die Zugspannungen aufgenommen werden sollen, also z.B. bei

Stahlbeton oder bei faserverstärkten Kunststoffen. Diese Einlagen (die Bewehrung) wirken optimal, wenn sie in Richtung der Haupt-Normalspannungs-Trajektorien verlegt sind. In der Praxis läßt sich das aus konstruktiven und fertigungstechnischen Gründen nicht immer ganz verwirklichen. Doch versucht man im allgemeinen, das Optimum gut anzunähern. Besondere Probleme ergeben sich dabei im Nahfeld der Krafteinleitungsstellen. Der Verlauf der Haupt-Normalspannungs-Trajektorien hat ferner Bedeutung für die Dehnungs-Meßtechnik. Bei isotropen Werkstoffen fallen die Hauptachsen des Spannungstensors mit denen des Verzerrungstensors zusammen. Die Kenntnis der Haupt-Normalspannungs-Trajektorien erlaubt es deshalb, die Haupt-Dehnungen unmittelbar zu messen.

Man kann Trajektorien auch für die Schubspannungen definieren, und zwar in der Weise, daß das Linienelement einer solchen Trajektorie jeweils mit der Schnittrichtung übereinstimmt, für die der Betrag der Schubspannungen extremal wird. Solche Schubspannungs-Trajektorien haben beispielsweise bei Problemen der Plastizitätstheorie oder der Bruchmechanik eine besondere Bedeutung.

4.7 Stab auf nachgiebiger Unterlage

Wir betrachten einen Stab auf (horizontaler) nachgiebiger Unterlage unter einer vertikalen Belastung $q_L(x)$ (s. Bild 4.19). Dem sich durchsenkenden Stab wirkt eine Reaktion $q_B(x)$ der Bettung entgegen. Wir nehmen hypothetisch an, daß diese Reaktion proportional der Durchsenkung sei:

$$q_B = -\beta\, w(x)$$

mit $\beta =$ Bettungs-Koeffizient $[\mathrm{KL}^{-2}] = [\mathrm{ML}^{-1}\mathrm{Z}^{-2}]$.

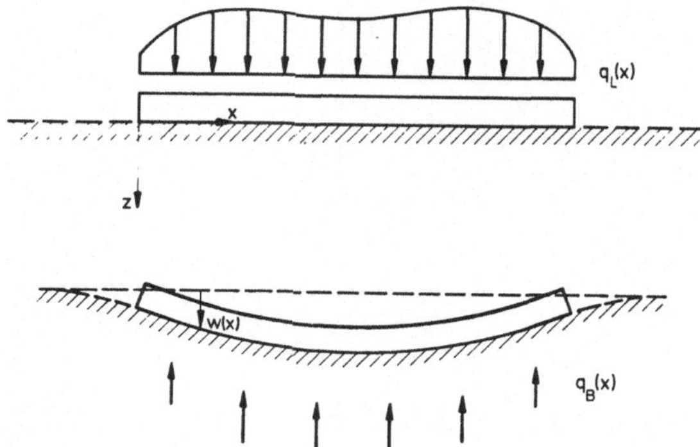

Bild 4.19 Gebetteter Stab

Diese Annahme trifft zwar für Böden usw. nur sehr angenähert zu, für federnd gelagerte (Bild 4.20a) oder auf dem Wasser schwimmende Stäbe (Bild 4.20b) gilt sie dagegen recht gut.

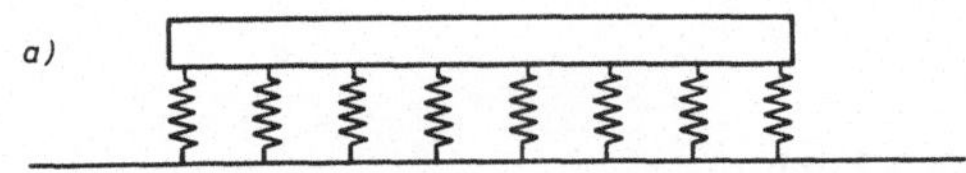

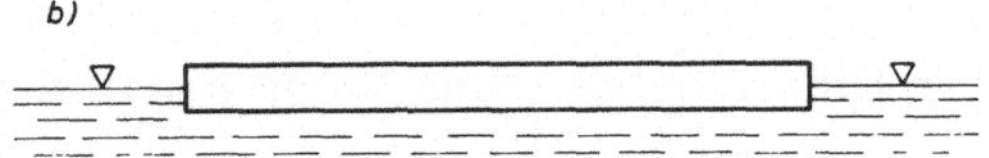

Bild 4.20 Verschiedene Formen der Bettung

Unter den allgemeinen Voraussetzungen aus Abschnitt 4.1 erhalten wir die folgende Differentialgleichung für das vorliegende ebene Problem:

$$[EJ(x)w''(x)]'' = q_L(x) + q_B(x) = q_L(x) - \beta w(x)$$

bzw.

$$[EJ(x)w''(x)]'' + \beta w(x) = q_L(x).$$

Bei $EJ =$ konst. vereinfacht sich das Problem zu

$$EJ\, w''''(x) + \beta w(x) = q_L(x).$$

Zu diesen Differentialgleichungen gehören dann noch die entsprechenden Randbedingungen. Die Lösung setzt sich zusammen aus

a) der allgemeinen Lösung der homogenen Differentialgleichung

$$[EJ(x)w''(x)]'' + \beta w(x) = 0,$$

die vier freie Parameter enthält.

b) einer speziellen Lösung der inhomogenen Differentialgleichung

$$[EJ(x)w''(x)]'' + \beta w(x) = q_L(x).$$

Die freien Parameter der vollständigen Lösung sind jeweils aus den Randbedingungen zu bestimmen.

Wir wollen uns hier auf das einfachere Problem mit $EJ =$ konst. beschränken. Zur Ermittlung der allgemeinen Lösung der homogenen Differentialgleichung

$$w''''(x) + \frac{\beta}{EJ}\, w(x) = 0$$

machen wir den üblichen Lösungsansatz

$$w(x) = c\, e^{\lambda x}.$$

Setzen wir diesen Ansatz in die Differentialgleichung ein, so erhalten wir für λ die charakteristische Gleichung

$$\lambda^4 + 4\,k^4 = 0 \quad \text{mit} \quad k^4 = \frac{\beta}{4EJ}\,.$$

Die vier komplexen Lösungen dieser Gleichung sind

$$\lambda = k\,\sqrt[4]{-4} = \pm k\,(1 \pm i).$$

Die allgemeine Lösung der homogenen Differentialgleichung lautet deshalb zunächst

$$w(x) = c_1^*\,e^{k(1+i)x} + c_2^*\,e^{k(1-i)x} + c_3^*\,e^{-k(1+i)x} + c_4^*\,e^{-k(1-i)x}.$$

Die Konstanten c_i^* sind hierbei komplexe Größen. Da für unser Problem nur reelle Lösungen für $w(x)$ in Betracht kommen, überführen wir die obige Lösung mit Hilfe der *Euler*schen Formeln

$$e^{i\lambda x} = \cos\lambda x + i\,\sin\lambda x$$

in die Form

$$w(x) = e^{kx}\,\{c_1\cos kx + c_2\sin kx\} + e^{-kx}\,\{c_3\cos kx + c_4\sin kx\}$$

mit reellen Konstanten c_i.

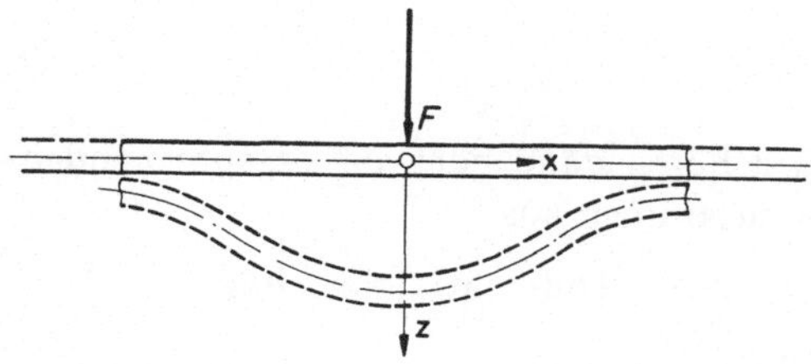

Bild 4.21 Langer Stab unter Einzellast F

Als Beispiel betrachten wir einen sehr langen Stab, der in seiner Mitte ($x = 0$) durch eine Einzelkraft F belastet ist (vgl. Bild 4.21). Für $x \neq 0$ ist $q_L = 0$. Die Belastung geht nur in die Randbedingungen ein. Wegen der Symmetrie des Problems genügt es, eine Hälfte des Stabes, etwa den Bereich $x \geqslant 0$, zu betrachten. Für große Werte von x (theoretisch: $x \to \infty$) muß $w(x)$ verschwinden; deshalb muß

$$\text{im Bereich} \quad x \geqslant 0: \quad c_1 = c_2 = 0$$

sein. Aus Symmetriegründen muß ferner an der Stelle $x = 0$

$$w'(0) = 0$$

sein. Daraus folgt

$$c_3 = c_4 = c\,.$$

Die Lösung nimmt deshalb mit diesen Ergebnissen die Form an

$$x \geqslant 0: \; w(x) = c\, e^{-kx} \{\cos kx + \sin kx\}\,.$$

Die noch freie Konstante c können wir aus der Bedingung bestimmen, daß aus Symmetriegründen für $x \to 0$ die Querkraft Q gegen $-\dfrac{F}{2}$ gehen muß:

$$Q(x \to 0) = -EJ\, w'''(x \to 0) = -\frac{F}{2}\,.$$

Daraus folgt

$$c = \frac{F}{8k^3 EJ} = \frac{F}{2\sqrt[4]{4EJ\beta^3}}\,.$$

Für die Durchsenkung $w(x)$ erhalten wir somit schließlich

$$x \geqslant 0: \quad w(x) = \frac{F e^{-kx}}{8k^3 EJ} \{\cos kx + \sin kx\} \quad \text{mit} \quad k = \sqrt[4]{\frac{\beta}{4EJ}}$$

$$x \leqslant 0: \quad w(x) = w(-x).$$

Der Verlauf der Durchsenkung sowie die Zustandslinien für $M(x)$ und $Q(x)$ sind in Bild 4.22 dargestellt. Die Nullstellen von $w(x)$ liegen dort, wo $\tan kx = -1$ wird, also bei

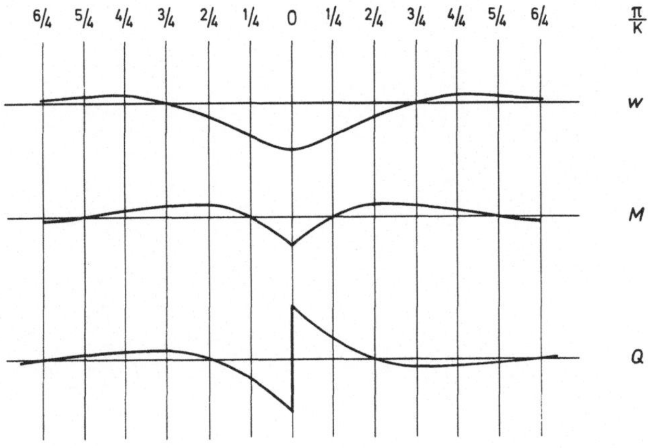

Bild 4.22 Biegelinie $w(x)$ und Zustandslinien $M(x)$ und $Q(x)$

$$x_n = \frac{4n-1}{4k}\pi\,, \qquad n = 1, 2, \ldots\,.$$

Zwischen der ersten und der zweiten Nullstelle, d.h. für

$$\frac{3}{4}\frac{\pi}{k} < |x| < \frac{7\pi}{4k},$$

wird $w(x) < 0$. Ist der Stab nicht fest mit der Bettung verbunden, so hebt er sich dort also ab. Damit ist dann aber die Annahme verletzt, daß $q_B(x) = -\beta\, w(x)$ sein soll, und die Rechnung muß entsprechend korrigiert werden. Dasselbe gilt für den Bereich zwischen 3. und 4. Nullstelle usw.

Für Stäbe, die wir nicht mehr als unendlich lang betrachten können, müssen wir die Randbedingungen entsprechend anders wählen. Haben wir eine gleichmäßig verteilte Querbelastung, unabhängig von x , d.h. q_L = konst. (vgl. Bild 4.23), so erhalten wir unmittelbar

$$w(x) = \frac{q_L}{\beta}.$$

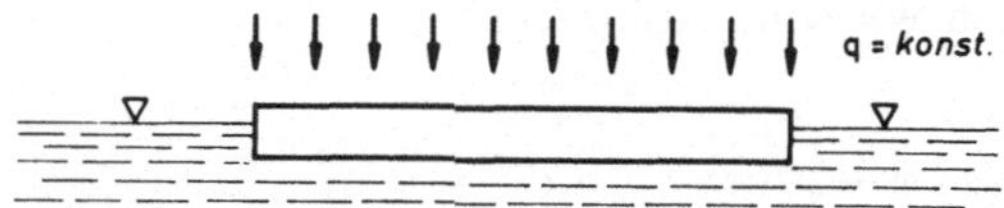

Bild 4.23 Schwimmender Stab

In diesem Falle senkt sich der Stab also gleichmäßig durch; er wird nicht auf Biegung beansprucht. Als Beispiel für einen solchen Fall wäre etwa an eine auf dem Wasser schwimmende Eisscholle konstanter Dicke zu denken.

5 Torsion prismatischer Stäbe

5.1 Allgemeines

In Abschnitt 3.5 haben wir die Torsion von Stäben mit kreisförmigem Querschnitt betrachtet. Wir sind dort von den Annahmen ausgegangen:

(a) Die Stabachse bleibt gerade; die Querschnitte bleiben eben und senkrecht zur Stabachse; sie verdrehen sich unverformt um die Stabachse;

(b) $\sigma_{yy} = \sigma_{zz} = 0$.

Ist der Stabquerschnitt nicht mehr kreisförmig, so läßt sich der zweite Teil von Annahme (a) nicht mehr aufrechterhalten: Die Querschnitte bleiben bei einer Torsion des Stabes nicht mehr eben; es treten Verschiebungen in Richtung der Stabachse auf, die zu einer Verwölbung des Querschnittes führen. Wird diese Verwölbung behindert, z.B. durch eine starre Einspannung am Stabende, so hat das zusätzliche Spannungen σ_{xx} in Achsrichtung zur Folge. Wir sprechen dann von einer Torsion mit behinderter Querschnittsverwölbung oder – kürzer – von einer Torsion mit Wölbbehinderung.

Wir wollen uns im folgenden auf die Torsion prismatischer Stäbe, d.h. auf Stäbe mit unveränderlichem Querschnitt beschränken und dabei konstantes Torsionsmoment längs der Stabachse voraussetzen. Dabei gehen wir davon aus, daß wir den Stab als linear-elastischen Körper betrachten können. Ferner setzen wir hier voraus, daß der Werkstoff homogen und isotrop sei. Wir haben somit als allgemeine Voraussetzungen:

1. linear-elastischer, stabförmiger Körper,
2. homogener, isotroper Werkstoff,
3. gerade Stabachse,
4. unveränderlicher Querschnitt,
5. Schnittgrößen: $M_T = \text{konst.}$,
   alle übrigen verschwinden.
6. Temperatur: $T = T_0$.

Wir wollen in unsere Betrachtungen sowohl Vollquerschnitte als auch dünnwandige (offene und geschlossene) Querschnitte einbeziehen und dabei auch auf die Torsion mit Wölbbehinderung eingehen. In diesem Zusammenhang werden wir dann auch untersuchen, unter welchen Bedingungen Torsion und Biegung (mit Querkraft) so miteinander gekoppelt sind, daß eine Querbelastung zugleich Biegung und Torsion bzw. ein Torsionsmoment zugleich Torsion und Biegung erzeugt.

5.2 Torsion prismatischer Stäbe ohne Wölbbehinderung

5.2.1 Allgemeines

Die Theorie der Torsion prismatischer Stäbe mit allgemeinen Querschnittsformen ohne Wölbbehinderung geht auf *de St. Venant* (1797-1886) zurück. Zwar haben schon andere vor ihm, so z.B. *Coulomb* (1736-1806), versucht, dieses Problem zu lösen. Da sie jedoch von der Annahme ausgingen, daß die Querschnitte in jedem Fall eben bleiben, kamen sie zu falschen Ergebnissen.

Unter den hier geltenden Voraussetzungen (Spannungen und Verzerrungen unabhängig von x, reine Torsion usw.) läßt sich ohne weitere Annahmen ableiten, daß die allgemeine Lösung für die Verschiebungen von folgender Form sein muß:

Satz 5.1: Bei der Torsion prismatischer Stäbe ohne Wölbbehinderung lautet die allgemeine Lösung für den Verschiebungszustand

$$\left.\begin{aligned} u_y &= -\vartheta x z \\ u_z &= \ \ \vartheta x y \end{aligned}\right\} \text{bzw. } u_\varphi = \vartheta x r$$

$$u_x = \vartheta\, \psi(y,z),$$

sofern die Stabachse zugleich Drillachse ist und der Querschnitt $x = 0$ unverdreht bleibt.

Dieser Satz gilt sowohl für Vollquerschnitte wie für dünnwandige Querschnitte. Wir entnehmen daraus, daß jede Linie, die vor der Torsion eine radiale Gerade in einem Querschnitt darstellt, bei der Torsion in der Projektion auf die yz-Ebene (und im allgemeinen nur in der Projektion) eine Gerade bleibt (verdreht um den Winkel ϑx). Es überlagern sich jedoch Verschiebungen in x-Richtung, die eine Verwölbung des Querschnittes bei der Torsion hervorrufen. Die auf die Drillung ϑ bezogene Verwölbung

$$\psi(y,z) = \frac{1}{\vartheta}\, u_x(y,z)$$

wird auch als Einheits-Verwölbung oder als Wölbfunktion bezeichnet. Sie hängt nur noch von der Querschnittsform und nicht mehr vom Zahlenwert des Torsionsmomentes ab.

Aus der allgemeinen Lösung für den Verschiebungszustand bei der Torsion prismatischer Stäbe ohne Wölbbehinderung leiten wir ab:

$$\epsilon_{yz} = \frac{1}{2}\left\{\frac{\partial u_z}{\partial y} + \frac{\partial u_y}{\partial z}\right\} = \frac{1}{2}(\vartheta x - \vartheta x) = 0,$$

$$\epsilon_{xx} = \frac{\partial u_x}{\partial x} = 0,$$

$$\epsilon_{yy} = \frac{\partial u_y}{\partial y} = 0,$$

$$\epsilon_{zz} = \frac{\partial u_z}{\partial z} = 0.$$

Mithin werden auch

$$\sigma_{yz} = \sigma_{xx} = \sigma_{yy} = \sigma_{zz} = 0\,.$$

Als nicht-verschwindende Spannungen verbleiben also lediglich σ_{xy} und σ_{xz} bzw. eine aus diesen beiden Komponenten resultierende Schubspannung τ (s. Bild 5.1). Ein anschauliches Bild von der Richtung der Schubspannungen vermitteln die Schubspannungs-Trajektorien (oft auch kurz als Schubspannungslinien bezeichnet), deren Richtung in jedem Punkt des Querschnittes mit der Richtung der resultierenden Schubspannung τ übereinstimmt (vgl. Abschnitt 4.6). Der Querschnittsrand selbst ist stets identisch mit einer solchen Schubspannungs-Trajektorie, da für alle Randpunkte die Schubspannung τ randparallel gerichtet sein muß; denn die Mantelfläche ist spannungsfrei. Deshalb darf – nach dem Satz von der Gleichheit einander zugeordneter Schubspannungen – am Rand die Schubspannung τ keine Komponente senkrecht zum Rand haben.

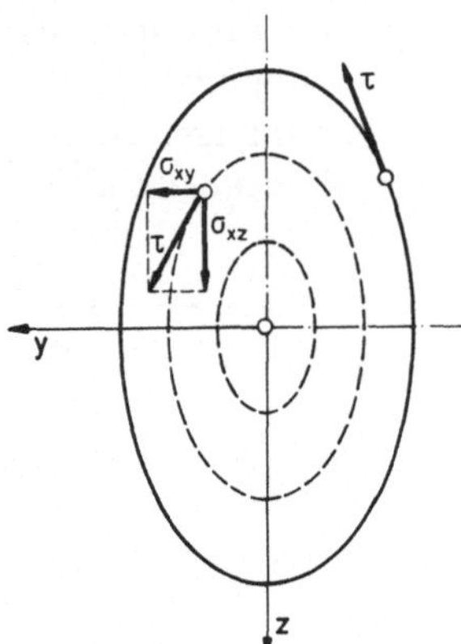

Bild 5.1
Querschnitt mit Schubspannungen

5.2.2 Vollquerschnitte

Von den aus dem Grundgesetz der Mechanik abgeleiteten Gleichgewichtsbedingungen (vgl. Abschnitt 1.4) bleibt unter unseren Voraussetzungen (alle Spannungen unabhängig von x, $\sigma_{xx} = \sigma_{yy} = \sigma_{zz} = \sigma_{yz} = 0$) nur die Bedingung

$$\boxed{\frac{\partial \sigma_{yx}}{\partial y} + \frac{\partial \sigma_{zx}}{\partial z} = 0} \quad \text{(Gleichung A für die Spannungsverteilung)}$$

übrig. Drücken wir die Spannungen mittels des *Hooke*schen Gesetzes durch die Verzerrungen und diese wiederum durch die Verschiebungen aus, so erhalten wir zunächst

$$\sigma_{xy} = 2G\epsilon_{xy} = 2G\,\frac{1}{2}\left\{\frac{\partial u_y}{\partial x} + \frac{\partial u_x}{\partial y}\right\} = G\vartheta\left\{-z + \frac{\partial \psi(y,z)}{\partial y}\right\}$$

$$\sigma_{xz} = 2G\epsilon_{xz} = 2G\,\frac{1}{2}\left\{\frac{\partial u_z}{\partial x} + \frac{\partial u_x}{\partial z}\right\} = G\vartheta\left\{y + \frac{\partial \psi(y,z)}{\partial z}\right\}.$$

Setzen wir das in die obige Gleichgewichtsbedingung ein, so folgt

$$\boxed{\begin{aligned} &\frac{\partial^2 \psi}{\partial y^2} + \frac{\partial^2 \psi}{\partial z^2} = \Delta\psi(y,z) = 0. \\ &\Delta = \frac{\partial^2}{\partial y^2} + \frac{\partial^2}{\partial z^2} : \quad \textit{Laplace}\text{-Operator} \end{aligned}}$$

Die Wölbfunktion $\psi(y,z)$ gehorcht also der sogenannten *Laplace*schen Differentialgleichung (*Laplace*: 1749-1827). Zu dieser partiellen Differentialgleichung 2. Ordnung gehören dann noch entsprechende Randbedingungen, die jedoch umständlicher zu formulieren sind, weil die Randbedingungen zunächst für die Spannungen σ_{xy} und σ_{xz} (und nicht für die Verschiebungen u_x) gegeben sind. Darum geht man bei der Lösung des Torsionsproblems meist einen anderen Weg. Man macht einen Lösungsansatz für die Spannungen, der die Gleichgewichtsbedingungen identisch befriedigt. Dies erreicht man, indem man eine sogenannte Spannungsfunktion – hier die Torsionsfunktion $T(y,z)$ – einführt, aus der sich die Spannungen in geeigneter Weise durch partielle Differentiation ableiten lassen. Im vorliegenden Fall bedeutet das, daß wir

---

Def. 5.1: Definition der Spannungen:

$$\sigma_{xy} = 2G\vartheta\,\frac{\partial T(y,z)}{\partial z}$$

$$\sigma_{xz} = -2G\vartheta\,\frac{\partial T(y,z)}{\partial y}$$

---

zu setzen haben, damit

$$\frac{\partial \sigma_{xy}}{\partial y} + \frac{\partial \sigma_{xz}}{\partial z} = 0$$

wird.

Die Torsionsfunktion $T(y,z)$ ist zunächst noch völlig beliebig. Eine Bestimmungsgleichung dafür ergibt sich jedoch aus folgender Überlegung. Es muß

$$\frac{\partial \epsilon_{xy}}{\partial z} - \frac{\partial \epsilon_{xz}}{\partial y} = -\vartheta$$

sein, wie man leicht bestätigt findet, wenn man die Verzerrungen durch die Verschiebungen ausdrückt. Diese Beziehung stellt eine Sonderform der allgemeinen Verträglichkeitsbedingungen dar (vgl. Abschnitt 1.3), weil wir hier nur eine spezielle Problemklasse unter entsprechenden Voraussetzungen betrachten. Drücken wir in der Verträglichkeitsbedingung die Verzerrungen durch die Spannungen aus, so erhalten wir zunächst die Bedingung

$$\boxed{\frac{\partial \sigma_{xy}}{\partial z} - \frac{\partial \sigma_{xz}}{\partial y} = -2G\vartheta} \quad \text{(Gleichung B für die Spannungsverteilung)}$$

und daraus nach Einführung der Torsionsfunktion $T(y,z)$ schließlich

$$\boxed{\frac{\partial^2 T}{\partial y^2} + \frac{\partial^2 T}{\partial z^2} = \Delta T(y,z) = -1.} \quad \text{(Gleichung für die Torsionsfunktion)}$$

Die Torsionsfunktion gehorcht also einer sogenannten *Poisson*schen Differentialgleichung (*Poisson*: 1781-1840), die wir auch als inhomogene *Laplace*sche Differentialgleichung bezeichnen können.

Die zugehörigen Randbedingungen finden wir aufgrund folgender Überlegungen. Auf dem Querschnittsrand, den wir in Parameterform durch

$$y = y(s), \qquad z = z(s)$$

beschreiben können (vgl. Bild 5.2), muß gelten

$$\frac{\sigma_{xy}(s)}{\sigma_{xz}(s)} = \frac{\dfrac{\mathrm{d}y(s)}{\mathrm{d}s}}{\dfrac{\mathrm{d}z(s)}{\mathrm{d}s}}$$

oder anders geschrieben

$$\sigma_{xy}\,\frac{\mathrm{d}z}{\mathrm{d}s}\,\mathrm{d}s - \sigma_{xz}\,\frac{\mathrm{d}y}{\mathrm{d}s}\,\mathrm{d}s = 0.$$

Für die Torsionsfunktion folgt daraus die Bedingung, daß auf dem Querschnittsrand

$$\frac{\partial T}{\partial z}\,\frac{\mathrm{d}z}{\mathrm{d}s}\,\mathrm{d}s + \frac{\partial T}{\partial y}\,\frac{\mathrm{d}y}{\mathrm{d}s}\,\mathrm{d}s = \mathrm{d}T = 0,$$

d.h.

$$T = \text{konst.}$$

sein muß. Auf den Zahlenwert der Konstanten kommt es dabei nicht an; wir können deshalb festsetzen, daß auf dem Querschnittsrand

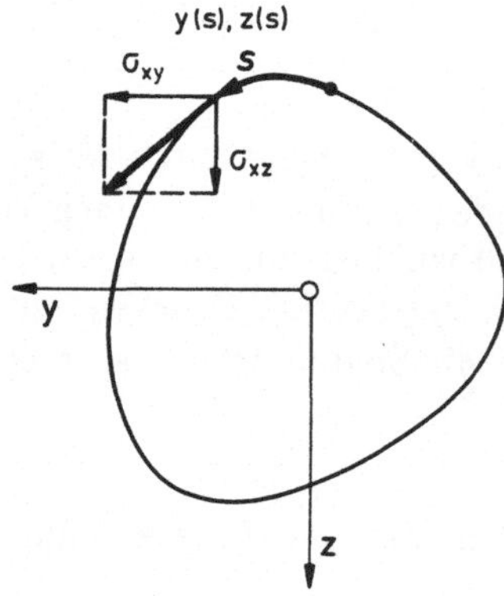

Bild 5.2
Randbedingungen

$$T(y(s), z(s)) = T(s) = 0$$

sein soll.

Aus der *Poisson*schen Differentialgleichung $\Delta T = -1$ und der zugehörigen Randbedingung $T(s) = 0$ ist die Torsionsfunktion bei gegebener Querschnittsform eindeutig zu bestimmen. Wir fügen noch an, daß wir bei bekannter Torsionsfunktion auch leicht den Zusammenhang zwischen Torsionsmoment M_T und der Drillung ϑ sowie die zugehörige Wölbfunktion ψ ermitteln können. Es ist

---

Satz 5.2: Torsionsmoment und Wölbfunktion:

$$M_T = \int_A \{\sigma_{xz}\, y - \sigma_{xy}\, z\}\, \mathrm{d}A = 4G\vartheta \int_A T(y,z)\, \mathrm{d}A$$

$$\psi(y(\bar{s}), z(\bar{s})) = \psi(y(0), z(0)) + \int_{\bar{s}=0}^{\bar{s}} \left\{ \left[2\,\frac{\partial T}{\partial z} + z\right] \frac{\mathrm{d}y}{\mathrm{d}\bar{s}} - \left[2\,\frac{\partial T}{\partial y} + y\right] \frac{\mathrm{d}z}{\mathrm{d}\bar{s}} \right\} \mathrm{d}\bar{s}\,.$$

Der Integrationsweg für die Bestimmung von ψ, den wir wiederum durch einen Parameter s beschreiben, kann dabei beliebig gewählen werden (vgl. Bild 5.3).

In Analogie zur Torsion von Stäben mit Kreisquerschnitt (und auch zur Biegung) setzt man im allgemeinen

$$\boxed{\begin{aligned} \vartheta &= \frac{M_T}{GJ_T} \\ |\tau|_{\max} &= \frac{|M_T|}{W_T}\,. \end{aligned}}$$

J_T $[\mathrm{L}^4]$ und W_T $[\mathrm{L}^3]$ sind Größen, die nur von der Querschnittsform abhängen. Vielfach wird J_T als Flächen-Trägheitsmoment bei Torsion bezeichnet und W_T als Widerstandsmoment bei Torsion. Zu beachten ist, daß J_T nur bei Kreis- und Kreisring-Querschnitten mit dem polaren Flächen-Trägheitsmoment J_0 übereinstimmt und

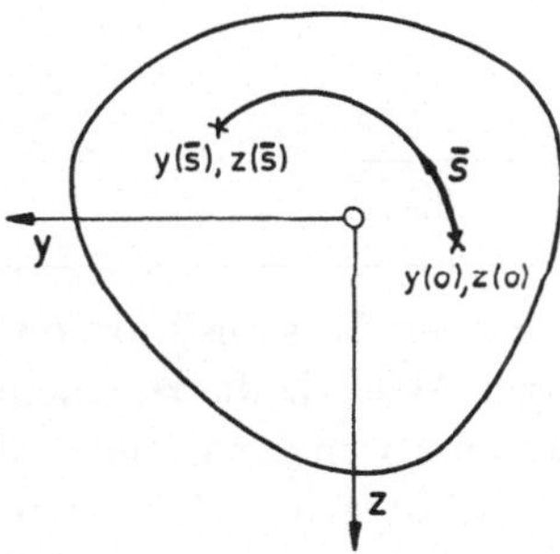

Bild 5.3
Integrationsweg zur Bestimmung von ψ

W_T nicht gleich $J_T/e_{\max}$ zu setzen ist ($e_{\max}$ = maximaler Randabstand). Das Produkt GJ_T nennen wir die Torsionssteifigkeit des Stabes.

J_T und W_T lassen sich aus der Torsionsfunktion ermitteln. Den Zusammenhang zwischen J_T und T liefert uns ein Vergleich der beiden Beziehungen, die zwischen M_T und ϑ gelten

$$M_T = 4G\vartheta \int_A T(y,z)\,\mathrm{d}A,$$
$$M_T = GJ_T\vartheta.$$

Daraus folgt unmittelbar

Satz 5.3: Flächen-Trägheitsmoment bei Torsion:

$$J_T = 4 \int_A T(y,z)\,\mathrm{d}A$$

Den Zusammenhang zwischen W_T und T finden wir dagegen aus einem Vergleich der beiden Beziehungen, die für die maximale Schubspannung gelten

$$\begin{aligned} |\tau|_{\max} &= \left|\sqrt{\sigma_{xy}^2 + \sigma_{xz}^2}\right|_{\max} \\ &= 2\,G\,|\vartheta| \left|\sqrt{\left(\frac{\partial T}{\partial z}\right)^2 + \left(\frac{\partial T}{\partial y}\right)^2}\right|_{\max} \\ &= 2\,G|\vartheta|\,|\mathrm{grad}\,T|_{\max}, \end{aligned}$$

$$|\tau|_{\max} = \frac{|M_T|}{W_T}.$$

Der Vergleich ergibt

Satz 5.4: Widerstandsmoment bei Torsion:

$$W_T = \frac{2\int\limits_A T(y,z)\,\mathrm{d}A}{|\mathrm{grad}\,T(y,z)|_{\max}} = \frac{1}{2}\,\frac{J_T}{|\mathrm{grad}\,T(y,z)|_{\max}}\,.$$

Zusammenfassend können wir feststellen, daß sich aus der Torsionsfunktion $T(y,z)$ alle uns interessierenden Informationen ableiten lassen. Wie wir die zu einem gegebenen Querschnitt gehörende Torsionsfunktion T systematisch (analytisch oder numerisch) ermitteln können, müssen wir hier allerdings übergehen. Dazu benötigen wir eine weitergehende Kenntnis der entsprechenden mathematischen Methoden. Wir begnügen uns mit zwei Beispielen.

1. Beispiel: Elliptischer Querschnitt (s. Bild 5.4)

Der Querschnittsrand wird durch die Beziehung

$$f(y,z) = \left(\frac{y}{a}\right)^2 + \left(\frac{z}{b}\right)^2 - 1 = 0$$

beschrieben. Betrachten wir $f(y,z)$ als eine Funktion, die nicht nur auf dem Rand, sondern auch im Querschnittsinneren definiert ist, indem wir $f(y,z)$ beliebige Werte ($\leqslant 0$) annehmen lassen, so können wir Δf bilden und erhalten

$$\Delta f(y,z) = \frac{\partial^2 f}{\partial y^2} + \frac{\partial^2 f}{\partial z^2} = 2\left\{\frac{1}{a^2} + \frac{1}{b^2}\right\} = \text{konst.}$$

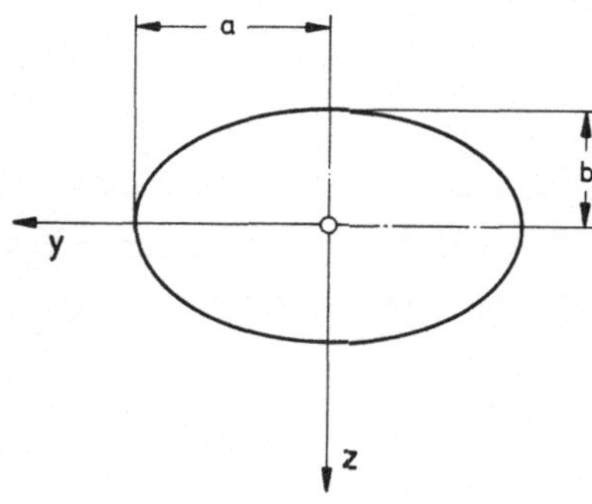

Bild 5.4
Elliptischer Querschnitt

In solchen Fällen, d.h. bei

$\Delta f = \text{konst.}$ im Inneren und
$f = 0$ auf dem Rand des Querschnitts

erhalten wir für die Torsionsfunktion

$$T(y,z) = c\,f(y,z)\,.$$

Wegen der Normierung $\Delta T = -1$ ist

$$c = -\frac{f}{\Delta f}$$

zu setzen, also

$$\boxed{T = -\frac{f}{\Delta f}\,.}$$

Für den elliptischen Querschnitt erhalten wir somit als Torsionsfunktion

$$T(y,z) = -\frac{1}{2}\,\frac{a^2b^2}{a^2+b^2}\left\{\left(\frac{y}{a}\right)^2 + \left(\frac{z}{b}\right)^2 - 1\right\}.$$

Daraus errechnen wir für die Spannungen

$$\begin{aligned} \sigma_{xy} &= 2G\vartheta\,\frac{\partial T}{\partial z} = -2G\vartheta\,\frac{a^2}{a^2+b^2}\,z \\ \sigma_{xz} &= -2G\vartheta\,\frac{\partial T}{\partial y} = 2G\vartheta\,\frac{b^2}{a^2+b^2}\,y\,. \end{aligned}$$

Die Schubspannungs-Trajektorien sind identisch mit den Linien T = konst., sie sind Ellipsen, die zur Querschnittsberandung geometrisch ähnlich sind. Aus dem Bild der Schubspannungs-Trajektorien (Bild 5.5) können wir ablesen, daß grad T zum Maximum wird für die Randpunkte auf der kleinen Halbachse b. Dort wird

$$|\tau|_{\max} = |\sigma_{xy}|_{\max} = 2G\vartheta\,\frac{a^2b}{a^2+b^2}\,.$$

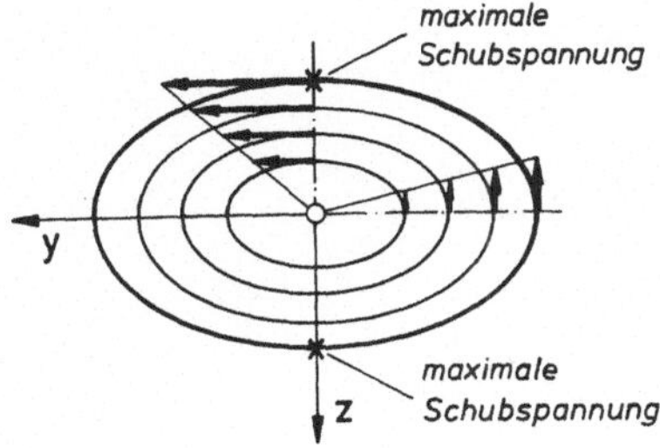

Bild 5.5
Schubspannungs-Trajektorien

Für J_T erhalten wir

$$J_T = 4\int_A T(y,z)\,\mathrm{d}A = \frac{a^3b^3}{a^2+b^2}\,\pi.$$

Es wird also

$$\vartheta = \frac{M_T}{G}\,\frac{a^2+b^2}{a^3b^3\pi}$$

und damit

$$W_T = \frac{\pi}{2}\,ab^2.$$

Schließlich erhalten wir für die Wölbfunktion

$$\psi(y,z) = -\frac{a^2-b^2}{a^2+b^2}\,yz\,.$$

Die Höhen-Schichtlinien der Verwölbung sind in Bild 5.6 für ein positives Torsionsmoment eingezeichnet. Kehrt sich die Richtung von M_T um, so ändern sich auch die Vorzeichen der Verwölbung in den einzelnen Quadranten des Querschnittes.

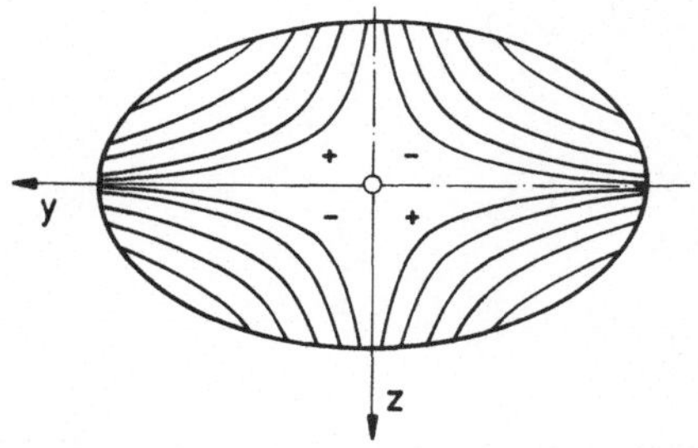

Bild 5.6
Verwölbung

2. Beispiel: Schmaler Rechteckquerschnitt (s. Bild 5.7)
Eine geschlossene Lösung ist für Rechteckquerschnitte nicht möglich. Deshalb wollen wir versuchen, mit Näherungsbetrachtungen weiter zu kommen.

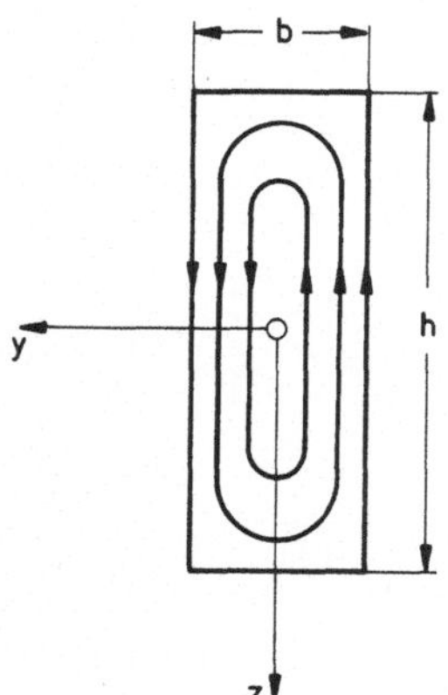

Bild 5.7
Rechteckquerschnitt

Den Verlauf der Schubspannungs-Trajektorien können wir qualitativ etwa so annehmen, wie er in Bild 5.7 angegeben ist. Für $z = 0$ muß aus Symmetriegründen

$$\sigma_{xy} = 0, \qquad \sigma_{xz} = \tau(y)$$

sein. Wir können auch annehmen, daß im ganzen Mittelteil die Komponente σ_{xz} vorherrschend ist; nur in der Nähe des oberen und des unteren Randes tritt die Komponente σ_{xy} stärker in Erscheinung. Es läßt sich ferner zeigen, daß im Mittelteil σ_{xz} etwa linear über die Querschnittsdicke verteilt sein muß:

$$\sigma_{xz} \approx \tau(y) = 2G\,\vartheta y\,.$$

Da andererseits

$$\sigma_{xz} = -2G\vartheta \frac{\partial T}{\partial y}$$

ist, erhalten wir näherungsweise – unter Beachtung, daß für $y = \pm \frac{b}{2}$ die Torsionsfunktion T verschwinden muß

$$T(y,z) \approx \frac{b^2}{8} \left\{ 1 - \left(\frac{2y}{b} \right)^2 \right\} = T(y).$$

Aus T leiten wir dann weiter ab:

$$\begin{aligned} \vartheta &= \frac{M_T}{Gb^3 h} 3 & \rightarrow \quad J_T &= \frac{b^3 h}{3} \\ |\tau|_{\max} &= G\vartheta b & \rightarrow \quad W_T &= \frac{b^2 h}{3} . \end{aligned}$$

Die Höhen-Schichtlinien der Verwölbung sind in Bild 5.8 angegeben.

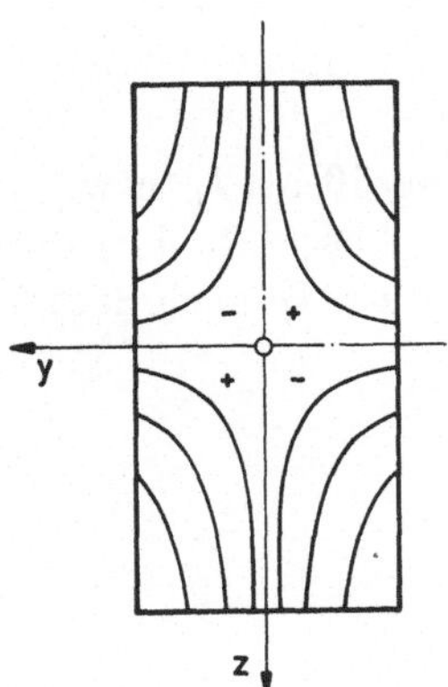

Bild 5.8
Verwölbung

Für Rechteckquerschnitte, bei denen h/b nicht sehr groß ist, sind allerdings Korrekturen des obigen Ergebnisses erforderlich. Wir begnügen uns hier damit, die Korrekturen anzugeben, die bei den Zahlenwerten von J_T bzw. W_T vorzunehmen sind. Wir setzen dazu

$$\boxed{\begin{aligned} J_T &= \beta \frac{1}{3} b^3 h \\ W_T &= \alpha \frac{1}{3} b^2 h \end{aligned}}$$

bringen also Korrekturfaktoren α bzw. β an, die vom Seitenverhältnis h/b abhängen (s. Tabelle 5.1).

Diese Betrachtungen lassen sich auch in einfacher Weise auf Verbund-Querschnitte übertragen. Voraussetzung dazu ist allerdings, daß die – längs der Stabachse

h/b	1	2	4	8	∞
α	0.63	0.74	0.85	0.92	1
β	0.42	0.69	0.84	0.92	1

Tabelle 5.1 Korrekturfaktoren α und β

unveränderliche – Querschnittsaufteilung in die verschiedenen Werkstoffbereiche so erfolgt, daß die Werkstoffbereichsgrenzen jeweils mit einer Schubspannungs-Trajektorie zusammenfallen. Dann bleibt Satz 5.1 für die Verschiebungen gültig. Bei der Ableitung der Spannungen aus der Torsionsfunktion ist dann nur zu beachten, daß (vgl. Definition 5.1) nun

$$\sigma_{xy} = n(y,z)\, 2G_0\vartheta\, \frac{\partial T(y,z)}{\partial z}$$
$$\sigma_{xz} = -n(y,z)\, 2G_0\vartheta\, \frac{\partial T(y,z)}{\partial y}$$

mit $G(y,z) = n(y,z)\, G_0$
wird. Ferner sind analog zur Biegung die Flächen-Kenngrößen (J_T usw.) wie bei der Biegung von Stäben aus Verbund-Werkstoffen (vgl. Abschnitt 4.5) durch die entsprechenden ideellen Größen zu ersetzen. Es ist also statt J_T nach Satz 5.3 nun

$$J_{iT} = 4\int_A T(y,z)\, n(y,z)\, \mathrm{d}A$$

und statt W_T nach Satz 5.4 jetzt

$$W_{iT} = \frac{J_{iT}}{2|n(y,z)\, \mathrm{grad}\, T(y,z)|_{\max}}$$

einzuführen.

Für Kreisquerschnitte erhalten wir mit $n = n(r)$

$$J_{iT} = J_{i0} = \int_A r^2 n(r)\, \mathrm{d}A = 2\pi \int_0^R n(r)\, r^3\, \mathrm{d}r$$
$$W_{iT} = \frac{J_{i0}}{|n(r)\, r|_{\max}}\,.$$

5.2.3 Dünnwandige Querschnitte

5.2.3.1 Allgemeines

Bei dünnwandigen Querschnitten beschreiben wir die Querschnittsform (vgl. Bild 5.9) durch die Angabe von

Profil-Mittellinie $y(\zeta)$, $z(\zeta)$ und
Profildicke $\delta(\zeta)$

wobei ζ eine längs der Profil-Mittellinie laufende Koordinate ist. Die Koordinate senkrecht zu ζ wollen wir mit η bezeichnen. Wir unterscheiden (vgl. Bild 5.10)

a) geschlossene (einzellige bzw. mehrzellige Profile),
b) offene (unverzweigte oder verzweigte Profile),
c) gemischte Profilformen.

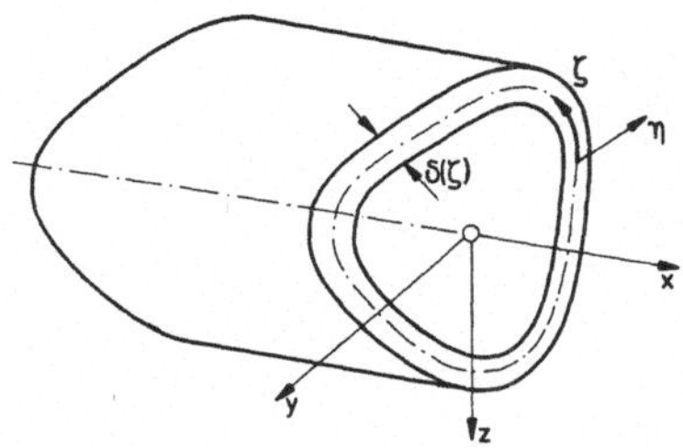

Bild 5.9
Dünnwandiger Querschnitt

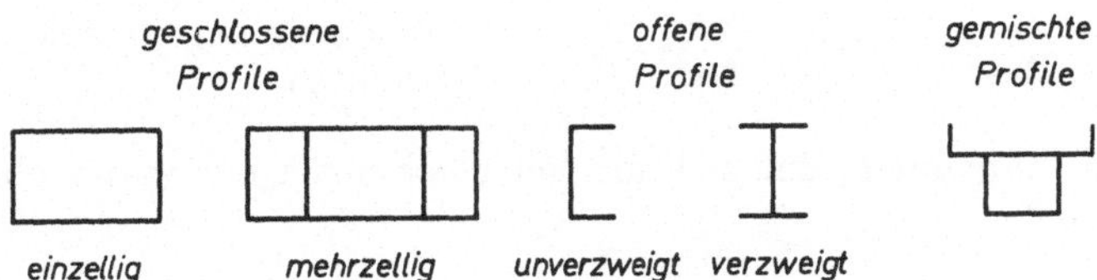

Bild 5.10 Verschiedene Profilformen

Bei mehrzelligen oder verzweigten Profilen ist die Koordinate ζ der Profilform entsprechend zu verzweigen.

Die allgemeine Lösung für den Verschiebungszustand

$$u_y = -\vartheta x z, \quad u_z = \vartheta x y, \quad u_x = \vartheta \psi(y, z)$$

und die daraus folgende Feststellung

$$\sigma_{xx} = \sigma_{yy} = \sigma_{zz} = \sigma_{yz} = 0$$

gilt auch für dünnwandige Querschnitte. Ebenso können wir die für Vollquerschnitte entwickelten Lösungsmethoden auf dünnwandige Querschnitte übertragen, da sie ja an keine einschränkenden Voraussetzungen für die Querschnittsform gebunden sind.

Diese Lösungsmethoden lassen sich jedoch dadurch noch weiter vereinfachen, daß wir einige naheliegende zusätzliche Annahmen treffen. Wir erhalten dann zwar nur Näherungslösungen; diese sind im allgemeinen aber recht genau.

5.2.3.2 Dünnwandige geschlossene Querschnitte

Wir beschränken uns hier vorerst auf einzellige (d.h. 2-fach zusammenhängende) Querschnitte. Der Innen- und der Außenrand des Querschnitts stellen zugleich jeweils eine Schubspannungs-Trajektorie dar. Aus der allgemeinen Theorie der Torsion prismatischer Stäbe läßt sich folgern, daß – von scharfkantigen Profilecken abgesehen – die Schubspannungen auf dem Innen- und auf dem Außenrand annähernd gleich groß sein müssen. Ferner können wir sagen, daß die Schubspannungs-Komponenten senkrecht zur Profil-Mittellinie nur klein sein können, sofern wir sprunghafte Dickenänderungen ausschließen. Darum liegen folgende Annahmen nahe (vgl. Bild 5.11):

(a) $\sigma_{x\zeta} = \tau(\zeta)$, d.h. unabhängig von η,
(b) $\sigma_{x\eta} = 0$.

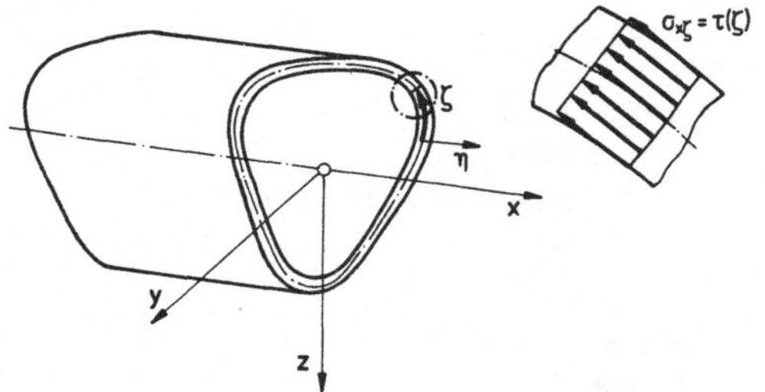

Bild 5.11
Schubspannungen bei dünnwandig geschlossenen Querschnitten

Außerdem können wir annehmen, daß sich die Verschiebungen nur wenig über die Profildicke ändern, d.h.

(c) $\boldsymbol{u} = \boldsymbol{u}(x, \zeta)$.

Als Schubfluß $t(\zeta)$ definieren wir:

Def. 5.2: Der Schubfluß $t(\zeta)$ in einem dünnwandigen Querschnitt ist

$$t(\zeta) = \int_{-\frac{\delta}{2}}^{+\frac{\delta}{2}} \sigma_{x\zeta}\,\mathrm{d}\eta\,, \qquad [\mathrm{MZ}^{-2}] = [\mathrm{KL}^{-1}].$$

Für dünnwandige geschlossene Querschnitte können wir auch schreiben, da $\sigma_{x\zeta}$ unabhängig von η ist

$$\boxed{t(\zeta) = \tau(\zeta)\,\delta(\zeta).}$$

Schneiden wir aus dem Stab ein Element heraus, wie es Bild 5.12 zeigt, so ergibt eine Gleichgewichtsbetrachtung in x-Richtung wegen $\sigma_{xx} = 0$

$$\frac{\mathrm{d}}{\mathrm{d}\zeta}\{\tau(\zeta)\,\delta(\zeta)\} = \frac{\mathrm{d}t(\zeta)}{\mathrm{d}\zeta} = 0.$$

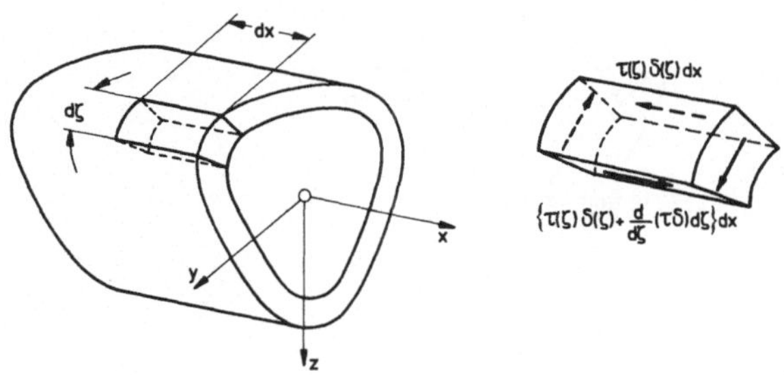

Bild 5.12 Element mit angreifenden Kräften

Es gilt also

Satz 5.5: Bei der Torsion von prismatischen Stäben mit dünnwandigem, geschlossenem, einzelligen Querschnitt ist der Schubfluß längs der Profil-Mittellinie konstant:

$$\tau(\zeta)\,\delta(\zeta) = t = \text{konst}.$$

Für den Zusammenhang zwischen Torsionsmoment M_T und dem zugehörigen Schubfluß t lesen wir aus Bild 5.13 ab:

$$M_T = \oint a(\zeta)\,\tau(\zeta)\,\delta(\zeta)\,\mathrm{d}\zeta = t \oint a(\zeta)\,\mathrm{d}\zeta.$$

$a(\zeta)$ ist dabei der Hebelarm der aus den Schubspannungen $\tau(\zeta)$ resultierenden Kraft, die dem Flächenelement $\mathrm{d}A = \delta(\zeta)\,\mathrm{d}\zeta$ zugeordnet ist. $a(\zeta)$ ist linksherum drehend positiv, rechtsherum drehend negativ zu nehmen. Das Zeichen $\oint$ bedeutet, daß das Integral über einen vollen Umlauf längs der Profil-Mittellinie zu erstrecken ist.

Nun ist $a(\zeta)\,\mathrm{d}\zeta$ gleich dem doppelten Flächeninhalt des in Bild 5.13 schraffiert eingezeichneten Dreiecks. Deshalb wird

$$\oint a(\zeta)\,\mathrm{d}\zeta = 2A_m$$

wobei A_m die von der Profil-Mittellinie umschlossene Fläche ist. Wir erhalten darum

---

Satz 5.6: Zusammenhang zwischen Torsionsmoment und Schubfluß:

$$M_T = 2A_m t \quad \text{bzw.} \quad t = \tau(\zeta)\,\delta(\zeta) = \frac{M_T}{2A_m}.$$

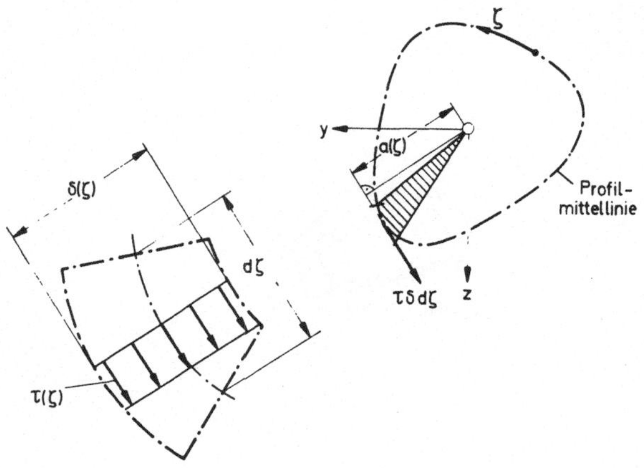

Bild 5.13 Profil-Mittellinie

Satz 5.7: *1. Bredt*sche Formel

$$|\tau(\zeta)|_{\max} = \frac{|M_T|}{W_T} = \frac{|M_T|}{\delta(\zeta)_{\min} 2A_m}$$

d.h. $W_T = 2A_m\,\delta(\zeta)_{\min}\,.$

Das ist die sogenannte 1. *Bredt*sche Formel (*Bredt*: 1842-1900). Sie bringt das Widerstandsmoment bei Torsion in einen einfachen Zusammenhang mit den geometrischen Größen A_m und $\delta(\zeta)$ des Stabprofils.

Den Zusammenhang zwischen Drillung ϑ und Torsionsmoment M_T finden wir in folgender Weise. Ausgehend von der allgemeinen Lösung für den Verschiebungszustand (Satz 5.1) und von der Annahme (c), daß wir die Verschiebung als unabhängig von η betrachten dürfen, erhalten wir die folgenden Verschiebungen in x- und in ζ-Richtung (vgl. Bild 5.14)

$$u_x(\zeta) = \vartheta\psi(\zeta)$$

$$u_\zeta(x,\zeta) = \vartheta a(\zeta)\,x\,.$$

Damit können wir die Verzerrungen $\epsilon_{x\zeta}$ ausrechnen

$$\epsilon_{x\zeta}(\zeta) = \frac{1}{2}\left\{\frac{\partial u_\zeta}{\partial x} + \frac{\mathrm{d}u_x}{\mathrm{d}\zeta}\right\} = \frac{1}{2}\left\{\vartheta a(\zeta) + \frac{\mathrm{d}u_x}{\mathrm{d}\zeta}\right\}.$$

Bilden wir nun

$$\oint \tau(\zeta)\,\mathrm{d}\zeta = 2G\oint \epsilon_{x\zeta}(\zeta)\,\mathrm{d}\zeta,$$

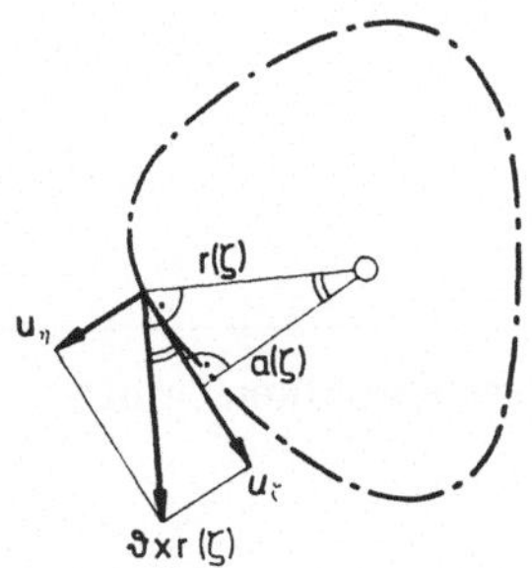

Bild 5.14
Verschiebungen

so erhalten wir durch Einsetzen der bereits gefundenen Ergebnisse für $\tau(\zeta)$ und $\epsilon_{x\zeta}(\zeta)$

$$\frac{M_T}{2A_m} \oint \frac{\mathrm{d}\zeta}{\delta(\zeta)} = 2G\,\frac{1}{2}\left\{\oint \frac{\mathrm{d}u_x}{\mathrm{d}\zeta}\,\mathrm{d}\zeta + \vartheta \oint a(\zeta)\,\mathrm{d}\zeta\right\}.$$

Nun ist

$$\oint \frac{\mathrm{d}u_x}{\mathrm{d}\zeta}\,\mathrm{d}\zeta = \oint \mathrm{d}u_x = 0$$

weil die Werte von u_x am Anfang und am Ende des Umlaufes gleich groß sein müssen, da ja Anfangs- und Endpunkt des Integrationsweges zusammenfallen. Ferner haben wir bereits ermittelt, daß

$$\oint a(\zeta)\,\mathrm{d}\zeta = 2A_m$$

ist. Deshalb wird

Satz 5.8: *2. Bredt*sche Formel

$$\vartheta = \frac{M_T}{GJ_T} = \frac{M_T}{4GA_m^2} \oint \frac{\mathrm{d}\zeta}{\delta(\zeta)}$$

$$\text{d.h.}\quad J_T = \frac{4A_m^2}{\oint \frac{\mathrm{d}\zeta}{\delta(\zeta)}}\,.$$

Erstrecken wir in den vorstehenden Betrachtungen die Integrale nicht über einen vollen Umlauf, so finden wir mit

$$\int_0^{\zeta} \frac{\mathrm{d}u_x}{\mathrm{d}\zeta}\,\mathrm{d}\zeta = u_x(\zeta) - u_x(0) = \vartheta\,\{\psi(\zeta) - \psi(0)\}.$$

Beachten wir noch, daß

$$\frac{M_T}{2G\vartheta} = \frac{2A_m^2}{\oint \frac{d\zeta}{\delta(\zeta)}}$$

ist, so erhalten wir schließlich

Satz 5.9: Wölbfunktion bei dünnwandigem, geschlossenem Querschnitt

$$\psi(\zeta) = \psi(0) + 2A_m \frac{\int\limits_0^\zeta \frac{d\zeta}{\delta(\zeta)}}{\oint \frac{d\zeta}{\delta(\zeta)}} - \int\limits_0^\zeta a(\zeta)\, d\zeta .$$

Die Ergebnisse für $\tau(\zeta)$ und ϑ gelten auch für die Torsion um andere achsparallele Geraden, sofern sie nicht zu weit außerhalb des Querschnitts liegen, da sonst nicht mehr geometrische Linearität vorausgesetzt werden kann. Bei den Verschiebungen kommen bei einer Parallelverschiebung der Drillachse Zusatzterme hinzu, die einer Starrkörper-Rotation entsprechen. Bei der Wölbfunktion ψ bleibt schließlich noch eine freie Konstante offen, deren Zahlenwert davon abhängt, welcher Punkt des Querschnitts als unverschieblich in x-Richtung anzunehmen ist.

Beispiel (s. Bild 5.15)

Es wird

$$A_m = bh$$

$$\oint \frac{d\zeta}{\delta} = 2\,\frac{h+b}{\delta}\;; \quad \int\limits_0^b \frac{d\zeta}{\delta} = \frac{b}{\delta}\;; \quad \int\limits_0^{b+h} \frac{d\zeta}{\delta} = \frac{b+h}{\delta}$$

$$\int\limits_0^b a(\zeta)\, d\zeta = \frac{hb}{2} \quad ; \quad \int\limits_0^{b+h} a(\zeta)\, d\zeta = hb .$$

Damit erhalten wir

$$\vartheta = \frac{M_T}{2Gb^2h^2} \cdot \frac{b+h}{\delta}$$

$$\tau = \frac{M_T}{2bh\delta} = \text{konst}$$

$$\psi(b) = \psi(0) - \frac{bh}{2}\left\{1 - \frac{2b}{h+b}\right\} = \psi(2b+h)$$

$$\psi(b+h) = \psi(0).$$

$\psi(0)$ können wir noch beliebig festsetzen je nachdem, für welchen Punkt des Querschnitts $\psi(\zeta) = 0$ werden soll. In der schematischen Darstellung in Bild 5.15 haben wir $\psi(0) = 0$ gesetzt.

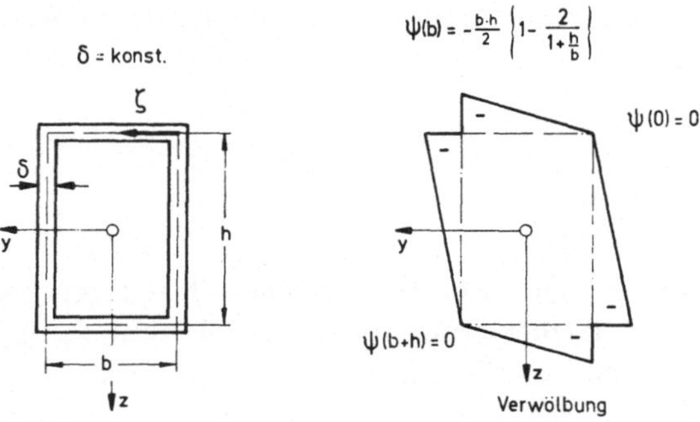

Bild 5.15 Verwölbung eines Hohlkastenprofils

Bei mehrzelligen geschlossenen Querschnitten ist der Schubfluß um jede Zelle herum als konstant zu betrachten. In den gemeinsamen Stegen zweier Zellen überlagern sich dann jeweils die beiden Schubflüsse der benachbarten Zellen. Auf diesen Überlegungen aufbauend läßt sich auch eine einfache Näherungstheorie für die Torsion mehrzelliger, geschlossener Querschnitte entwickeln.

5.2.3.3 Dünnwandige offene Querschnitte

Wir betrachten als Beispiel einen dünnwandigen Stab, dessen offener Querschnitt aus einer Reihe von schmalen Rechtecken zusammengesetzt ist (vgl. Bild 5.16). Aus der allgemeinen Theorie der Torsion prismatischer Stäbe können wir entnehmen, daß der Verlauf der Schubspannungs- Trajektorien etwa so wie in Bild 5.16 angedeutet aussehen muß und daß ferner alle Teilquerschnitte dieselbe Drillung ϑ erfahren. Die gemeinsame Drillachse (z.B. Stabachse) liegt im allgemeinen allerdings außerhalb der Teilquerschnitte.

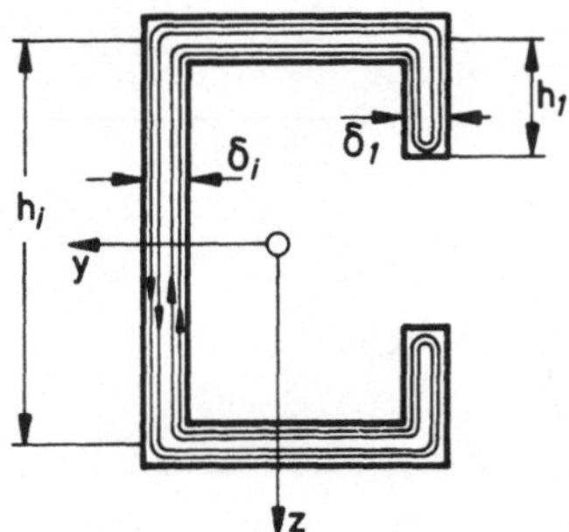

Bild 5.16
Dünnwandiger offener Querschnitt mit Schubspannungs-Trajektorien

Aufgrund dieser Feststellungen treffen wir die Annahmen

(a) $\sigma_{x\eta} = 0$,

(b) $\boldsymbol{u} = \boldsymbol{u}(x, \zeta)$,

die aus der Dünnwandigkeit des Querschnittes resultieren, und ferner die Annahmen

(c) Schubfluß $t(\zeta) = 0$,

(d) $J_T = \beta \sum_i \underbrace{\frac{1}{3}\,\delta^3{}_i h_i}_{J_{Ti}} = \beta \int_L \frac{1}{3}\,\underbrace{\delta^3(\zeta)\,\mathrm{d}\zeta}_{\mathrm{d}J_T}$,

die sich auf das Gesamtverhalten des Querschnittes beziehen. Das rechts stehende Integral in (d) können wir als Verallgemeinerung für solche dünnwandigen offenen Profile ansehen, die nicht mehr als eine endliche Summe von Rechtecken angesehen werden können, sondern eine kontinuierlich gekrümmte Mittellinie haben. β ist ein Korrekturfaktor, der die gegenseitige Behinderung der Teilquerschnitte bei der Torsion kennzeichnet und darum im allgemeinen größer als 1 ist. Eine Übersicht über den Zahlenwert dieses Korrekturfaktors gibt Tabelle 5.2.

Profilform	L	⊥	[	I
β	1	1.12	1.12	1.3

Tabelle 5.2 Korrekturfaktor β

Mit

$$J_T = \beta \sum_i \frac{1}{3}\,\delta_i^3 h_i$$

bzw.

$$J_T = \beta \int_L \frac{1}{3}\,\delta^3(\zeta)\,\mathrm{d}\zeta$$

folgt

Satz 5.10: Drillung:

$$\vartheta = \frac{M_T}{GJ_T} = \frac{M_T}{G\beta \sum_i \frac{1}{3}\,\delta_i^3 h_i} = \frac{M_T}{G\beta \int_L \frac{1}{3}\,\delta^3(\zeta)\,\mathrm{d}\zeta}$$

Da alle Teilquerschnitte dieselbe Drillung ϑ erfahren, gilt für die auf einen Teilquerschnitt entfallenden Anteile M_{Ti} bzw. $\mathrm{d}M_T$ des Torsionsmomentes (wenn wir $\beta \approx 1$ setzen)

$$\frac{M_{Ti}}{J_{Ti}} = \frac{\mathrm{d}M_T}{\mathrm{d}J_T} = \frac{M_T}{J_T} = G\vartheta.$$

Die maximale Schubspannung eines beliebigen Teilquerschnittes ist nach den für dünne Rechteckquerschnitte geltenden Beziehungen

$$|\tau_i|_{\max} = \frac{|M_{Ti}|}{W_{Ti}} = \frac{|M_{Ti}|}{J_{Ti}}\,\delta_i$$

bzw. für das örtliche Maximum, wenn $\delta(\zeta)$ kontinuierlich veränderlich ist

$$|\tau(\zeta)|_{\max} = \frac{|\,\mathrm{d}M|}{\mathrm{d}W_T} = \frac{|\,\mathrm{d}M|}{\mathrm{d}J_T}\,\delta(\zeta).$$

Beachten wir ferner, daß wir

$$\left.\begin{matrix} \dfrac{M_{Ti}}{J_{Ti}} \\ \text{bzw.} \\ \dfrac{\mathrm{d}M_T}{\mathrm{d}J_T} \end{matrix}\right\} = \frac{M_T}{J_T} = G\vartheta$$

setzen können, so erhalten wir als allgemeinen Ausdruck für das globale Maximum der Schubspannung

---

Satz 5.11: Maximale Schubspannung:

$$|\tau|_{\max} = \frac{|M_T|}{W_T} = \frac{|M_T|}{J_T}\,\delta_{\max}$$

$$\text{d.h.}\quad W_T = \frac{J_T}{\delta_{\max}}\,.$$

Für die Wölbfunktion $\psi(\zeta)$ der Profil-Mittellinie, die wir mit dem Mittelwert der Verwölbung über die Profildicke gleichsetzen können, erhalten wir schließlich

---

Satz 5.12: Wölbfunktion bei dünnwandigem, offenem Querschnitt

$$\psi(\zeta) = \psi(0) - \int_0^{\zeta} a(\zeta)\,\mathrm{d}\zeta$$

5.2.3.4 Vergleich zwischen geschlossenen und offenen dünnwandigen Querschnitten

Wir wollen den Vergleich zwischen geschlossenem und offenem dünnwandigen Querschnitt an einem konkreten Beispiel vornehmen und ein geschlossenes und ein längs geschlitztes Rohr gegenüberstellen (vgl. Bild 5.17). Wir erkennen sogleich den qualitativ völlig verschiedenen Verlauf der Schubspannungs-Trajektorien, was zur Folge hat, daß das geschlitzte Rohr erheblich torsionsweicher ist und außerdem bei

	dünnwandiges Rohr		Verhältnis geschlossen zu geschlitzt (bei $\delta/R = 0,1$)
	geschlossen	geschlitzt	
J_T	$\dfrac{4A_m^2}{\oint \dfrac{d\zeta}{\delta}} = 2\pi R^3\delta$	$\dfrac{1}{3}\int\limits_0^{2\pi R} \delta^3\, d\zeta = \dfrac{2}{3}\pi R\delta^3$	300
W_T	$2A_m\delta = 2R^2\pi\delta$	$\dfrac{J_T}{\delta} = \dfrac{2}{3}\pi R\delta^2$	30
$\lvert\tau\rvert_{\max}$	$\dfrac{\lvert M_T\rvert}{W_T}$	$\dfrac{\lvert M_T\rvert}{W_T}$	$\dfrac{1}{30}$
Verwölbung	$\psi(\zeta) \equiv 0$	$\psi(\zeta) = \psi(0) - R\zeta$	—

Tabelle 5.3 Vergleich dünnwandig geschlossenes/geschlitztes Rohr

gleichem Torsionsmoment einer bedeutend höheren Beanspruchung unterliegt. Der Vergleich ergibt im einzelnen:

Das geschlossene Rohr ist also in unserem Zahlenbeispiel 300 mal steifer, hat aber bei gleichem M_T zugleich nur 1/30 der Beanspruchung, gekennzeichnet durch $\lvert\tau\rvert_{\max}$, aufzunehmen. Ferner verschieben sich bei dem geschlitzten Rohr die beiden Schnittufer in Längsrichtung gegeneinander um den Betrag

$$|u_x(2\pi R) - u_x(0)| = |\vartheta| \cdot |\psi(2\pi R) - \psi(0)| = |\vartheta|\, 2\pi R^2.$$

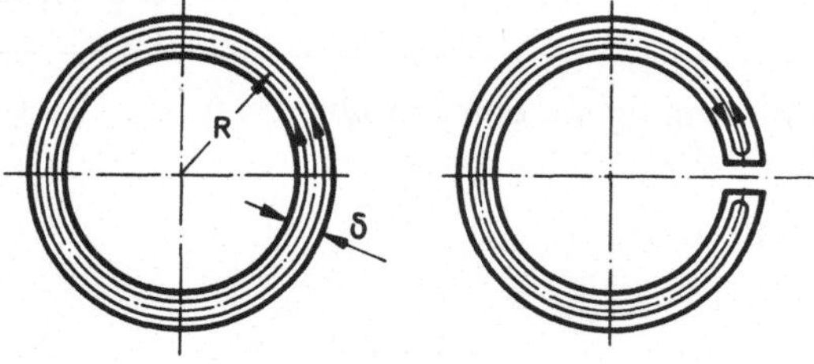

Bild 5.17 Querschnitte mit Schubspannungs-Trajektorien; geschlossenes (links), geschlitztes Rohr (rechts)

Beim geschlossenen Rohr dagegen bleibt der Querschnitt unverwölbt. Ähnliche Ergebnisse finden wir beim Vergleich anderer offener und geschlossener Profilformen. Als Konstruktionsregel können wir daraus ableiten:

Ist ein Stab mit dünnwandigem Querschnitt auf Torsion beansprucht, so ist im Hinblick auf Steifigkeit und Beanspruchung ein Querschnitt mit geschlossenem Profil zu wählen.

5.2.4 Analogien zum Torsionsproblem

Von einer Analogie wollen wir dann sprechen, wenn unterschiedliche physikalische Probleme durch gleiche mathematische Modelle (Differentialgleichungen) beschrieben werden. Es gibt mehrere Analogien zum Torsionsproblem. Früher hat man sie gelegentlich zur experimentellen Ermittlung der Torsionsfunktion $T(y, z)$ und der daraus ableitbaren Größen (Betrag und Richtung von τ usw.) eingesetzt. Das geschieht heute kaum noch. Dennoch kann uns eine Analogie dazu verhelfen, eine Anschauung von der Spannungsverteilung in einem tordierten Stab zu gewinnen. Wir wollen hier – auch aus historischen Gründen – lediglich eine Analogie ansprechen.

Eine dünne Flüssigkeitshaut (beispielsweise einer Seifenlösung), die wir als Membrane bezeichnen, überträgt in einem gedachten Schnitt pro Längeneinheit eine Kraft S $[\mathrm{KL}^{-1}]$, die wir als eine Materialkonstante betrachten können. Sie ist das 2-fache der sog. Oberflächenspannung. Steht die Membrane einseitig unter einem Überdruck p, so lautet die Differentialgleichung für die Fläche $u(y, z)$, in die sich die Membrane einstellt

$$\Delta u = \frac{\partial^2 u}{\partial y^2} + \frac{\partial^2 u}{\partial z^2} = -\frac{p}{S} ,$$

wie wir aus Bild 5.18 durch Gleichgewichtsbetrachtung in x- Richtung leicht ableiten können. Diese Gleichung ist analog zur Gleichung für die Torsionsfunktion mit der Entsprechung

$$u(y, z)\,\frac{S}{p} \mathrel{\hat{=}} T(y, z).$$

Wir können deshalb eine solche Membrane als eine mechanische Analogie zum Torsionsproblem betrachten, sofern wir auch auf die Analogie der Randbedingungen beider Probleme achten. Dies erreichen wir etwa, indem wir die Membrane in der Ebene $x = 0$ in eine Öffnung einspannen, die dem Querschnitt des tordierten Stabes gleicht, da ja auf dem Rande des Querschnittes $T(y, z) = 0$ sein muß (vgl. Bild 5.19). Dann entsprechen die Höhenschichtlinien der Membrane $u(y, z) =$ konst. den Schubspannungs-Trajektorien des Torsionsproblems, die Neigung der Membrane (d.h. der Gradient von $u(y, z)$) dem Betrag $|\tau|$ der Schubspannung usw. (*Prandtl*-sches Seifenhautgleichnis; *Prandtl*: 1875-1953).

5.3 Ein elementares Beispiel für die Torsion mit Wölbbehinderung

Wir betrachten die Torsion (M_T = konst.) eines Stabes mit I-Profil, der an einem Ende so eingespannt sei, daß dort die Verwölbung des Querschnitts behindert ist (vgl. Bild 5.20). Wir erkennen bei der Betrachtung der auftretenden Formänderungen, daß infolge der Einspannung am linken Ende eine Verdrehung der Stabquerschnitte um die Stabachse stets zugleich mit einer Biegung des Ober- und des

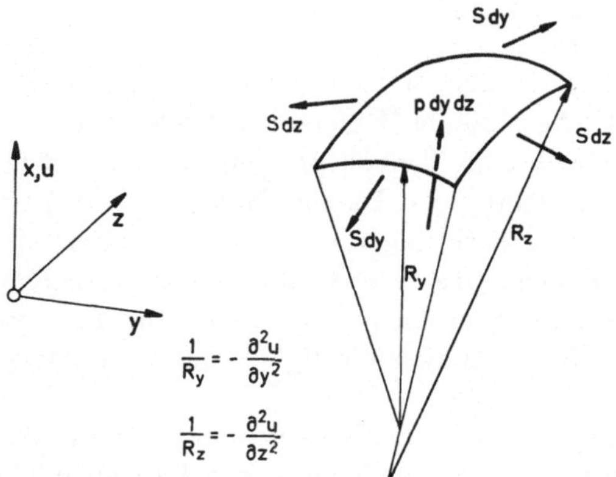

Bild 5.18 Seifenhautgleichnis, Membrane

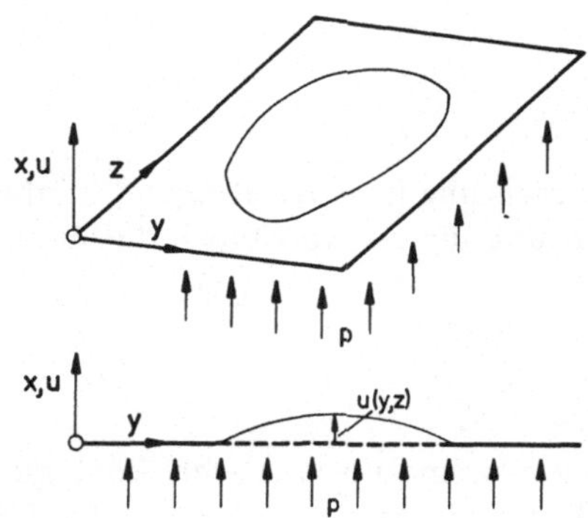

Bild 5.19
Analogie der Randbedingungen

Untergurtes verknüpft ist (vgl. Bild 5.21).

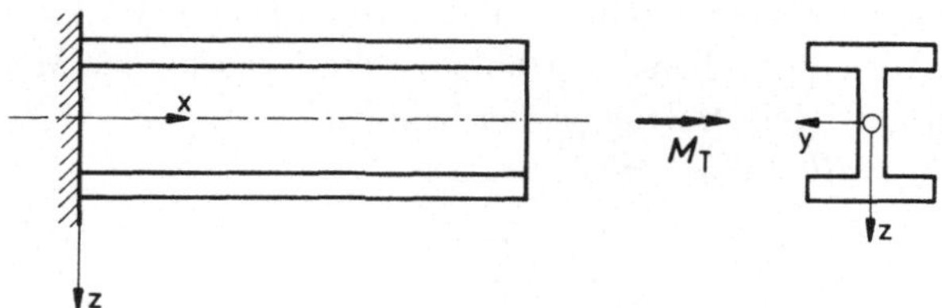

Bild 5.20 Eingespannter Träger unter Torsionsbeanspruchung

Bei kleinen Formänderungen, die wir hier stets vorausetzen, können wir die Torsion und die damit verbundene Biegung der Gurte (Flansche) getrennt betrachten und überlagern (superponieren). Dementsprechend teilen wir das Torsionsmoment M_T auf

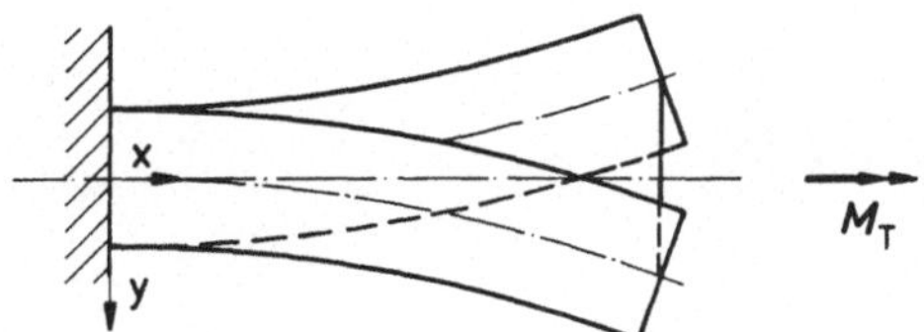

Bild 5.21
Formänderungen des Systems

a) in einen reinen Torsions-Anteil M_T^* (sog. *de St. Venant*scher Anteil) und
b) in einen Anteil M_T^{**} zur Überwindung der Wölbbehinderung.

Die Aufteilung ändert sich längs der Stabachse. Darum ist

$$M_T = M_T^*(x) + M_T^{**}(x).$$

Für den Torsions-Anteil M_T^* gilt

$$M_T^*(x) = GJ_T\,\vartheta(x)$$

mit

$$J_T = \beta\,\frac{1}{3}\sum_i \delta_i^3 h_i$$

entsprechend Abschnitt 5.2.3.3. Bei der Ermittlung des Anteiles M_T^{**} gehen wir davon aus, daß wir die Biegung des Ober- und des Untergurtes jeweils als ebenes Problem (gerade Biegung) betrachten können. Zur Vereinfachung führen wir für beide Gurte neben der Laufrichtung x jeweils eine gestrichelte Zone so ein, daß das Vorzeichen für die in den Gurten wirkende Querkraft $Q(x)$ in beiden Gurten übereinstimmt (z.B. gestrichelte Zone jeweils auf der Druckseite). Wir erhalten dann zunächst

$$M_T^{**}(x) = Q(x)h = \underbrace{-EJ_G\,w'''(x)}_{Q(x)}\,h.$$

Hierin bezeichnet J_G das Flächen-Trägheitsmoment *eines* Gurtes in bezug auf die z-Achse. Wir können

$$J_G = \frac{1}{2}\,J_{zz}$$

setzen, wobei J_{zz} das entsprechende Flächen-Trägheitsmoment des ganzen Profils ist. Aus Bild 5.22 können wir ferner ablesen, daß

$$w(x) = \varphi(x)\,\frac{h}{2},$$

also

$$w'''(x) = \frac{h}{2}\,\varphi'''(x) = \frac{h}{2}\,\vartheta''(x)$$

ist. Damit wird

$$M_T^{**} = -EJ_{zz} \frac{h^2}{4} \vartheta''(x) = -EC_T \vartheta''(x).$$

Die Größe

$$EC_T = EJ_{zz} \frac{h^2}{4}$$

wird auch als Wölbwiderstand bezeichnet (C_T [L^6]). Aus der Überlagerung der beiden Anteile des Torsionsmomentes folgt sodann

$$\boxed{\begin{aligned} M_T &= M_T^*(x) + M_T^{**}(x) \\ &= GJ_T\vartheta(x) - EC_T\vartheta''(x). \end{aligned}}$$

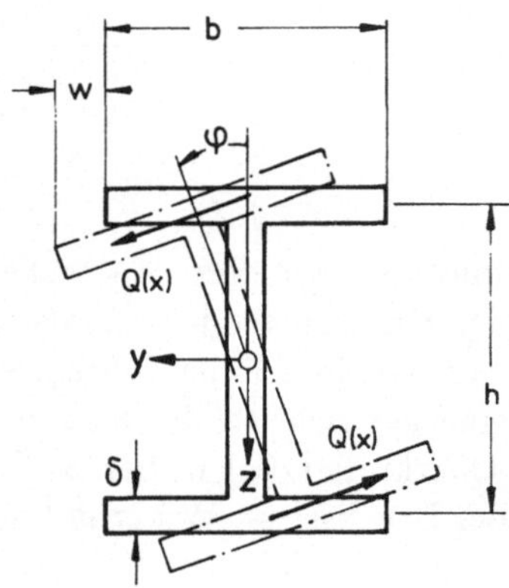

Bild 5.22
Querschnitt mit Verdrehung $\varphi(x) = \int_0^x \vartheta(x)\mathrm{d}x$

Das ist eine inhomogene, lineare Differentialgleichung 2. Ordnung mit konstanten Koeffizienten. Die zugehörigen Randbedingungen sind in unserem Beispiel

$$\begin{aligned} x = 0: &\quad w'(0) = \frac{h}{2}\,\vartheta(0) = 0 \quad \rightarrow \vartheta(0) = 0 \\ x = l: &\quad -EJ_G\,w''(l) = 0 \qquad\quad \rightarrow \vartheta'(l) = 0. \end{aligned}$$

Die Lösung der Differentialgleichung erfolgt in bekannter Weise (vgl. z.B. Abschnitt 4.7):

1. allgemeine Lösung der homogenen Differentialgleichung

$$\vartheta_h(x) = A_1 \sinh kx + A_2 \cosh kx$$

mit $k = \sqrt{\dfrac{GJ_T}{EC_T}}$,

2. spezielle Lösung der inhomogenen Gleichung

$$\vartheta_p(x) = \frac{M_T}{GJ_T} = \text{konst.},$$

3. vollständige Lösung

$$\vartheta(x) = \vartheta_h(x) + \vartheta_p(x) = A_1 \sinh kx + A_2 \cosh kx + \frac{M_T}{GJ_T}.$$

Aus der Randbedingung $\vartheta(0) = 0$ folgt

$$A_2 = -\frac{M_T}{GJ_T}.$$

Die Randbedingung $\vartheta'(l) = 0$ führt auf

$$A_1 = -A_2 \tanh kl = \frac{M_T}{GJ_T} \tanh kl.$$

Damit erhalten wir schließlich als endgültige Lösung

$$\vartheta(x) = \frac{M_T}{GJ_T} \{1 - \cosh kx + \tanh kl \sinh kx\}.$$

In Bild 5.23 ist der Verlauf von

$$\frac{GJ_T\vartheta(x)}{M_T} = \frac{M_T^*(x)}{M_T}$$

aufgetragen. Die eingezeichnete Kurve gibt also sowohl die auf M_T/GJ_T bezogene Drillung $\vartheta(x)$ wie die relative Größe des reinen Torsionsanteiles $M_T^*(x)/M_T$ an.

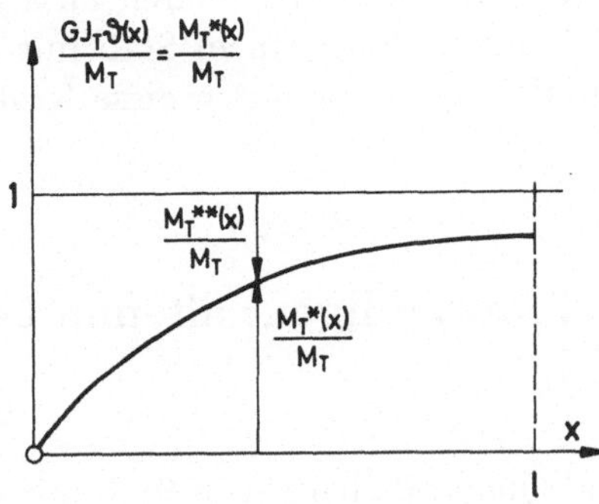

Bild 5.23
Verlauf der bezogenen Drillung $\vartheta(x)$

Die in dem Querschnitt auftretenden Spannungen setzen sich zusammen aus

1. Schubspannungen aus der reinen Torsion mit dem Torsionsmoment
$$M_T^*(x) = GJ_T\vartheta(x).$$
2. Normalspannungen aus Wölbbehinderung (Gurtbiegung)
$$\sigma_{xx} = \sigma(x,y) = \frac{-EJ_G w''(x)}{J_G}\, y = -E\,\frac{h}{2}\,\vartheta'(x)\, y$$
(Das Vorzeichen gilt für den Obergurt; im Untergurt kehrt es sich um)

3. Schubspannungen aus Wölbbehinderung (Gurtbiegung)

$$\tau(x,y) = \frac{Q(x)S(y)}{\delta J_G} = -\frac{3}{2}\,\frac{EJ_{zz}}{4A_G}\,h\,\vartheta''(x)\left\{1-\left(\frac{2y}{b}\right)^2\right\}.$$

(Der Index G bezieht sich jeweils auf die zu einem Gurt gehörenden Größen. Die positive Richtung der Schubspannungen stimmt jeweils mit der Richtung von Q in Bild 5.22 überein).

Erzwingen wir bei der Wölbbehinderung durch eine entsprechende Lagerung eine andere Lage der Drillachse, so ergibt sich ein anderes Bild für die Formänderungen des Stabes. Liegt beispielsweise die Drillachse dort, wo Steg und Untergurt zusammenstoßen, so erfährt der Untergurt bei einer Querschnittsverdrehung um die (erzwungene) Drillachse keine Biegung; dagegen sind jetzt der Steg und besonders der Obergurt von der Biegung betroffen. Die für diese Biegung erforderlichen Querkräfte ergeben in diesem Fall nicht mehr ein Kräftepaar, das wir als einen Teil des aufgebrachten Torsionsmomentes M_T betrachten können ($M_T^{**}(x)$ in unserem Beispiel); wir benötigen jetzt zusätzliche Kräfte, um die außermittige Lage der Drillachse zu erzwingen. Eine kräftefreie Torsion ist also bei dem betrachteten (doppelt symmetrischen) I-Profil nur möglich, wenn die Torsion um die Stabachse erfolgen kann (freie Drillachse).

Nur in besonderen Fällen, wie z.B. bei doppelt symmetrischen Profilen, fällt die freie Drillachse mit der Stabachse zusammen. Wir können uns beispielsweise leicht klar machen, daß schon beim [-Profil die freie Drillachse nicht mehr mit der Stabachse zusammenfallen kann.

Wie wir in diesem Fall und für andere Profile die freie Drillachse bzw. den sog. Drill-Ruhepunkt, d.h. den Durchstoßpunkt der freien Drillachse durch die Querschnittsebene, ermitteln, werden wir später untersuchen. Wir wollen im folgenden Abschnitt zunächst eine andere – damit aber in einem unmittelbaren Zusammenhang stehende – Frage klären: In welchem Punkt muß bei einem Stab mit dünnwandigem offenen Profil eine Querkraft angreifen, wenn die durch diese Kraft verursachte Biegung torsionsfrei bleiben soll?

5.4 Der Schubmittelpunkt bei dünnwandigen, offenen Querschnitten

Wir betrachten die Biegung mit Normal- und Querkraft bei einem Stab mit dünnwandigem, offenem Querschnitt unter folgenden Voraussetzungen (vgl. allgemeine Voraussetzungen in Abschnitt 5.1):

1. linear-elastischer Körper,
2. homogener isotroper Werkstoff,
3. gerade Stabachse,
4. a) unveränderlicher, dünnwandiger, offener Querschnitt,
   b) y- und z-Achse sind Hauptachsen,

5. Schnittgrößen: $N = \text{konst.} \quad M_T = 0$
$Q_y = \text{konst.} \quad Q_z = \text{konst.}$
$M_y = M_y(x) \quad M_z = M_z(x),$

6. Temperatur: $T = T_0$.

Die bisher für solche Biegeprobleme getroffene Voraussetzung, daß die Querschnitte symmetrisch zur Biegeebene (bei schiefer Biegung also doppelt-symmetrisch) sein müssen, lassen wir jetzt fallen.

Wir halten jedoch an der Annahme fest, daß für die Verteilung der Normalspannungen im Querschnitt weiterhin

(a) $\sigma_{xx} = \sigma(x, \zeta) = \dfrac{N}{A} + \dfrac{M_y(x)}{J_{yy}} z(\zeta) - \dfrac{M_z(x)}{J_{zz}} y(\zeta)$

gelte (vgl. Abschnitt 3.5.2). Daraus leiten wir unter den zusätzlichen Annahmen

(b) $\sigma_{x\zeta} = \tau(\zeta), \quad \sigma_{x\eta} = 0$ und

(c) Querschnitte bleiben bei der Biegung unverdreht

für die Verteilung der Schubspannungen in bekannter Weise ab:

$$\begin{aligned} \sigma_{x\zeta} = \tau(\zeta) &= \frac{Q_z S_y(\zeta)}{J_{yy}\delta(\zeta)} + \frac{Q_y S_z(\zeta)}{J_{zz}\delta(\zeta)} \\ \text{mit } S_y(\zeta) &= \int_{\zeta}^{L} z(\zeta)\underbrace{\delta(\zeta)\,\mathrm{d}\zeta}_{\mathrm{d}A} \\ S_z(\zeta) &= \int_{\zeta}^{L} y(\zeta)\underbrace{\delta(\zeta)\,\mathrm{d}\zeta}_{\mathrm{d}A}. \end{aligned}$$

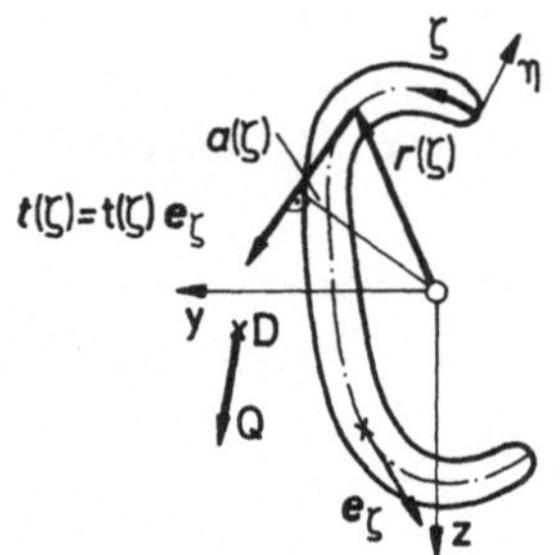

Bild 5.24
Dünnwandig offener Querschnitt mit Hebelarm $a(\zeta)$ des Schubflusses $\mathbf{t}(\zeta)$

Führen wir statt der Schubspannungen den Schubfluß $t(\zeta)$ ein, so gilt für diesen unter den Annahmen (a) bis (c)

$$t(\zeta) = \tau(\zeta)\,\delta(\zeta) = Q_z\,\frac{S_y(\zeta)}{J_{yy}} + Q_y\,\frac{S_z(\zeta)}{J_{zz}}.$$

Wir können formal zeigen, daß die unter unseren Voraussetzungen und Annahmen errechnete Schubspannungsverteilung tatsächlich eine resultierende Querkraft mit den Komponenten Q_y und Q_z liefert, d.h. daß

$$\int_0^L \boldsymbol{t}(\zeta)\,\mathrm{d}\zeta = \boldsymbol{Q} = Q_y\,\boldsymbol{e}_y + Q_z\,\boldsymbol{e}_z$$

mit

$$\boldsymbol{t}(\zeta) = t(\zeta)\,\boldsymbol{e}_\zeta = \tau(\zeta)\,\delta(\zeta)\,\boldsymbol{e}_\zeta$$

ergibt. Wir brauchen dazu nur das obige Ergebnis für $t(\zeta)$ einzusetzen und die Integrale auszuwerten. Die dazu notwendigen Einzelschritte übergehen wir hier. Offen ist jedoch noch die Frage, welchen Angriffspunkt wir der resultierenden Querkraft zuzuordnen haben. Wir finden diesen Punkt D, indem wir das Moment der resultierenden Querkraft in bezug auf die x-Achse (oder eine andere dazu parallele Achse) mit dem resultierenden Moment der Schubspannungen (bzw. des Schubflusses) in bezug auf die gleiche Achse vergleichen, da ja diese beiden Momente äquivalent sein müssen (vgl. Bild 5.24):

$$M_x = Q_z y_D - Q_y z_D = \int_0^L a(\zeta)\,t(\zeta)\,\mathrm{d}\zeta.$$

Für feste Werte von Q_y, Q_z erhalten wir als Lösung für y_D, z_D die Gleichung einer Geraden. Sie gibt an, welche Wirkungslinie die Querkraft haben muß, wenn die von uns errechnete, zu einer torsionsfreien Biegung gehörende Schubspannungsverteilung gültig sein soll. Fassen wir beliebige Zahlenwerte von Q_y und Q_z ins Auge, so zerfällt die obige Gleichung in zwei voneinander unabhängige Gleichungen für y_D und z_D. Sie definiert dann einen Punkt, den sog. Schubmittelpunkt. Seine Bedeutung halten wir fest in

---

Satz 5.13: Die Wirkungslinie der resultierenden Querkraft **Q** muß jeweils durch den Schubmittelpunkt D gehen, wenn die von der Querkraft verursachte Biegung torsionsfrei bleiben soll.

Für die Ermittlung des Schubmittelpunktes gilt der aus der Äquivalenzbedingung für die Momente unmittelbar ableitbare

---

Satz 5.14: Der Schubmittelpunkt eines dünnwandigen, offenen Querschnittes ist bestimmt durch die Beziehungen

$$y_D = \frac{1}{J_{yy}} \int_0^L a(\zeta)\,S_y(\zeta)\,\mathrm{d}\zeta$$

$$z_D = -\frac{1}{J_{zz}} \int_0^L a(\zeta)\,S_z(\zeta)\,\mathrm{d}\zeta.$$

Greift die Querkraft nicht im Schubmittelpunkt an, so entsteht gleichzeitig eine Torsionsbeanspruchung. Das entsprechende Torsionsmoment M_T finden wir, indem wir die gegebene Querkraft Q ersetzen durch ein äquivalentes Kräftesystem, bestehend aus einer parallel verschobenen Querkraft $\hat{Q}^* = Q$, deren Wirkungslinie durch den Schubmittelpunkt D geht, und aus einem Torsionsmoment M_T, das dem Versetzungsmoment entspricht (vgl. Bild 5.25). Die Schubbeanspruchung setzt sich dementsprechend zusammen aus den Schubspannungen, die zur Querkraft $\hat{Q}^*$ gehören, und aus den Schubspannungen, die das Torsionsmoment M_T hervorruft (vgl. Abschnitt 5.2.3.3).

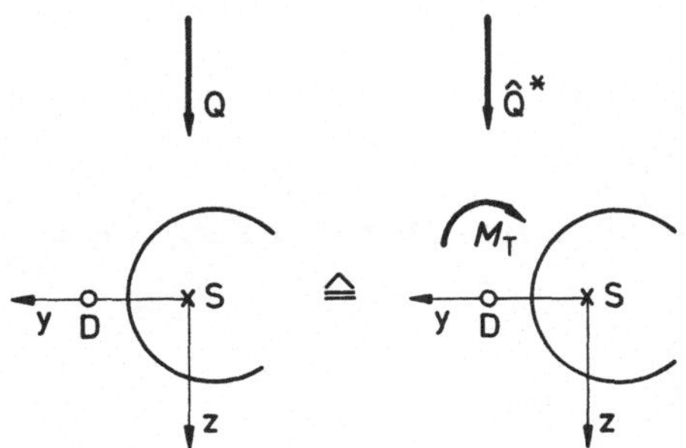

Bild 5.25
Äquivalentes Kräftesystem

Als Beispiel betrachten wir ein [-Profil konstanter Dicke δ (vgl. Bild 5.26). Da der Querschnitt symmetrisch zur y-Achse ist, muß der Schubmittelpunkt auf dieser Achse liegen. Wir brauchen deshalb nur noch eine Biegung in der xz-Ebene zu betrachten, für die wir $Q_z = Q$, $J_{yy} = J$, $S_y(\zeta) = S(\zeta)$ setzen. Zur Vereinfachung der Rechnung wählen wir als Momenten-Bezugspunkt hier den Schnittpunkt der y-Achse mit der Mittellinie des Steges, d.h. wir ersetzen y durch $\bar{y} = y - e$.

Diese Wahl hat den Vorzug, daß dann die Schubspannungen des Steges keinen Beitrag zum resultierenden Moment liefern und wir nur noch die Flansche zu betrachten haben.

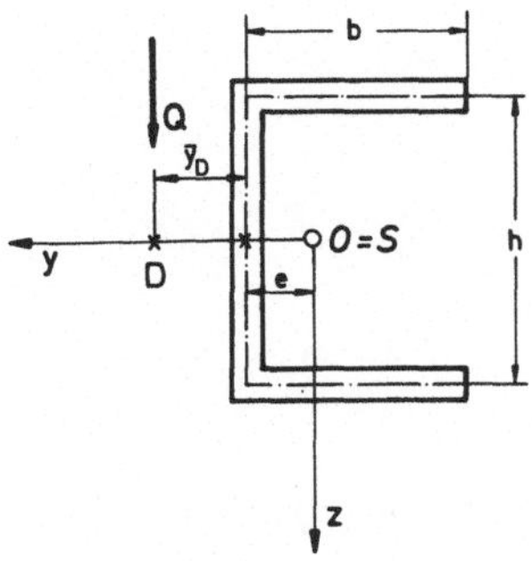

Bild 5.26
Schubmittelpunkt eines U-Profils

Es ist (mit $L = 2b + h$)

$$\begin{aligned}
&\text{im oberen Flansch:} && a(\zeta) = \frac{h}{2} \\
&(0 \leqslant \zeta \leqslant b) && \\
& && S(\zeta) = \frac{h}{2}\,\delta\zeta, \\
&\text{im unteren Flansch:} && a(\zeta) = \frac{h}{2} \\
&(L - b \leqslant \zeta \leqslant L) && \\
& && S(\zeta) = \frac{h}{2}\,\delta(L-\zeta).
\end{aligned}$$

Ferner ist

$$J \approx 2b\delta\,\frac{h^2}{4} + \delta\,\frac{h^3}{12} = \frac{\delta h^3}{12}\left\{1 + \frac{6b}{h}\right\}.$$

Da der untere Flansch den gleichen Beitrag zum Moment liefert, wie der obere, wird

$$\begin{aligned}
\bar{y}_D &= \frac{1}{J}\int_0^L a(\zeta)\,S(\zeta)\,\mathrm{d}\zeta = 2\,\frac{1}{J}\int_0^b a(\zeta)\,S(\zeta) \\
&= \frac{2}{J}\int_0^b \frac{h^2}{4}\,\delta\zeta\,\mathrm{d}\zeta = \frac{b}{2}\,\frac{1}{1+\dfrac{1}{6}\dfrac{h}{b}}\,, \quad \text{d.h. } 0 < y_D < \frac{b}{2}\,.
\end{aligned}$$

Für einige weitere Profile ist in Bild 5.27 (teils nur qualitativ) die Lage des Schubmittelpunktes angegeben.

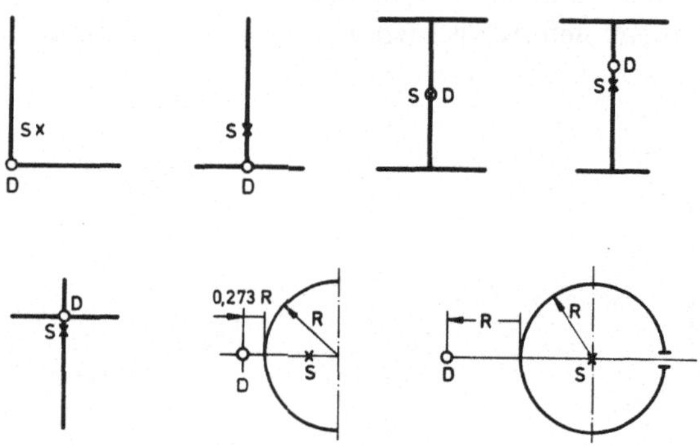

Bild 5.27 Schubmittelpunkte (D) und Schwerpunkte (S) für unterschiedliche Querschnitte

Die Frage nach der Lage des Schubmittelpunktes hat für offene Profile besondere Bedeutung, weil – wie wir in Abschnitt 5.2.3.4 gesehen haben – Stäbe mit offenem Profil besonders torsionsweich sind. Sie stellt sich aber auch für Vollquerschnitte und dünnwandige geschlossene Profile. Eine allgemeine Untersuchung dieses Problems zeigt, daß der Schubmittelpunkt identisch ist mit dem Drill-Ruhepunkt, um den sich die Querschnitte bei der Torsion mit Wölbbehinderung verdrehen, sofern nicht durch Querkräfte eine andere Lage der Drillachse erzwungen wird. Für dünnwandige Querschnitte wollen wir dies im folgenden Abschnitt zeigen.

5.5 Allgemeine Näherungstheorie der Torsion mit Wölbbehinderung und Ermittlung des Schubmittelpunktes bei dünnwandigen Querschnitten

Wir haben in Abschnitt 5.3 ein elementares Beispiel für die Torsion eines Stabes mit dünnwandigem offenen Profil bei Wölbbehinderung betrachtet. Ferner haben wir in Abschnitt 5.4 für Stäbe mit dünnwandigem offenen Querschnitt untersucht, durch welchen Punkt des Querschnittes jeweils die Wirkungslinie der Querkraft gehen muß, damit die Biegung torsionsfrei bleibt. Diese Betrachtungen wollen wir nun verallgemeinern und dabei auch dünnwandige, geschlossene Profile in unsere Überlegungen einbeziehen.

Wir gehen aus vom Torsionsproblem und treffen die gleichen allgemeinen Voraussetzungen, wie in Abschnitt 5.1, wollen uns aber auf dünnwandige Profile beschränken. Die für die Torsion ohne Wölbbehinderung mit konstantem Torsionsmoment M_T (und darum auch konstanter Drillung ϑ) geltenden Aussagen über die Verschiebungen (vgl. Satz 5.1)

$$\begin{aligned} u_y &= -\vartheta x z \\ u_z &= \vartheta x y \end{aligned} \qquad \text{bzw.} \qquad \begin{aligned} u_\varphi &= \vartheta x r \\ u_\zeta &= \vartheta x\, a(\zeta) \end{aligned}$$

$$u_x = \vartheta \psi(x, z)$$

übernehmen wir nun – mit der notwendigen Modifikation – als Annahme (vgl. Bild 5.28)

$$\text{(a)} \quad \begin{aligned} \frac{\partial u_y}{\partial x} &= -\vartheta(x)\, z(\zeta) \\ \frac{\partial u_z}{\partial x} &= \vartheta(x)\, y(\zeta) \end{aligned} \qquad \text{bzw.} \qquad \begin{aligned} \frac{\partial u_\varphi}{\partial x} &= \vartheta(x)\, r(\zeta) \\ \frac{\partial u_\zeta}{\partial x} &= \vartheta(x)\, a(\zeta) \end{aligned}$$

$$\frac{\partial u_x}{\partial x} = \frac{\mathrm{d}\vartheta(x)}{\mathrm{d}x}\, \psi_D(\zeta) = \vartheta'(x)\, \psi_D(\zeta)\,,$$

wobei $\psi_D(y, z)$ die Wölbfunktion für eine Torsion ohne Wölbbehinderung um die freie Drillachse (Drill-Ruhepunkt D) ist, deren freie Konstante $\psi_D(0)$ so bestimmt sein soll, daß

für offene Profile $$\int_0^L \psi_D(\zeta)\, \delta(\zeta)\, \mathrm{d}\zeta = 0\,,$$

für geschlossene Profile $$\oint \psi_D(\zeta)\, \delta(\zeta)\, \mathrm{d}\zeta = 0\,,$$

d.h. allgemein $$\int_A \psi_D(\zeta)\, \mathrm{d}A = 0$$

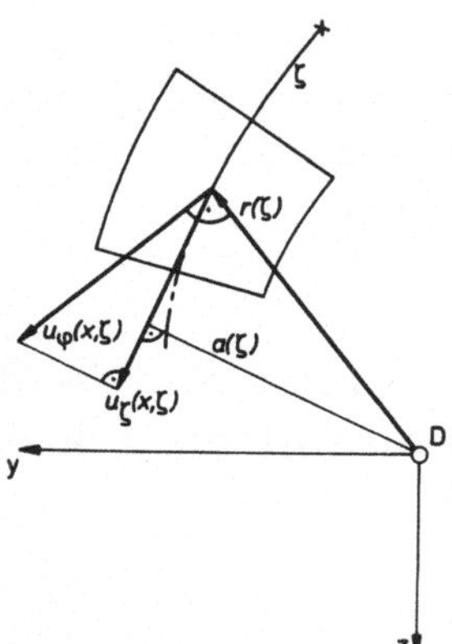

Bild 5.28
Verschiebungen

wird. Hinzu kommt die für dünnwandige Querschnitte übliche Annahme
(b) $\sigma_{x\eta} = 0$.
Ferner nehmen wir an, wie für Stäbe allgemein üblich,

$$\sigma_{yy} = \sigma_{zz} = \sigma_{yz} = \sigma_{\eta\zeta} = 0\,.$$

Für die durch Wölbbehinderung hervorgerufenen Normalspannungen gilt mithin

$$\sigma_{xx} = \sigma(x,\zeta) = E\,\frac{\partial u_x}{\partial x} = E\vartheta'(x)\,\psi_D(\zeta).$$

Unsere in der Annahme (a) enthaltene Forderung

$$\int\limits_A \psi_D(\zeta)\,\mathrm{d}A = 0,$$

ist deshalb gleichbedeutend mit der Forderung, daß

$$\int\limits_A \sigma(x,\zeta)\,\mathrm{d}A = N = 0,$$

sein soll, wie es unseren Voraussetzungen entspricht.

Schneiden wir aus dem Stab (mit offenem oder geschlossenem Profil) ein Element heraus (s. Bild 5.29), so folgt aus der Gleichgewichtsbedingung in x-Richtung

$$\frac{\partial t(x,\zeta)}{\partial \zeta} + \delta(\zeta)\,\frac{\partial \sigma(x,\zeta)}{\partial x} = 0$$

bzw.

$$\frac{\partial t(x,\zeta)}{\partial \zeta} = -E\,\delta(\zeta)\,\psi_D(\zeta)\,\vartheta''(x).$$

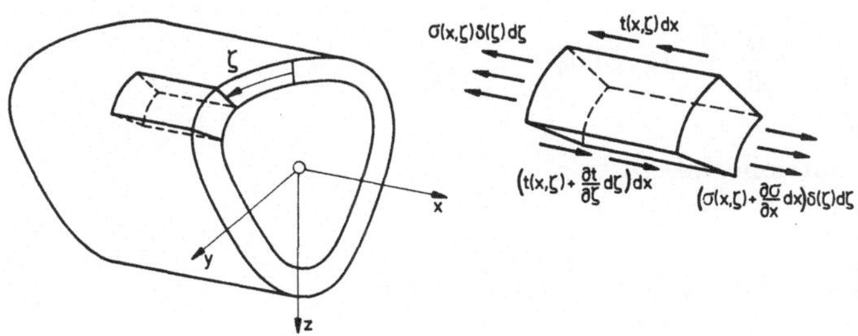

Bild 5.29 Element mit angreifenden Kräften

Die vorstehenden Betrachtungen gelten noch allgemein für offene und für geschlossene Querschnitte. Die weiteren Untersuchungen müssen wir jedoch getrennt durchführen.

Wir wenden uns zunächst den offenen Querschnitten zu. Wie bei dem elementaren Beispiel des Abschnittes 5.3 teilen wir das Torsionsmoment M_T auf in

a) einen Anteil M_T^* der reinen Torsion mit dem zugehörigen Schubfluß $t^* = 0$ und
b) einen Anteil M_T^{**} zur Überwindung der Wölbbehinderung mit dem zugehörigen Schubfluß $t^{**} = t(x, \zeta)$.

Für den Anteil $M_T^*(x)$ gilt (vgl. Abschnitte 5.2.3.3 und 5.3)

$$M_T^*(x) = G J_T \, \vartheta(x)$$

$$\text{mit } J_T = \beta \, \frac{1}{3} \sum_i \delta_i^3 h_i = \beta \, \frac{1}{3} \int_0^L \delta^3(\zeta) \, \mathrm{d}\zeta .$$

Für den Anteil $M_T^{**}(x)$ erhalten wir

$$M_T^{**}(x) = \int_0^L a_D(\zeta) \, t(x, \zeta) \, \mathrm{d}\zeta .$$

wobei der Hebelarm $a_D(\zeta)$ vom Drill-Ruhepunkt D aus zu messen ist. Zwischen der zur Torsion um D gehörenden Wölbfunktion $\psi_D(\zeta)$ und dem Hebelarm $a_D(\zeta)$ besteht bei offenen Profilen (vgl. Abschnitt 5.2.3.3) die Beziehung

$$\psi_D(\zeta) = \psi_D(0) - \int_0^\zeta a_D(\zeta) \, \mathrm{d}\zeta$$

bzw.

$$a_D(\zeta) = - \frac{\mathrm{d}\psi_D(\zeta)}{\mathrm{d}\zeta} .$$

Deshalb können wir für M_T^{**} auch schreiben

$$M_T^{**}(x) = -\int_0^L \frac{\mathrm{d}\psi_D(\zeta)}{\mathrm{d}\zeta}\, t(x,\zeta)\,\mathrm{d}\zeta.$$

Daraus folgt durch partielle Integration

$$M_T^{**}(x) = -[\psi_D(\zeta)\, t(x,\zeta)]_0^L + \int_0^L \psi_D(\zeta)\, \frac{\partial t}{\partial \zeta}\, \mathrm{d}\zeta.$$

Der erste Ausdruck verschwindet, weil für $\zeta = 0$ und $\zeta = L$ jeweils $t(x,\zeta)$ verschwinden muß entsprechend der Gleichheit der einander zugeordneten Schubspannungen. Für den zweiten Ausdruck erhalten wir nach Einsetzen von $\dfrac{\partial t}{\partial \zeta}$ aus der Gleichgewichtsbetrachtung

$$M_T^{**}(x) = \int_0^L \psi_D(\zeta)\, \frac{\partial t(x,\zeta)}{\partial \zeta}\, \mathrm{d}\zeta = -E\,\vartheta''(x) \int_0^L \psi_D^2(\zeta)\, \underbrace{\delta(\zeta)\,\mathrm{d}\zeta}_{\mathrm{d}A}.$$

Zusammenfassend gilt also

Satz 5.15: Torsion eines prismatischen Stabes mit dünnwandigem offenen Querschnitt bei Wölbbehinderung

$$M_T = M_T^*(x) + M_T^{**}(x)$$
$$= GJ_T\,\vartheta(x) - EC_T\,\vartheta''(x)$$

mit

$$J_T = \beta\, \frac{1}{3} \int_0^L \delta^3(\zeta)\,\mathrm{d}\zeta$$

und

$$C_T = \int_0^L \psi_D^2(\zeta)\,\delta(\zeta)\,\mathrm{d}\zeta.$$

Aus dem vorstehenden Gleichungssystem ist $\vartheta(x)$ unter Beachtung der zugehörigen Randbedingungen zu bestimmen. Die Wölbfunktion $\psi_D(\zeta)$ können wir dabei als bekannt voraussetzen. Sie ist durch

$$\psi_D(\zeta) = \psi_D(0) - \int_0^L a_D(\zeta)\,\mathrm{d}\zeta$$

und

$$\int_0^L \psi_D(\zeta)\, \delta(\zeta)\, \mathrm{d}\zeta = 0$$

bestimmt. Damit können wir auch die zugehörigen Spannungen ermitteln. Dies sind:

a) die Schubspannungen aus der reinen Torsion mit dem Torsionsmoment

$$M_T^* = G J_T \vartheta(x),$$

b) die Schubspannungen aus der Wölbbehinderung, die aus der für den Schubfluß geltenden Beziehung

$$\frac{\partial t(x,\zeta)}{\partial \zeta} = -E\, \delta(\zeta)\, \psi_D(\zeta)\, \vartheta''(x)$$

bzw.

$$t(x,\zeta) = t(x,0) - E\, \vartheta''(x) \int_0^\zeta \psi_D(\zeta)\, \delta(\zeta)\, \mathrm{d}\zeta$$

zu ermitteln sind, wobei für offene Querschnitte $t(x,0) = 0$ zu setzen ist.

c) die Normalspannungen aus der Wölbbehinderung, für die

$$\sigma(x,\zeta) = E\, \vartheta'(x)\, \psi_D(\zeta)$$

gilt.

Für geschlossene Querschnitte können wir den Schubfluß t ebenfalls aufteilen in

a) einen Schubfluß $t^* =$ konst., der der Torsion ohne Wölbbehinderung entspricht, und

b) einen Schubfluß $t^{**}(x,\zeta)$, der auf die Wölbbehinderung zurückgeht, so daß

$$t(x,\zeta) = t^* + t^{**}(x,\zeta)$$

ist.

Eine solche explizite Aufteilung ist jedoch für die folgenden Betrachtungen nicht erforderlich. Das resultierende Torsionsmoment ist

$$M_T = \oint a_D(\zeta)\, t(x,\zeta)\, \mathrm{d}\zeta.$$

In Abschnitt 5.2.3.2 haben wir für die Wölbfunktion bei dünnwandigen geschlossenen Querschnitten die folgende Beziehung abgeleitet, die für beliebige Lage der Drillachse, also auch für die Torsion um den Drill-Ruhepunkt D gilt:

$$\psi_D(\zeta) = \psi_D(0) + 2A_m \frac{\int\limits_0^\zeta \frac{\mathrm{d}\zeta}{\delta(\zeta)}}{\oint \frac{\mathrm{d}\zeta}{\delta(\zeta)}} - \int\limits_0^\zeta a_D(\zeta)\,\mathrm{d}\zeta.$$

Daraus folgt durch Differentiation nach ζ

$$a_D(\zeta) = -\frac{\mathrm{d}\psi_D(\zeta)}{\mathrm{d}\zeta} + \frac{2A_m}{\delta(\zeta)\oint \frac{\mathrm{d}\zeta}{\delta(\zeta)}}\,.$$

Setzen wir das in die obige Beziehung für M_T ein, so folgt zunächst

$$M_T = -\oint \frac{\mathrm{d}\psi_D(\zeta)}{\mathrm{d}\zeta}\,t(x,\zeta)\,\mathrm{d}\zeta + \frac{2A_m}{\oint \frac{\mathrm{d}\zeta}{\delta(\zeta)}} \oint \frac{t(x,\zeta)}{\delta(\zeta)}\,\mathrm{d}\zeta.$$

Für das erste Integral finden wir in gleicher Weise wie bei offenen Querschnitten durch partielle Integration

$$-\oint \frac{\mathrm{d}\psi_D(\zeta)}{\mathrm{d}\zeta}\,t(x,\zeta)\,\mathrm{d}\zeta = -E\,\vartheta''(x)\oint \psi_D(\zeta)\,\delta(\zeta)\,\mathrm{d}\zeta.$$

Das zweite Integral ergibt, wenn wir beachten, daß

$$\frac{t(x,\zeta)}{\delta(\zeta)} = \tau(x,\zeta) = 2G\,\epsilon_{x\zeta} = 2G\,\frac{1}{2}\left\{\frac{\partial u_\zeta}{\partial x} + \frac{\partial u_x}{\partial \zeta}\right\}$$

ist (vgl. Abschnitt 5.2.3.2),

$$\oint \frac{t(x,\zeta)}{\delta(\zeta)}\,\mathrm{d}\zeta = G\left\{\vartheta(x)\oint a_D(\zeta)\,\mathrm{d}\zeta + \underbrace{\oint \frac{\partial u_x}{\partial \zeta}\,\mathrm{d}\zeta}_{0}\right\} = G\,\vartheta(x)\,2A_m.$$

Wir erhalten also nach Einsetzen als Ergebnis

Satz 5.16: Torsion eines prismatischen Stabes mit dünnwandigem geschlossenen Querschnitt bei Wölbbehinderung:

$$M_T = M_T^*(x) + M_T^{**}(x)$$

$$= GJ_T\,\vartheta(x) - EC_T\,\vartheta''(x)$$

mit

$$J_T = \frac{4A_m^2}{\oint \frac{\mathrm{d}\zeta}{\delta(\zeta)}}$$

und

$$C_T = \oint \psi_D^2(\zeta)\,\delta(\zeta)\,\mathrm{d}\zeta.$$

Der Ausdruck für J_T ist identisch mit dem Ausdruck, den wir für J_T bei der Torsion von Stäben mit geschlossenem Querschnitt ohne Wölbbehinderung erhalten haben. Ferner ist der Ausdruck für C_T bei geschlossenen und offenen Querschnitten formal gleich. Das Endergebnis stimmt also für offene und geschlossene Querschnitte formal überein, wobei freilich die unterschiedlichen Beziehungen für J_T und für $\psi_D(\zeta)$ zu beachten sind.

Auch die Ermittlung der zugehörigen Spannungen verläuft bei geschlossenen Querschnitten formal im wesentlichen analog zu dem Vorgehen bei offenen Querschnitten. Zu beachten ist lediglich, daß wir bei der Ermittlung der Schubspannungen aus der Wölbbehinderung die Integrationskonstante $t(x,0)$ für den Schubfluß nicht gleich Null setzen können. Diese Integrationskonstante ist vielmehr aus der Bedingung

$$\oint \frac{t(x,\zeta)}{\delta(\zeta)}\,\mathrm{d}\zeta = G\,\vartheta(x)\,2A_m$$

zu bestimmen.

Offen ist noch die Frage, wie wir die Lage des Drill-Ruhepunktes D finden. Dazu überlegen wir folgendes: Bei einer Torsion um die freie Drillachse muß nicht nur

$$N = \int_A \sigma_{xx}\,\mathrm{d}A = E\,\vartheta'(x)\int_A \psi_D(\zeta)\,\mathrm{d}A = 0,$$

sondern auch

$$M_y = \int_A \bar{z}\,\sigma\,\mathrm{d}A = E\,\vartheta'(x)\int_A \bar{z}(\zeta)\,\psi_D(\zeta)\,\mathrm{d}A = 0$$

und

$$M_z = -\int_A \bar{y}\,\sigma\,\mathrm{d}A = -E\,\vartheta'(x)\int_A \bar{y}(\zeta)\,\psi_D(\zeta)\,\mathrm{d}A = 0$$

sein, wobei $\bar{y}(\zeta)$ und $\bar{z}(\zeta)$ vom Drill-Ruhepunkt aus zu zählen sind (vgl. Bild 5.30). Die erste Forderung ($N = 0$) haben wir bereits dadurch befriedigt, daß wir $\psi_D(0)$ entsprechend festgesetzt haben. Es bleiben also nur noch die beiden Forderungen

$$\int_A \bar{z}(\zeta)\,\psi_D(\zeta)\,\mathrm{d}A = 0$$

$$\int_A \bar{y}(\zeta)\,\psi_D(\zeta)\,\mathrm{d}A = 0$$

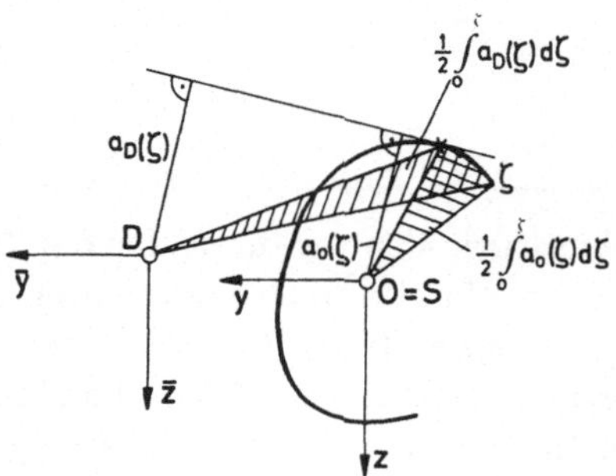

Bild 5.30
Querschnitt mit verschiedenen Bezugs-Systemen

zu erfüllen. Aus ihnen ergibt sich die Lage des Drill-Ruhepunktes, die wir in einem Schwerpunktsystem mit y- und z-Achse als Hauptachsen durch Angabe der Koordinaten y_D, z_D beschreiben können.

Im folgenden beschränken wir uns vorerst wiederum auf offene Querschnitte. Für sie gilt bei Torsion um den Drill-Ruhepunkt

$$\psi_D(\zeta) = \psi_D(0) - \int_0^\zeta a_D(\zeta)\,\mathrm{d}\zeta$$

bzw. bei Torsion um die Stabachse $(0 = S)$

$$\psi_0(\zeta) = \psi_0(0) - \int_0^\zeta a_0(\zeta)\,\mathrm{d}\zeta.$$

Dabei wollen wir uns $\psi_0(0)$ in Analogie zu der Forderung für $\psi_D(0)$ so festgesetzt denken, daß

$$\int_A \psi_0(\zeta)\,\mathrm{d}A = 0$$

werde. Unter dieser Voraussetzung läßt sich aus rein geometrischen Betrachtungen ableiten, daß

$$\psi_D(\zeta) = \psi_0(\zeta) + y_D\, z(\zeta) - z_D\, z(\zeta)$$

ist. Die Bedingungen für das Verschwinden von M_y und M_z führen deshalb auf folgende Bestimmungsgleichungen für y_D und z_D

$$\int_A \bar{z}(\zeta)\,\psi_D(\zeta)\,\mathrm{d}A = \int_A [z(\zeta) - z_D]\{\psi_0(\zeta) + y_D\, z(\zeta) - z_D\, z(\zeta)\}\,\mathrm{d}A = 0$$

$$\int_A \bar{y}(\zeta)\,\psi_D(\zeta)\,\mathrm{d}A = \int_A [y(\zeta) - y_D]\{\psi_0(\zeta) + y_D\, z(\zeta) - z_D\, z(\zeta)\}\,\mathrm{d}A = 0$$

Multiplizieren wir die Integranden aus und beachten dabei, daß die y- und die z-Achse voraussetzungsgemäß Schwerpunktachsen und zugleich Hauptachsen des Querschnittes sind, so erhalten wir

---

Satz 5.17: Für die Koordinaten y_D, z_D des Drill-Ruhepunktes D einer Torsion mit Wölbbehinderung gilt

$$y_D = -\frac{1}{J_{yy}} \int_A \psi_0(\zeta)\, z(\zeta)\, \mathrm{d}A$$

$$z_D = -\frac{1}{J_{zz}} \int_A \psi_0(\zeta)\, y(\zeta)\, \mathrm{d}A,$$

wobei $\psi_0(\zeta)$ die Wölbfunktion für eine unbehinderte Torsion um die Stabachse ist, deren freie Konstante $\psi_0(0)$ so festgesetzt ist, daß

$$\int_A \psi_0(\zeta)\, \mathrm{d}A = 0$$

wird.

Der vorstehende Satz gilt sowohl für offene, wie für geschlossene Querschnitte, wie sich allgemein zeigen läßt. Ferner gilt allgemein

---

Satz 5.18: Der Drill-Ruhepunkt einer Torsion mit Wölbbehinderung (ohne Biegung) ist identisch mit dem Schubmittelpunkt, durch den jeweils die Wirkungslinie der Querkraft gehen muß, wenn die Biegung torsionsfrei sein soll.

Den Beweis dafür erhalten wir durch eine formale Umformung der Integrale, die den Drill-Ruhepunkt D bestimmen, mittels partieller Integration. Für offene Querschnitte erhalten wir z.B. mit

$$S_y(\zeta) = \int_\zeta^L z(\zeta)\, \delta(\zeta)\, \mathrm{d}\zeta = -\int_0^\zeta z(\zeta)\, \delta(\zeta)\, \mathrm{d}\zeta$$

durch partielle Integration zunächst

$$\int_0^L \psi_0(\zeta)\, z(\zeta)\, \delta(\zeta)\, \mathrm{d}\zeta = -\underbrace{[\psi_0(\zeta)\, S_y(\zeta)]_0^L}_{0} + \int_0^L \frac{\mathrm{d}\psi_0(\zeta)}{\mathrm{d}\zeta}\, S_y(\zeta)\, \mathrm{d}\zeta.$$

Nun ist für offene Querschnitte

$$\frac{\mathrm{d}\psi_0(\zeta)}{\mathrm{d}\zeta} = -a_0(\zeta).$$

Deshalb wird

$$y_D = -\frac{1}{J_{yy}} \int_0^L \psi_0(\zeta)\, z(\zeta)\, \delta(\zeta)\, \mathrm{d}\zeta$$
$$= +\frac{1}{J_{yy}} \int_0^L a_0(\zeta)\, S_y(\zeta)\, \mathrm{d}\zeta.$$

Das aber ist gerade der Ausdruck, den wir in Satz 5.14 für die Koordinate y_D des Schubmittelpunktes erhalten haben. Analog verläuft der Beweis für z_D bei offenen Querschnitten sowie für die Koordinaten y_D, z_D bei geschlossenen Querschnitten.

Einen wesentlich einfacheren Beweis für Satz 5.18 werden wir im Zusammenhang mit den Energiebetrachtungen in Abschnitt 7.2.1 kennenlernen.

6 Eben gekrümmte Stäbe (Bogen)

6.1 Allgemeines

Wir beschränken uns hier auf eben gekrümmte Stäbe, die in ihrer Ebene belastet sind und deren Querschnitt symmetrisch zu dieser Ebene ist, so daß ein ebenes Problem vorliegt. In der Baustatik bezeichnet man solche Stäbe meist als Bogenträger oder auch kurz als Bogen (vgl. Bild 6.1). Die Form des gekrümmten Stabes können wir durch die Angabe

$$x = x(s), \qquad z = z(s)$$

beschreiben, wobei die längs der Stabachse laufende Koordinate s als Parameter dient. Zur Festlegung der Vorzeichen für die Schnittgrößen führen wir eine gestrichelte Zone ein (vgl. Band I, Abschnitt 9.2). Der Krümmungsradius $R(s)$ der Stabachse erhält dann ein positives Vorzeichen, wenn die gestrichelte Zone auf der Außenseite des Bogens liegt.

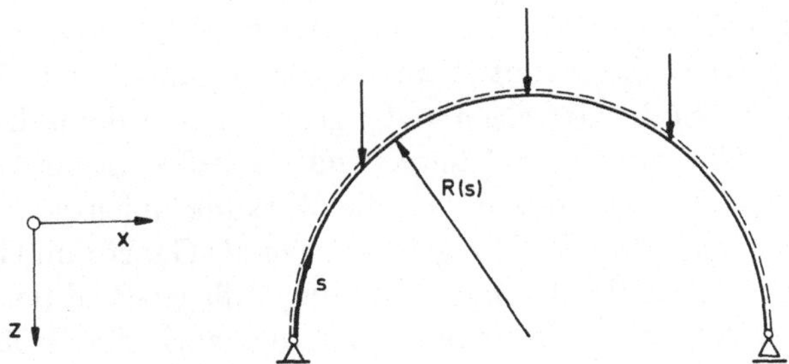

Bild 6.1 Bogenträger

Bei einem geraden Stab lassen sich die aus Längs- und Querbelastungen herrührenden Beanspruchungen voneinander trennen. Die Längsbelastung ruft nur

Normalkräfte, die Querbelastung nur Querkräfte und Biegemomente hervor. Bei gekrümmten Stäben sind alle drei Schnittgrößen jedoch stets durch die Gleichgewichtsbedingungen gekoppelt (vgl. Band I, Abschnitt 9.4.2):

$$\begin{aligned} \frac{\mathrm{d}N(s)}{\mathrm{d}s} &= -\frac{Q(s)}{R(s)} - n(s)\,, \\ \frac{\mathrm{d}Q(s)}{\mathrm{d}s} &= \frac{N(s)}{R(s)} - q(s)\,, \\ \frac{\mathrm{d}M(s)}{\mathrm{d}s} &= Q(s) - m(s)\,. \end{aligned}$$

Aufgrund dieser Beziehungen ergeben sich – im Gegensatz zu geraden Stäben – selbst für belastungsfreie Stababschnitte ($n(s) = q(s) = m(s) = 0$) Veränderungen der Schnittgrößen, die mit gewissen Austauschrelationen zwischen den Schnittgrößen verbunden sind:

$$\begin{aligned} \frac{\mathrm{d}Q}{\mathrm{d}s} &= \frac{N}{R} &\rightarrow\quad \frac{\mathrm{d}^2Q}{\mathrm{d}s^2} &= \frac{\mathrm{d}}{\mathrm{d}s}\left(\frac{N}{R}\right) = -\frac{Q}{R^2} + N\frac{\mathrm{d}}{\mathrm{d}s}\left(\frac{1}{R}\right), \\ \frac{\mathrm{d}N}{\mathrm{d}s} &= -\frac{Q}{R} &\rightarrow\quad \frac{\mathrm{d}^2N}{\mathrm{d}s^2} &= -\frac{\mathrm{d}}{\mathrm{d}s}\left(\frac{Q}{R}\right) = -\frac{N}{R^2} - Q\frac{\mathrm{d}}{\mathrm{d}s}\left(\frac{1}{R}\right), \\ \frac{\mathrm{d}M}{\mathrm{d}s} &= Q &\rightarrow\quad \frac{\mathrm{d}^2M}{\mathrm{d}s^2} &= \frac{\mathrm{d}Q}{\mathrm{d}s} = \frac{N}{R}\,. \end{aligned}$$

Aus diesen Beziehungen können wir u.a. ablesen, daß durch die Wahl der Bogenform, d.h. durch die Wahl von $R(s)$, die Schnittgrößenverteilung längs des Stabes wesentlich beeinflußt werden kann. Diese Möglichkeit läßt sich konstruktiv nutzen, wie der folgende Abschnitt zeigt.

6.2 Die Stützlinie

Wir betrachten einen Dreigelenkbogen, der durch eine Kraft $\boldsymbol{F}$ belastet sei (vgl. Bild 6.2). Die Wirkungslinie der Auflagerkraft $\boldsymbol{A}$ muß, wenn der unbelastete Bogen 1 im Gleichgewicht sein soll, durch die Gelenke a und g gehen, da nur dann die Auflagerkraft $\boldsymbol{A}$ und die im Gelenk g am Bogen 1 angreifende Gelenkkraft ein Gleichgewichtssystem bilden können. Ferner müssen sich die Wirkungslinien von $\boldsymbol{F}$, $\boldsymbol{A}$ und $\boldsymbol{B}$ in einem Punkt schneiden, wenn der Dreigelenkbogen als Ganzes im Gleichgewicht sein soll. Aus diesen beiden Bedingungen sind die Auflager-Reaktionen $\boldsymbol{A}$ und $\boldsymbol{B}$ leicht zu bestimmen. Aus Bild 6.2 können wir ferner auch die Größe des Biegemomentes $M(s)$ entnehmen. Für den Bogen 1 ist beispielsweise

$$M(s) = A\,h(s)\,,$$

wobei $h(s)$ der Abstand der Schnittstelle von der Wirkungsline von $\boldsymbol{A}$ ist. Diese Beziehung gilt auch für den Abschnitt des Bogens 2, der zwischen dem Gelenk g

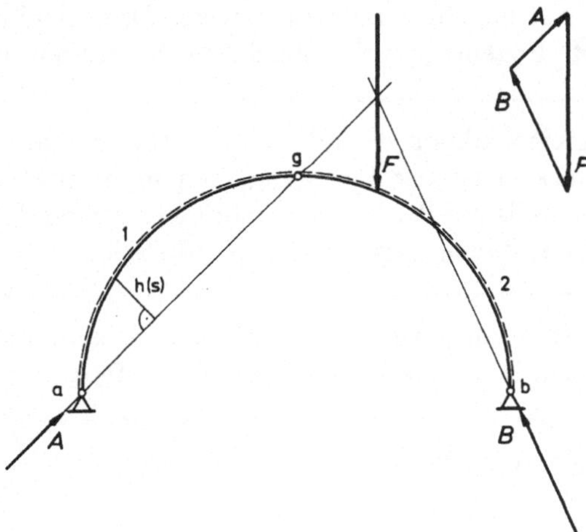

Bild 6.2 Dreigelenkbogen unter Einzellast

und der Angriffsstelle von $\boldsymbol{F}$ liegt; hier ist $h(s)$ allerdings negativ zu zählen. Für den restlichen Teil des Bogens 2 gilt hingegen

$$M(s) = B\,h(s)$$

mit entsprechender Vorzeichenfestsetzung von $h(s)$.

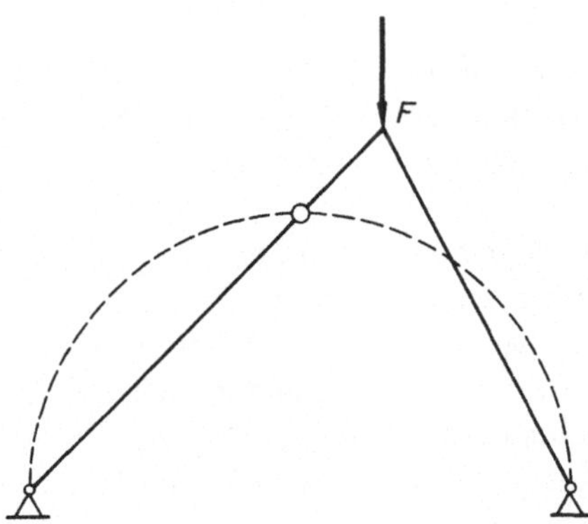

Bild 6.3
Stützlinie des Dreigelenkbogens

Hätte der Dreigelenkbogen nicht die in Bild 6.2 skizzierte Form, sondern wäre er so gestaltet, daß die Stabachsen jeweils mit den Wirkungslinien der Auflagerreaktionen $\boldsymbol{A}$ und $\boldsymbol{B}$ zusammenfallen (vgl. Bild 6.3), so wäre der Dreigelenkbogen frei von Biegemomenten und – bei der gegebenen Wirkungsrichtung der Kraft $\boldsymbol{F}$ – nur auf Druck beansprucht. Man nennt diesen Linienzug, der nur von der Lage der Auflager und des Gelenkes g sowie von der Belastung $\boldsymbol{F}$ abhängt, die Stützlinie des Dreigelenkbogens.

Diese Überlegungen lassen sich auf beliebige Belastungen des Dreigelenkbogens (und auf andere statisch bestimmte Bogentragwerke) ausdehen. Sie führen auf

---

Satz 6.1: Die Stützlinie eines Dreigelenkbogens (oder eines anderen statisch bestimmten Bogentragwerkes) ist der Linienzug, den man erhält, wenn man für alle Schnitte jeweils die Wirkungslinie der Resultierenden aller äußeren, rechts oder links davon angreifenden Kräfte zeichnet.

Hat man die Stützlinie gefunden, so können wir auch leicht das Biegemoment ermitteln, das in einem von der Stützlinie abweichenden Tragwerk auftritt. Es gilt

---

Satz 6.2: Das Biegemoment $M(s)$ in einem Dreigelenkbogen ist

$$M(s) = \pm F_s(s)\, h(s)\,,$$

wobei $F_s(s)$ der Betrag der resultierenden Schnittkraft und $h(s)$ der Abstand der Schnittstelle von der Stützlinie ist. Ist $F_s(s)$ eine Druck-Kraft und liegt die Stützlinie entgegengesetzt zur gestrichelten Zone, so gilt das $+$-Zeichen; bei Umkehr der Wirkungsrichtung bzw. der Lage der Stützlinie kehrt sich das Vorzeichen jeweils um.

Zur Ermittlung der Stützlinie eines Dreigelenkbogens, bei dem beide Bogen belastet sind, wird empfohlen, die Auflagerkräfte $\boldsymbol{A}$ und $\boldsymbol{B}$ vorab auf rechnerischem Wege zu ermitteln, z. B.

$$A_x = 2,0\,, \quad A_z = -3,5\,; \qquad B_x = 0\,, \quad B_z = -3,0 \quad [\mathrm{kN}]$$

und danach erst die Stützlinie zu zeichnen (siehe Bild 6.4). Die so konstruierte Stützlinie verläuft vom Auflager a durch das Gelenk g zum Auflager b und erfährt jeweils nur dort eine Richtungsänderung, wo sie die Wirkungslinie einer Kraft schneidet, die das Tragwerk belastet.

Bei verteilter Belastung ist die Stützlinie dementsprechend auch stetig gekrümmt. Ihren Funktionsverlauf bestimmen wir aus der Analogie, die zu der Aufgabe besteht, für ein in einer Ebene beliebig belastetes Seil die sich einstellende Seilkurve zu finden (vgl. Band I, Kapitel 12). Beide Probleme unterscheiden sich nur insofern, als wir beim Dreigelenkbogen im allgemeinen den Linienzug suchen, der zu einer reinen Druckbeanspruchung des Tragwerkes führt, während wir beim Seil von einer reinen Zugbeanspruchung ausgehen. Insbesondere erhalten wir also z.B. bei einer gegebenen Belastung $p(x)$ für die Stützlinie dieselbe Differentialgleichung (vgl. Bild 6.5)

$$z''(x) = -\frac{p(x)}{H}$$

wie für ein Seil mit einer gegebenen Belastung $p(x)$ (vgl. Band I, Abschnitt 12.3.3). H hat hierbei die gleiche Bedeutung wie beim Seil; es bezeichnet die Horizontalkomponente der Schnittkraft. Durch Variation von H erreichen wir, daß die Stützlinie

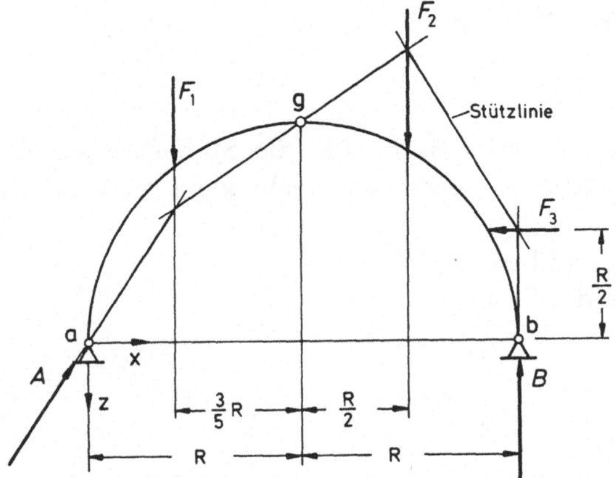

Bild 6.4 Stützlinie des Dreigelenkbogens bei $F_1 = 2,5$ kN, $F_2 = 4,0$ kN, $F_3 = 2,0$ kN

durch einen vorgegebenen dritten Punkt geht, der im allgemeinen durch die Lage des Mittelgelenkes festgelegt ist.

Für eine vertikale Belastung beispielsweise, die in horizontaler Richtung gleichmäßig verteilt ist, erhalten wir demnach für die Stützlinie eine quadratische Parabel.

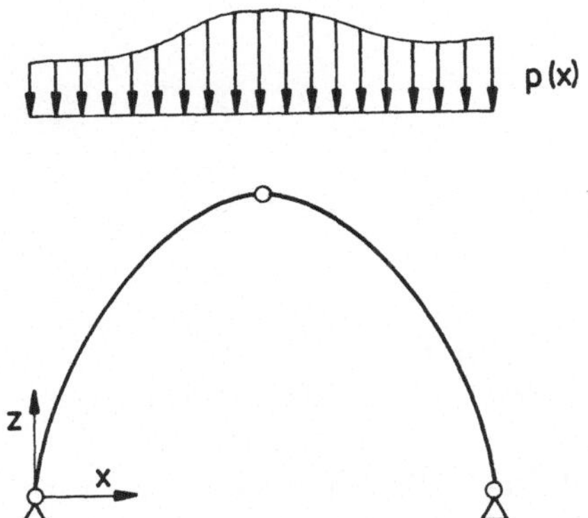

Bild 6.5
Stützlinie eines Dreigelenkbogens unter vertikaler Belastung

Die praktische Bedeutung der Kenntnis der Stützlinie liegt auf der Hand. Kann z.B. ein Werkstoff nur geringe Zugkräfte und deshalb auch nur geringe Biegebeanspruchungen aufnehmen, so muß sich die Konstruktion des Tragwerkes möglichst eng an die Stützlinie anlehnen. Die Kenntnis der Stützlinie kann aber auch in anderen Fällen von Vorteil sein, weil in aller Regel eine reine Druck- (bzw. Zug-)Beanspruchung zu einer höheren Werkstoffausnutzung führt als eine Biegebeanspruchung.

6.3 Schwach gekrümmte Stäbe

Wir setzen voraus

1. Schwach in einer Ebene gekrümmter Stab, d.h. die Stabachse sei eben gekrümmt und die Querschnittsabmessungen seien sehr klein im Vergleich zum Krümmungsradius $R(s)$.
2. Querschnitte symmetrisch zur Ebene des Stabes.
3. Belastung nur in der Ebene des Stabes;
   Schnittgrößen $N = N(s)$
   $Q = Q(s)$
   $M = M(s)$
4. Temperatur $T = T_0$.

Für solche schwach gekrümmten Stäbe können wir annehmen, daß die Spannungsverteilung über den Querschnitt der Verteilung bei geraden Stäben entspricht. Das gilt auch für schwach veränderliche Querschnitte.

Zur Beschreibung der Spannungsverteilung über den Querschnitt führen wir eine zusätzliche Koordinate senkrecht zur Stabachse ein. Wir wählen dafür die Bezeichnung ζ (vgl. Bild 6.6) in Analogie zur Koordinate z beim geraden Stab. Eine Verwechslung mit der Koordinate ζ, die bei dünnwandigen Querschnitten längs der Profilmittellinie verläuft, kann hier wohl ausgeschlossen werden.

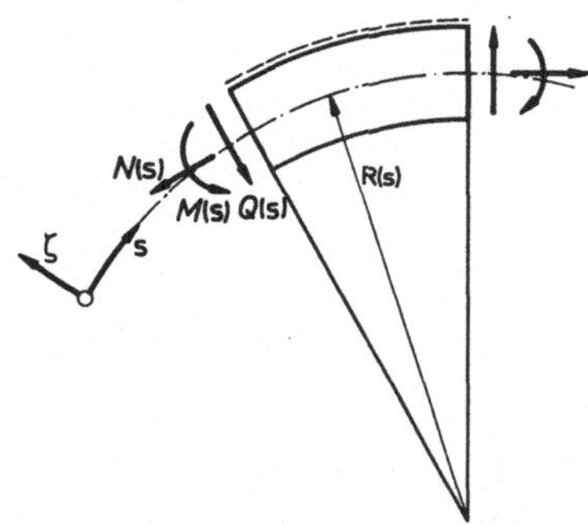

Bild 6.6
Stabelement mit Bezeichnungen

Unter Benutzung dieser und der sonst üblichen Bezeichnungen können wir unsere Annahmen für die Spannungsverteilung wie folgt formulieren:

(a) Verteilung der Normalspannungen über den Querschnitt

$$\sigma_{ss} = \sigma(s,\zeta) = \frac{N(s)}{A(s)} + \frac{M(s)}{J(s)}\,\zeta\,,$$

(b) Verteilung der Schubspannungen über den Querschnitt entsprechend Abschnitt 3.5, z.B. für einen Rechteckquerschnitt

$$\sigma_{s\zeta} = \tau(s,\zeta) = \frac{Q(s)\,S(\zeta)}{b(s)\,J(s)}\,,$$

(c) alle übrigen Spannungen verschwinden.

Im Hinblick auf die groben Vereinfachungen, die diesen Annahmen für die Spannungsverteilung zugrundeliegen, erscheinen Verfeinerungen der Betrachtungsweise, wie wir sie z.B. in Kapitel 4 angestellt haben, wenig sinnvoll. Offen ist aber noch die Frage, welcher Zusammenhang zwischen den Formänderungen des Stabes und den Schnittgrößen besteht. Dabei wollen wir hier die von der Querkraft hervorgerufenen Schubverformungen generell vernachlässigen, gehen also davon aus, daß die Stabquerschnitte jeweils eben und senkrecht zur Stabachse bleiben. Dann lassen sich die Formänderungen des Stabes – wie beim geraden Stab (vgl. Abschnitt 4.2.1) – auf die Verschiebungen der Punkte der Stabachse zurückführen.

Bezeichnen wir die tangentialen Verschiebungen der Punkte der Stabachse mit $u(s)$ und die dazu senkrechten Verschiebungen mit $w(s)$ (vgl. Bild 6.7), so erhalten wir für die Längenänderung $\Delta\,\mathrm{d}s$ eines Elementes der Stabachse (vgl. Bild 6.8)

$$\Delta\,\mathrm{d}s = \frac{\mathrm{d}u}{\mathrm{d}s}\,\mathrm{d}s + \frac{w}{R}\,\mathrm{d}s\,,$$

bzw. für die Verdrehung ψ eines Stabquerschnittes (vgl. Bild 6.9)

$$\psi = -\,\frac{\mathrm{d}w}{\mathrm{d}s} + \frac{u}{R}\,.$$

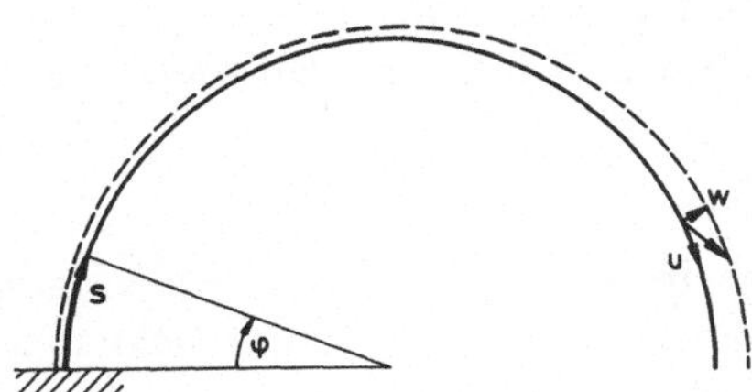

Bild 6.7
Verschiebungen $u(s)$ und $w(s)$

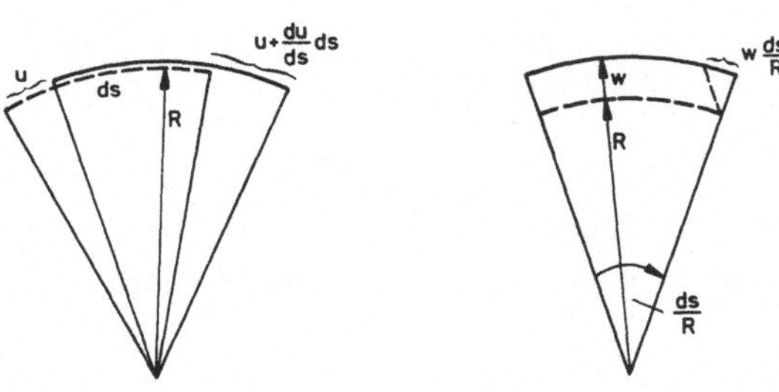

Bild 6.8 Längenänderung $\Delta\,\mathrm{d}s$: Anteile von u (links) und w (rechts)

Um die Dehnung der Stabachse zu ermitteln, haben wir $\Delta\,\mathrm{d}s$ auf $\mathrm{d}s$ zu beziehen

$$\epsilon_0(s) = \frac{\Delta\,\mathrm{d}s}{\mathrm{d}s} = \frac{\mathrm{d}u(s)}{\mathrm{d}s} + \frac{w(s)}{R(s)}\,.$$

In ähnlicher Weise können wir eine auf die Länge des Stabelementes bezogene Winkeländerung $\delta(s)$ definieren, die die gegenseitige Verdrehung der beiden Schnittufer des Stabelementes beschreibt

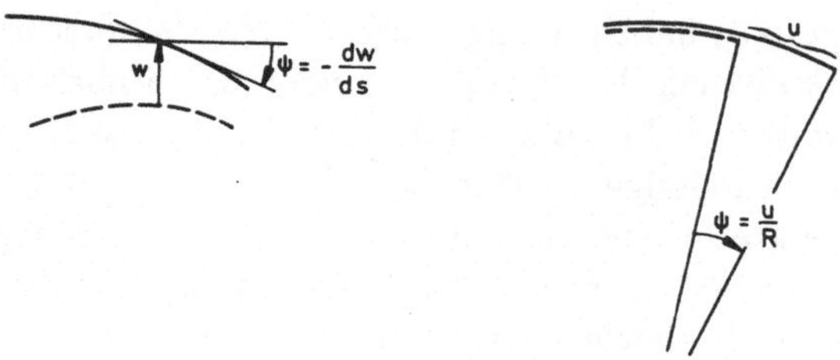

Bild 6.9 Verdrehung ψ: Anteile von w (links) und u (rechts)

$$\delta(s) = \frac{\mathrm{d}\psi}{\mathrm{d}s} = -\frac{\mathrm{d}^2 w(s)}{\mathrm{d}s^2} + \frac{\mathrm{d}}{\mathrm{d}s}\left(\frac{u(s)}{R(s)}\right).$$

Die nächste Aufgabe besteht nun darin, die Größen $\epsilon_0(s)$ und $\delta(s)$, die die Deformationen der Stabachse beschreiben, mit den Schnittgrößen N und M zu verknüpfen. Dabei wollen wir im Auge behalten, daß wir hier nur schwach gekrümmte Stäbe betrachten, für die ohnehin bereits gewisse Näherungs-Annahmen gemacht wurden. Wir werden uns deshalb auch im folgenden mit Näherungen begnügen. Zwei verschiedene Ansätze mit unterschiedlichem Näherungsgrad sollen dies veranschaulichen.

Näherung (I):

Bei dieser oft benutzten Näherung werden in Analogie zur Vernachlässigung der Normalkraftverformungen bei geraden Stäben (s. Kapitel 7) die Dehnungen der Stabachse vollständig vernachlässigt. Wir setzen also

$$\epsilon_0(s) = 0,$$

d.h.
$$\boxed{\frac{\mathrm{d}u(s)}{\mathrm{d}s} = -\frac{w(s)}{R(s)}}.$$

Die bezogene Winkeländerung $\delta(s)$ wird dann identisch mit der Krümmungsänderung der Stabachse. Im Rahmen dieser Näherung erhalten wir deshalb

$$\delta(s) = \frac{\mathrm{d}\psi(s)}{\mathrm{d}s} = \frac{M(s)}{EJ(s)}.$$

Drücken wir hierin nun $\delta(s)$ durch die Verschiebungen $u(s)$ und $w(s)$ aus und beachten dabei, daß $\epsilon_0(s) = 0$ gilt, so erhalten wir

$$\boxed{\frac{\mathrm{d}^2 w(s)}{\mathrm{d}s^2} + \frac{w(s)}{R^2(s)} - u(s)\frac{\mathrm{d}}{\mathrm{d}s}\left(\frac{1}{R(s)}\right) = -\frac{M(s)}{EJ(s)}}$$

und speziell für $R(s) =$ konst.

$$\boxed{\frac{d^2 w(s)}{ds^2} + \frac{w(s)}{R^2} = -\frac{M(s)}{EJ(s)} \qquad (R = \text{konst.})}$$

Beispiel:
Als Beispiel betrachten wir den in Bild 6.10 dargestellten, durch eine Einzellast F beanspruchten Halbkreisbogen (s. auch Band I, Abschnitt 9.3). Wir erhalten zunächst (mit $\varphi = s/R$ als unabhängiger Variabler):

$$M(\varphi) = -F R \sin\varphi .$$

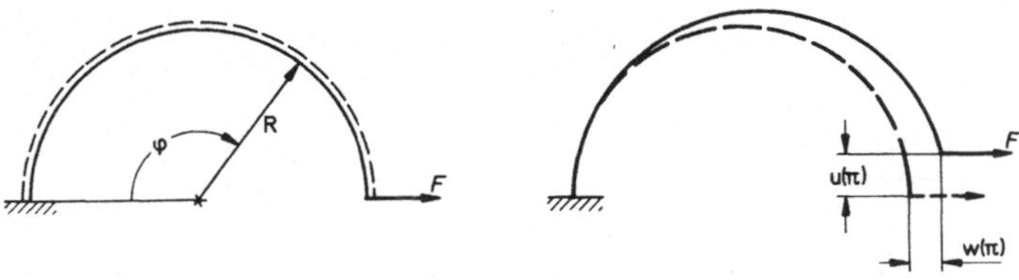

Bild 6.10 Halbkreisbogen unter Einzellast

Damit folgt als Differentialgleichung für $w(\varphi)$

$$\frac{d^2 w(\varphi)}{d\varphi^2} + w(\varphi) = \frac{F R^3}{EJ} \sin\varphi .$$

Die zugehörigen Randbedingungen sind

$$w(0) = 0 , \quad w'(0) = 0 .$$

Die allgemeine Lösung der homogenen Differentialgleichung ist

$$w_h(\varphi) = c_1 \cos\varphi + c_2 \sin\varphi .$$

Als spezielle Lösung der inhomogenen Differentialgleichung erhalten wir ferner

$$w_p(\varphi) = -\frac{F R^3}{2EJ} \varphi \cos\varphi .$$

Die vollständige Lösung lautet also

$$w(\varphi) = w_h(\varphi) + w_p(\varphi) = c_1 \cos\varphi + c_2 \sin\varphi - \frac{F R^3}{2EJ} \varphi \cos\varphi .$$

Aus den Randbedingungen leiten wir ab

$$c_1 = 0 , \quad c_2 = \frac{F R^3}{2EJ} .$$

Setzen wir das ein, so erhalten wir schließlich

$$w(\varphi) = \frac{FR^3}{2EJ}\ \{\sin\varphi - \varphi\cos\varphi\}\,.$$

Für $u(\varphi)$ erhalten wir daraus die Differentialgleichung

$$\frac{\mathrm{d}u(\varphi)}{\mathrm{d}\varphi} = -\frac{FR^3}{2EJ}\ \{\sin\varphi - \varphi\cos\varphi\}$$

mit der Randbedingung $u(0) = 0$. Ihre Lösung ist

$$u(\varphi) = \frac{FR^3}{2EJ}\ \{\varphi\sin\varphi - 2(1-\cos\varphi)\}\,.$$

Speziell erhalten wir für $\varphi = \pi$:

$$u(\pi) = -\frac{2FR^3}{EJ}\,,$$
$$w(\pi) = \frac{\pi}{2}\,\frac{FR^3}{EJ}\,.$$

Für manche Fälle kann die Näherung (I) zu grob sein. Ferner können wir bei dieser Näherung keine Temperaturänderungen berücksichtigen, da $\epsilon_0(s) = 0$ gesetzt wurde. Deshalb kann es auch bei schwach gekrümmten Stäben notwendig werden, auf eine bessere Näherung zurückzugreifen.

Näherung (II):
Wir gehen aus von der Überlegung, daß die Länge eines Elementes der Stabachse im verformten Zustand einmal mit Hilfe der Dehnung $\epsilon_0(s)$, zum anderen durch die Änderung des Krümmungsradius und die bezogene Winkeländerung $\delta(s)$ beschrieben werden kann. Das führt auf die Beziehung (vgl. Bild 6.11)

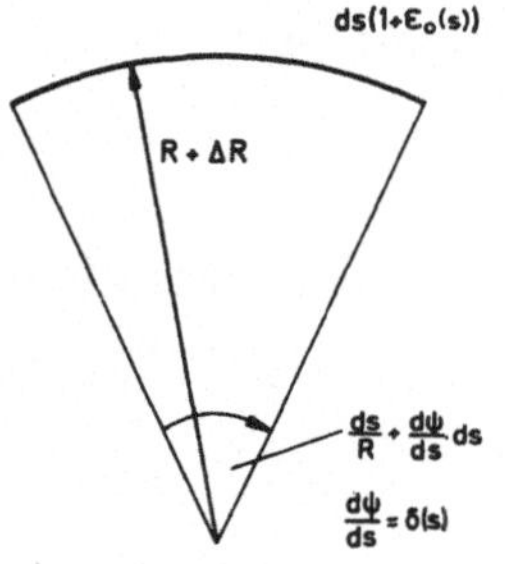

Bild 6.11
Element der Stabachse im verformten Zustand

$$\mathrm{d}s\,(1+\epsilon_0(s)) = (R+\Delta R)\,[\,\frac{1}{R} + \delta(s)]\ \mathrm{d}s\,.$$

Daraus leiten wir für die Krümmungsänderung κ ab (bei $\epsilon_0 \ll 1$)

$$\kappa(s) = \frac{1}{R+\Delta R} - \frac{1}{R} = \frac{1}{1+\epsilon_0(s)}\left\{\delta(s) - \frac{\epsilon_0(s)}{R}\right\} \approx \delta(s) - \frac{\epsilon_0(s)}{R}\,.$$

Die Krümmungsänderung κ wird zum einen durch das Biegemoment, zum anderen durch Temperaturänderungen (die den Krümmungsradius ebenfalls verändern) bewirkt. Im Rahmen unserer Näherung erhalten wir dafür

$$\kappa(s) = \frac{M(s)}{EJ(s)} - \alpha \frac{\Delta T(s)}{R(s)} .$$

Analog ergibt sich für die Längenänderung des gekrümmten Stabelementes

$$\epsilon_0(s) = \frac{N(s)}{EA(s)} + \alpha \, \Delta T(s) .$$

Drücken wir die Krümmungsänderung $\kappa(s)$ und die Dehnung $\epsilon_0(s)$ der Stabachse durch die Verschiebungen $u(s)$ und $w(s)$ aus, so erhalten wir schließlich nach kurzer Zwischenrechnung das Gleichungssystem

$$\frac{\mathrm{d}^2 w(s)}{\mathrm{d}s^2} + \frac{w(s)}{R^2(s)} - u(s) \frac{\mathrm{d}}{\mathrm{d}s}\left(\frac{1}{R(s)}\right) = -\frac{M(s)}{EJ(s)} + \alpha \frac{\Delta T(s)}{R(s)}$$

$$\frac{\mathrm{d}u(s)}{\mathrm{d}s} + \frac{w(s)}{R(s)} = \frac{N(s)}{EA(s)} + \alpha \Delta T(s) .$$

Ist $R =$ konst., so entfällt in der ersten Gleichung das letzte Glied der linken Seite. Die erste Gleichung stellt dann bei bekannten Schnittgrößen eine inhomogene, gewöhnliche Differentialgleichung zweiter Ordnung mit konstanten Koeffizienten für $w(s)$ dar. Ist diese gelöst, so läßt sich dann auch $u(s)$ aus der zweiten Gleichung ermitteln.

Der Einfluß der Normalkraft auf die Formänderungen ist im allgemeinen gering und wird nur dort bedeutsam, wo das Verhältnis $\frac{M}{NR} \ll 1$ ist. Näherung (II) bringt deshalb gegenüber der Näherung (I) meist keine wesentlichen Verbesserungen, sofern nicht gleichzeitig Temperaturänderungen im Spiel sind, die wir allerdings nur im Rahmen der Näherung (II) berücksichtigen können.

Beispiel:

Einseitig eingespannter Bogen bei Temperaturänderung: $R =$ konst.; $M = 0$, $N = 0$; $T - T_0 = \Delta T$.

Die Differentialgleichung für w lautet:

$$\frac{\mathrm{d}^2 w(\varphi)}{\mathrm{d}\varphi^2} + w(\varphi) = \alpha \, R \, \Delta T .$$

Ihre allgemeine Lösung ist

$$w = R\,(c_1 \cos\varphi + c_2 \sin\varphi + \alpha \Delta T) .$$

Aus den Randbedingungen

$$w(0) = 0, \quad w'(0) = 0$$

folgt

$$c_1 = -\alpha\Delta T, \quad c_2 = 0.$$

Als Lösung für w erhalten wir somit

$$w(\varphi) = R\alpha\,\Delta T(1-\cos\varphi).$$

Damit ergibt sich für $u(\varphi)$ die Differentialgleichung

$$\frac{1}{R}\,\frac{\mathrm{d}u(\varphi)}{\mathrm{d}\varphi} = -\alpha\,\Delta T(1-\cos\varphi) + \alpha\,\Delta T = \alpha\,\Delta T\cos\varphi.$$

Unter Berücksichtigung der Randbedingung $u(0) = 0$ folgt daraus schließlich

$$u(\varphi) = R\alpha\,\Delta T\sin\varphi.$$

6.4 Stark gekrümmte Stäbe

Wir lassen jetzt die Voraussetzung fallen, daß der Stab schwach gekrümmt sei, behalten aber die übrigen Voraussetzungen bei:

1. Eben gekrümmter Stab,
2. Querschnitte symmetrisch zur Ebene des Stabes,
3. Belastung nur in der Ebene des Stabes;
   Schnittgrößen: $N = N(s)$
   $Q = Q(s)$
   $M = M(s)$
4. Temperatur: $T = T_0$.

Für die Ermittlung der Spannungsverteilung vernachlässigen wir ferner die Schubverformungen und die senkrecht zur Stabachse wirkenden Spannungen, treffen also die folgenden Annahmen:

(a) die Stabachse bleibt eben gekrümmt; Querschnitte bleiben eben und senkrecht zur Stabachse,

(b) $\sigma_{yy} = \sigma_{\zeta\zeta} = \sigma_{y\zeta} = 0$.

Die in (b) enthaltene Annahme $\sigma_{\zeta\zeta} = 0$ ist offensichtlich widersprüchlich. Betrachten wir nämlich eine einzelne unter Längsspannungen stehende Faser (s. Bild 6.12), so kann diese nur im Gleichgewicht sein, wenn auch radiale Spannungen $\sigma_{\zeta\zeta}$ auftreten. Die mit den vorstehenden Annahmen zu entwickelnde Theorie kann deshalb nur eine Näherungstheorie sein.

Im unverformten Zustand (vgl. Bild 6.13a) ist die von ζ abhängige Länge der einzelnen Fasern

$$\mathrm{d}l(s,\zeta) = \{R(s)+\zeta\}\,\mathrm{d}\varphi = \mathrm{d}s + \zeta\,\mathrm{d}\varphi.$$

Im verformten Zustand (vgl. Bild 6.13b) ergibt sich für die Faserlänge

Bild 6.12
Stark gekrümmter Stab mit betrachteter Faser

$$\begin{aligned} \mathrm{d}l(s,\zeta) + \Delta\,\mathrm{d}l(s,\zeta) &= \{R(s) + \Delta R(s) + \zeta\}\,\{\mathrm{d}\varphi + \Delta\,\mathrm{d}\varphi\} \\ &= \mathrm{d}s\,\{1 + \epsilon_0(s)\} + \zeta\,\{\mathrm{d}\varphi + \Delta\,\mathrm{d}\varphi\} \\ &= \mathrm{d}l(s,\zeta) + \mathrm{d}s\,\epsilon_0(s) + \zeta\Delta\,\mathrm{d}\varphi\,. \end{aligned}$$

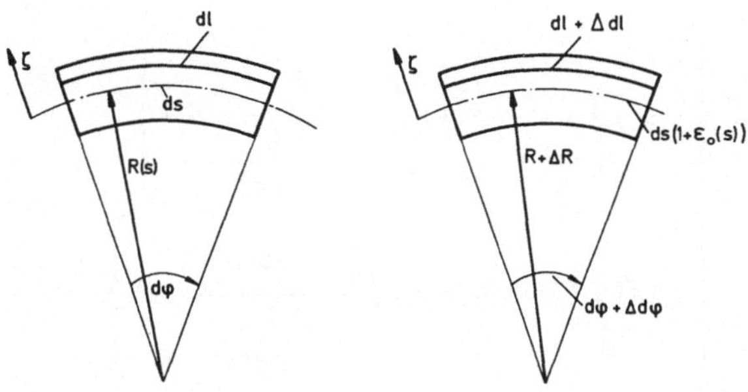

Bild 6.13 Unverformtes (a) und verformtes (b) Stabelement

Für die Längsdehnung der Fasern erhalten wir mithin

$$\epsilon(s,\zeta) = \frac{\Delta\,\mathrm{d}l}{\mathrm{d}l} = \frac{\mathrm{d}s\,\epsilon_0(s) + \zeta\Delta\,\mathrm{d}\varphi}{\mathrm{d}s + \zeta\,\mathrm{d}\varphi} = \frac{\epsilon_0(s) + \zeta\,\dfrac{\Delta\,\mathrm{d}\varphi}{\mathrm{d}s}}{1 + \zeta\,\dfrac{\mathrm{d}\varphi}{\mathrm{d}s}}\,.$$

Nun ist

$$\frac{\mathrm{d}\varphi}{\mathrm{d}s} = \frac{1}{R(s)}\,.$$

Ferner setzen wir analog zum Vorgehen in Abschnitt 6.3

$$\frac{\Delta\,\mathrm{d}\varphi}{\mathrm{d}s} = \frac{\mathrm{d}\psi}{\mathrm{d}s} = \delta(s)$$

und erhalten damit

$$\epsilon(s,\zeta) = \frac{\epsilon_0(s) + \zeta\,\delta(s)}{1 + \dfrac{\zeta}{R(s)}} = \epsilon_0(s) + \{-\,\epsilon_0(s) + \delta(s)R(s)\}\,\frac{\zeta}{R(s) + \zeta}\,.$$

Daraus ergibt sich für die Normalspannungsverteilung über den Querschnitt

$$\sigma(s,\zeta) = E\,\epsilon(s,\zeta) = E\left\{\epsilon_0(s) + \kappa(s)\,\frac{\zeta}{1+\dfrac{\zeta}{R(s)}}\right\},$$

mit

$$\kappa(s) = \delta(s) - \frac{\epsilon_0(s)}{R(s)}$$

als Krümmungsänderung der Stabachse.
Die noch freien Parameter $\epsilon_0(s)$ und $\kappa(s)$ ermitteln wir aus den Beziehungen

$$N(s) = \int_A \sigma\,\mathrm{d}A = E\left\{\epsilon_0(s)\int_A \mathrm{d}A + \kappa(s)\int_A \frac{\zeta}{1+\dfrac{\zeta}{R(s)}}\,\mathrm{d}A\right\},$$

$$M(s) = \int_A \zeta\,\sigma\,\mathrm{d}A = E\left\{\epsilon_0(s)\int_A \zeta\,\mathrm{d}A + \kappa(s)\int_A \frac{\zeta^2}{1+\dfrac{\zeta}{R(s)}}\,\mathrm{d}A\right\}.$$

Bei der Auswertung dieser Gleichungen haben wir zunächst zu beachten, daß

$$\int_A \mathrm{d}A = A(s) \qquad \text{und} \qquad \int_A \zeta\,\mathrm{d}A = 0$$

sind. Zur Abkürzung setzen wir ferner das von der Querschnittsform abhängige Integral

$$-\int_A \frac{\zeta}{1+\dfrac{\zeta}{R(s)}}\,\mathrm{d}A = \frac{J^*(s)}{R(s)}\,.$$

Damit können wir auch das letzte Integral auswerten; denn es ist

$$-\int_A \frac{\zeta^2}{1+\dfrac{\zeta}{R(s)}}\,\mathrm{d}A = -R(s)\underbrace{\int_A \zeta\,\mathrm{d}A}_{0} + R(s)\int_A \frac{\zeta}{1+\dfrac{\zeta}{R(s)}}\,\mathrm{d}A = -J^*(s)\,.$$

Setzen wir diese Werte in unser Gleichungssystem ein, so erhalten wir

$$N(s) = E\left\{\epsilon_0(s)\,A(s) - \kappa(s)\,\frac{J^*(s)}{R(s)}\right\},$$
$$M(s) = \kappa(s)\,E J^*(s)\,,$$

und daraus folgt für die noch offenen Parameter:

$$\epsilon_0(s) = \frac{N(s)}{EA(s)} + \frac{M(s)}{EA(s)\,R(s)}\,,$$
$$\kappa(s) = \frac{M(s)}{EJ^*(s)}\,.$$

Für die Spannungsverteilung erhalten wir somit schließlich

$$\boxed{\sigma(s,\zeta) = \frac{N(s)}{A(s)} + \frac{M(s)}{J^*(s)}\left\{\frac{J^*(s)}{A(s)\,R(s)} + \frac{\zeta}{1+\dfrac{\zeta}{R(s)}}\right\}.}$$

Die Spannungsverteilung ist nicht-linear, wobei die Nicht-Linearität von der Verteilung der Biegespannungen herrührt. Sie hat auch zur Folge, daß sich die Lage der neutralen Faser im Vergleich zur Biegung eines geraden Stabes verschiebt. Die neutrale Faser geht deshalb bei reiner Biegung ($N = 0$) nicht mehr durch den Schwerpunkt des Querschnittes, sondern ist zur Innenseite des gekrümmten Stabes verschoben, und zwar um das Maß

$$\boxed{\zeta_0 = -R(s)\,\frac{J^*(s)}{J^*(s) + A(s)\,R^2(s)}\,.}$$

Das Integral J^* können wir in vielen Fällen angenähert dem Flächen-Trägheitsmoment J gleichsetzen, wie sich aufgrund der folgenden allgemeinen Betrachtung ergibt. Ausgehend von der Definition und der bereits benutzten Umwandlung

$$J^* = -R\int_A \frac{\zeta}{1+\dfrac{\zeta}{R}}\,\mathrm{d}A = \int_A \frac{\zeta^2}{1+\dfrac{\zeta}{R}}\,\mathrm{d}A$$

erhalten wir nämlich unter der Voraussetzung, daß $\left|\dfrac{\zeta}{R}\right| < 1$ ist (was in allen im Rahmen dieser Näherung sinnvoll zu behandelnden Problemen sicher erfüllt ist), durch Reihenentwicklung

$$J^* = \int_A \zeta^2\,\mathrm{d}A - \frac{1}{R}\int_A \zeta^3\,\mathrm{d}A + \frac{1}{R^2}\int_A \zeta^4\,\mathrm{d}A - \ldots\,.$$

In der rechts stehenden Reihe bleiben die Integrale mit ungeraden Potenzen von ζ – wegen des Vorzeichenwechsels von ζ innerhalb des Querschnittes – im allgemeinen klein gegen das erste Integral oder verschwinden auch ganz (z.B. bei doppelt symmetrischen Querschnitten). Ferner ist leicht nachzuweisen, daß

$$\frac{1}{R^2}\int_A \zeta^4\,\mathrm{d}A = \int_A \left(\frac{\zeta}{R}\right)^2 \zeta^2\,\mathrm{d}A < \int_A \zeta^2\,\mathrm{d}A$$

sein muß, weil $\left|\frac{\zeta}{R}\right| < 1$ vorausgesetzt war. In vielen Fällen können wir deshalb

$$J^* = \int_A \frac{\zeta^2}{1+\frac{\zeta}{R}}\,\mathrm{d}A \approx \int_A \zeta^2\,\mathrm{d}A = J$$

setzen. Für sehr stark gekrümmte Stäbe (s. nachfolgendes Beispiel) gilt das jedoch nicht mehr allgemein.

Ist die Verteilung der Normalspannungen über den Querschnitt bekannt, so können wir in üblicher Weise auch die zugehörige Verteilung der Schubspannungen ermitteln, indem wir durch einen Schnitt $\zeta =$ konst. einen Teil des Stabelementes abtrennnen und für diesen Teil die Gleichgewichtsbedingungen in Längsrichtung anschreiben. Für Rechteckquerschnitte erhalten wir so

$$\tau(s,\zeta) = \frac{Q(s)\,S(\zeta)}{b\,J^*}\left\{\frac{1}{1+\frac{\zeta}{R(s)}}\right\}^2 .$$

Stellen wir für diesen abgeschnittenen Teil des Stabelementes die Gleichgewichtsbedingungen in radialer Richtung auf, so können wir daraus näherungsweise auch die bis dahin vernachlässigten Spannungen $\sigma_{\zeta\zeta}$ ermitteln.

Beispiel:

Wir betrachten einen Kranhaken, der vergleichshalber einmal mit rechteckigem Querschitt (Bild 6.14a), das andere Mal mit dreieckigem Querschnitt (Bild 6.14b) ausgeführt sein soll. Die Abmessungen R_i, b, h sollen in beiden Fällen im gefährdeten Querschnitt gleich sein. In diesem Querschnitt sind dann jeweils

$$N = F\,, \quad M = -FR\,.$$

Für das Integral

$$J^* = \int_A \frac{\zeta^2}{1+\frac{\zeta}{R}}\,\mathrm{d}A = \underbrace{\int_A \zeta^2\,\mathrm{d}A}_{J} - \frac{1}{R}\int_A \zeta^3\,\mathrm{d}A + \frac{1}{R^2}\int_A \zeta^4\,\mathrm{d}A - \ldots$$

gilt

a) beim Rechteckquerschnitt mit $R = R_i + \frac{h}{2} = R_a - \frac{h}{2}$ und $\mathrm{d}A = b\,\mathrm{d}\zeta$

$$J^* = \int_{-\frac{h}{2}}^{+\frac{h}{2}} \frac{\zeta^2}{1+\frac{\zeta}{R}}\,b\,\mathrm{d}\zeta = R^3 b\left\{\ln\frac{R_a}{R_i} - \frac{h}{R}\right\}$$

$$= \underbrace{\frac{bh^3}{12}}_{J}\left\{1 + \frac{3}{20}\left(\frac{h}{R}\right)^2 + \frac{3}{112}\left(\frac{h}{R}\right)^4 + \ldots\right\},$$

b) beim Dreieckquerschnitt mit $R = R_i + \frac{h}{3} = R_a - \frac{2}{3}h$ und

$$dA = \frac{2}{3}\left\{1 - \frac{3}{2}\frac{\zeta}{h}\right\} b\, d\zeta$$

$$J^* = \frac{2}{3}\int_{-\frac{h}{3}}^{\frac{2}{3}h} \frac{\left\{1 - \frac{3}{2}\frac{\zeta}{h}\right\}\zeta^2}{1 + \frac{\zeta}{R}}\, b\, d\zeta$$

$$= R^4 \frac{b}{h}\left\{\left(1 + \frac{2}{3}\frac{h}{R}\right)\ln\frac{R_a}{R_i} - \frac{h}{R} - \frac{1}{2}\left(\frac{h}{R}\right)^2\right\}$$

$$= \underbrace{\frac{bh^3}{36}}_{J}\left\{1 - \frac{2}{15}\frac{h}{R} + \frac{2}{15}\left(\frac{h}{R}\right)^2 - \frac{8}{189}\left(\frac{h}{R}\right)^3 + \frac{31}{1134}\left(\frac{h}{R}\right)^4 - \ldots\right\}.$$

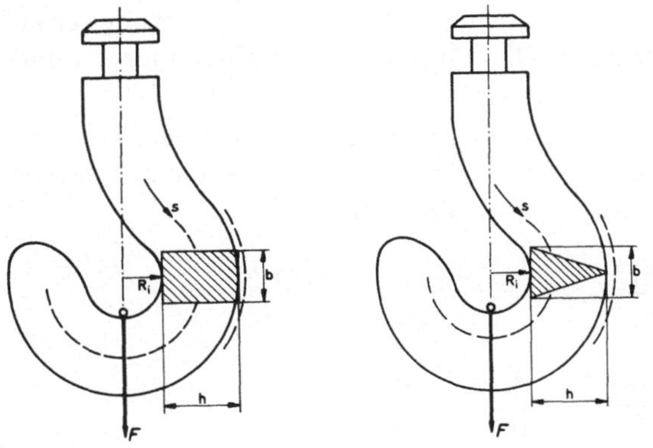

Bild 6.14 Kranhaken mit rechteckigem (links) und dreieckigem Querschnitt (rechts)

Die Reihenentwicklung ist – wenn man die Zahl der zu berücksichtigenden Glieder in erträglichen Grenzen halten will – nur sinnvoll, solange etwa $h/R < 0,5$ bleibt. In diesem Bereich ist auch $J^* \approx J$. Wird h/R größer, so benutzen wir besser die exakten Integrale.

In unserem Beispiel nehmen wir in Anlehnung an genormte Ausführungen $h = 2R_i$ an. Damit können wir alle Größen, die wir für die Spannungsermittlung benötigen, berechnen. Für J^* gehen wir hierbei vom exakten Integral aus. Setzen wir die berechneten Größen in die für die Spannungsverteilung geltende Beziehung

$$\sigma = \frac{N}{A} + \frac{M}{J^*}\left\{\frac{J^*}{AR} + \frac{\zeta}{1 + \frac{\zeta}{R}}\right\}$$

ein, so erhalten wir

a) beim Rechteckquerschnitt ($J^* = 1,183\,J$)

$$\sigma = \frac{F}{A} \cdot \begin{cases} 10,14 & \text{innen} \quad (7) \\ -3,38 & \text{außen} \quad (-5) \end{cases}$$

b) beim Dreieckquerschnitt ($J^* = 0,998\,J$)

$$\sigma = \frac{F}{A} \cdot \begin{cases} 8,35 & \text{innen} \quad (6) \\ -5,57 & \text{außen} \quad (-9) \end{cases}$$

In Klammern sind jeweils die Zahlenwerte angegeben, die wir finden würden, wenn wir den Lasthaken als schwach gekrümmten Stab rechnen würden. Wir sehen, daß die Abweichungen beträchtlich werden können. Wir erkennen ferner, daß die Querschnittsgestaltung einen wesentlichen Einfluß auf die Materialausnutzung hat. Im vorliegenden Fall wird der Dreieckquerschnitt gleichmäßiger ausgenutzt.

Zu erörtern bleibt noch, welcher Zusammenhang sich im Rahmen dieser elementaren Theorie für stark gekrümmte Stäbe zwischen den Schnittgrößen und den Formänderungen ergibt. Dabei wollen wir Schubverformungen wiederum vernachlässigen, so daß wir die Formänderungen allein durch die Verschiebungen u und w der Punkte der Stabachse beschreiben können.

Die kinematischen Beziehungen zwischen der Dehnung $\epsilon_0(s)$ der Stabachse sowie der bezogenen Winkeländerung $\delta(s)$ einerseits und den Verschiebungen andererseits bleiben die gleichen wie beim schwach gekrümmten Stab:

$$\epsilon_0(s) = \frac{du(s)}{ds} + \frac{w(s)}{R(s)} ,$$

$$\delta(s) = \frac{d\psi}{ds} = -\frac{d^2 w(s)}{ds^2} + \frac{d}{ds}\left(\frac{u(s)}{R(s)}\right) .$$

Aus den Annahmen (a) und (b) (s. Seite 163) folgte auf der anderen Seite für die Beziehungen zwischen $\epsilon_0(s)$ sowie $\delta(s)$ und den Schnittgrößen

$$\epsilon_0(s) = \frac{1}{EA(s)} \left\{ N(s) + \frac{M(s)}{R(s)} \right\} ,$$

$$\kappa(s) = \delta(s) - \frac{\epsilon_0(s)}{R(s)} = \frac{M(s)}{EJ^*(s)} .$$

Durch Einsetzen in die obigen kinematischen Beziehungen erhalten wir den gesuchten Zusammenhang zwischen Verschiebungen und Schnittgrößen (für $T = T_0$)

$$\boxed{\begin{aligned} &\frac{d^2 w(s)}{ds^2} + \frac{w(s)}{R^2(s)} - u(s)\,\frac{d}{ds}\left(\frac{1}{R(s)}\right) = -\frac{M(s)}{EJ^*(s)} \\ &\frac{du(s)}{ds} + \frac{w(s)}{R(s)} = \frac{1}{EA(s)} \left\{ N(s) + \frac{M(s)}{R(s)} \right\} . \end{aligned}}$$

Ist $T \neq T_0$, so sind die entsprechenden Wärmedehnungen zu berücksichtigen. Dies führt auf

$$\boxed{\begin{aligned} &\frac{\mathrm{d}^2 w(s)}{\mathrm{d}s^2} + \frac{w(s)}{R^2(s)} - u(s)\,\frac{\mathrm{d}}{\mathrm{d}s}\left(\frac{1}{R(s)}\right) = -\,\frac{M(s)}{EJ^*(s)} + \alpha\,\frac{\Delta T(s)}{R(s)} \\ &\frac{\mathrm{d}u(s)}{\mathrm{d}s} + \frac{w(s)}{R(s)} = \frac{1}{EA(s)}\left\{N(s) + \frac{M(s)}{R(s)}\right\} + \alpha\Delta T(s)\,. \end{aligned}}$$

Der Vergleich mit der Näherung (II) aus Abschnitt 6.3 zeigt, daß insbesondere die 2. Gleichung ein Korrekturglied auf der rechten Seite enthält, das für die Ermittlung der tangentialen Verschiebungen u Bedeutung erlangen kann.

7 Energiebetrachtungen in der linearen Elasto-Statik

7.1 Allgemeines

Wir betrachten quasistatische Formänderungsvorgänge von linear-elastischen Körpern und setzen voraus, daß diese Vorgänge isotherm verlaufen. Der Energiesatz der Mechanik (Satz 1.21) vereinfacht sich dann, da wir Änderungen der kinetischen Energie vernachlässigen, d.h.

$$\mathrm{D}E = 0$$

setzen können, zu der Aussage

$$\boxed{\mathrm{D}A^{(a)} + \mathrm{D}A_V^{(i)} = \mathrm{D}W\,.}$$

bzw. bei Integration über den ganzen Formänderungsvorgang zu

$$\boxed{A^{(a)} + A_V^{(i)} = W\,.}$$

Die Arbeit aller äußeren Kräfte und die der volumenhaft verteilten inneren Kräfte können wir dabei stets zusammenfassen. Wir werden sie daher im folgenden nicht mehr unterscheiden, setzen

$$A^{(a)} + A_V^{(i)} = A$$

und bezeichnen A kurzerhand als die Arbeit aller (eingeprägten) Kräfte. Auf diese Weise können wir den Energiesatz der Mechanik für quasistatische Vorgänge zusammenfassen zu

---

Satz 7.1: Bei quasistatischen Formänderungsvorgängen ist die Arbeit aller (eingeprägten) Kräfte gleich der Formänderungsarbeit, d.h.

$$A = W\,.$$

Die Beschränkung auf linear-elastische Körper bedeutet, daß wir

1. geometrische Linearität und
2. physikalische Linearität

voraussetzen. Damit meinen wir, daß

1. die Verschiebungen der Körperpunkte sowie die Drehungen und Verzerrungen der Körperelemente so klein bleiben, daß
   (a) die Beziehungen zwischen den Verschiebungen und den Verzerrungen bzw. Drehungen als linear angenommen werden können, und
   (b) alle Kräfte am unverformten Körper angesetzt werden dürfen.
2. das Formänderungsgesetz nur lineare Beziehungen zwischen Spannungen, Verzerrungen und Temperatur enthält.

Für quasistatische Formänderungsvorgänge eines linear-elastischen Körpers gilt

---

Satz 7.2: Quasistatische Formänderungsvorgänge eines linear-elastischen Körpers lassen sich in beliebiger Weise in Teilvorgänge zerlegen, deren zeitliche Reihenfolge beliebig geändert werden kann.

Teilvorgänge sind also in beliebiger zeitlicher Reihenfolge superponierbar; das Endergebnis bleibt dabei stets gleich. Das gilt allgemein nicht nur für isotrope, linear-elastische Körper, sondern auch für anisotrope. In den Anwendungen werden wir uns später jedoch auf isotrope Werkstoffe beschränken.

Die Sätze 7.1 und 7.2 gelten im übrigen auch für nicht-isotherme Vorgänge. Wir wollen hier jedoch nur isotherme Vorgänge betrachten. Die Verschiebungen – und damit auch die Verzerrungen und Drehungen – hängen dann nur linear von der Belastung ab. Das heißt also beispielsweise (vgl. Bild 7.1):

Rufen zwei Kräfte $\boldsymbol{F}_1$, $\boldsymbol{F}_2$ jeweils für sich allein Verschiebungen $\boldsymbol{u}_{01}$ bzw. $\boldsymbol{u}_{02}$ des Punktes 0 hervor, so ergibt sich bei gleichzeitiger Belastung durch die Kräfte $\boldsymbol{F}_1$ und $\boldsymbol{F}_2$ die Verschiebung

$$\boldsymbol{u}_0 = \boldsymbol{u}_{01} + \boldsymbol{u}_{02}\,.$$

Auf die Reihenfolge der Lastaufbringung kommt es dabei nicht an.

Die soeben benutzte Kennzeichnung der Verschiebungen wollen wir auch im folgenden beibehalten. Es soll also bei der Bezeichnung $\boldsymbol{u}_{ik}$ der erste Zähl-Index jeweils den Punkt bezeichnen, dessen Verschiebung wir betrachten, der zweite die Belastung, zu der diese Verschiebung gehört. Tritt nur ein Index auf, so kennzeichnet das die Gesamt-Verschiebung des betreffenden Punktes. Im übrigen werden wir diese Bezeichnungsweise nicht nur auf die Verschiebungen anwenden, sondern auch auf die mit ihnen verbundenen Arbeiten usw.

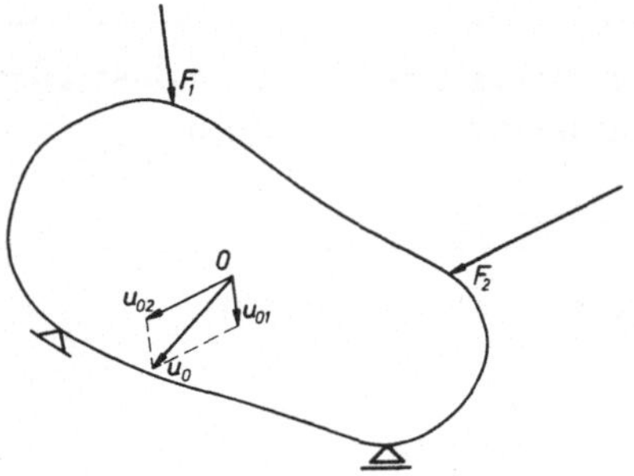

Bild 7.1
Körper mit Belastung durch $\mathbf{F}_1$ und $\mathbf{F}_2$

7.2 Arbeitssätze für linear-elastische Körper

7.2.1 Die Sätze von Betti und Maxwell

Wir betrachten die Arbeit, die ein aus zwei Kräften ($\boldsymbol{F}_i$, $\boldsymbol{F}_k$) bestehendes Kräftesystem an einem linear-elastischen Körper bei quasistatischer, isothermer Belastung leistet. Dabei kommt es nicht darauf an, ob der Körper statisch bestimmt oder unbestimmt gelagert ist. Wir denken uns die beiden Kräfte nacheinander aufgebracht, und zwar das eine Mal in der Reihenfolge $\boldsymbol{F}_i$, $\boldsymbol{F}_k$, das andere Mal in der Reihenfolge $\boldsymbol{F}_k$, $\boldsymbol{F}_i$. Nach Satz 7.2 darf die Reihenfolge der Belastung das Ergebnis nicht beeinflussen. Wir könnten uns deshalb auch die beiden Kräfte gleichzeitig aufgebracht denken. Wie die Belastung in Wirklichkeit erfolgt, braucht uns also nicht zu interessieren.

Fall 1: Belastungsreihenfolge $\boldsymbol{F}_i$, $\boldsymbol{F}_k$
1. Schritt: Belastung durch $\boldsymbol{F}_i$ (Bild 7.2)

Die Verschiebung des Kraftangriffspunktes i bei der Belastung durch $\boldsymbol{F}_i$ ist $\boldsymbol{u}_{ii}$.

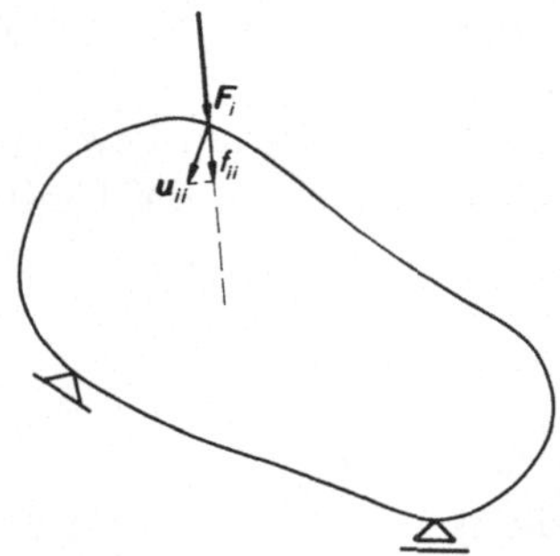

Bild 7.2
Belastung durch $\mathbf{F}_i$

Die bei der Belastung geleistete Arbeit ist dann

$$A_{ii} = \int_0^{\boldsymbol{u}_{ii}} \boldsymbol{F}_i \cdot \mathrm{D}\boldsymbol{u}_{ii} = \int_0^{f_{ii}} F_i \, \mathrm{D} f_{ii} \,,$$

wobei f_{ii} die skalare Größe der Projektion von $\boldsymbol{u}_{ii}$ auf die Wirkungsrichtung von $\boldsymbol{F}_i$ ist bzw. die in die Richtung von $\boldsymbol{F}_i$ fallende Komponente von $\boldsymbol{u}_{ii}$ (bei Aufspaltung in eine Komponente in Richtung von $\boldsymbol{F}_i$ und eine senkrecht dazu). Zur Auswertung des Integrals nehmen wir an, daß die Kraft $\boldsymbol{F}_i$ so aufgebracht wird, daß ihr Angriffspunkt und ihre Richtung stets gleich bleiben und nur der Betrag sich ändert. Wie die Belastung im zeitlichen Ablauf in Wirklichkeit erfolgt, ist dabei wiederum unwesentlich. Wir können also setzen

$$\mathrm{D}f_{ii} = \delta_{ii}\,\mathrm{D}F_i \qquad (\delta_{ii} \geqslant 0)\,.$$

Die Größe δ_{ii} (Größenart: $[\mathrm{LK}^{-1}] = [\mathrm{M}^{-1}\mathrm{Z}^{-3}]$) ist eine sogenannte Einflußgröße. Sie gibt in unserem Fall die auf die skalare Größe der Kraft $\boldsymbol{F}_i$ bezogene Verschiebung in Richtung der Kraft $\boldsymbol{F}_i$ an.

$$\delta_{ii} = \frac{\mathrm{D}f_{ii}}{\mathrm{D}F_i} = \frac{f_{ii}}{F_i}\,.$$

Die Einflußgröße δ_{ii} hängt nur vom Angriffspunkt der Kraft und von der Wirkungsrichtung der Kraft $\boldsymbol{F}_i$ ab, jedoch nicht von ihrer Größe. Sie bezeichnet die zu einer Kraft von der Größe „1" gehörende Verschiebung in Richtung der Kraft.

Unter Benutzung der Einflußgröße δ_{ii}, die wir als bekannt voraussetzen, können wir die von der Kraft $\boldsymbol{F}_i$ in diesem ersten Belastungsschritt geleistete Arbeit ermitteln. Es ist

$$A_{ii} = \int_0^{F_i} F_i\,\delta_{ii}\,\mathrm{D}F_i = \delta_{ii}\int_0^{F_i} F_i\,\mathrm{D}F_i$$
$$= \frac{1}{2}\,\delta_{ii}F_i^2 = \frac{1}{2}\,F_i f_{ii}\,.$$

Wir bezeichnen A_{ii} als die Eigenarbeit oder auch als die aktive Arbeit der Kraft $\boldsymbol{F}_i$, weil sie allein auf die Belastung durch $\boldsymbol{F}_i$ zurückgeht. Sie wird in Bild 7.3 repräsentiert durch die Fläche unter der sogenannten Arbeits-Kennlinie, deren Steigung durch den Kehrwert von δ_{ii} festgelegt ist. Die Eigenarbeit kann niemals negativ werden, darum ist auch δ_{ii} stets positiv (genauer: nicht-negativ; δ_{ii} verschwindet jedoch nur, wenn die Kraft $\boldsymbol{F}_i$ unmittelbar an einem Auflager angreift). $\boldsymbol{f}_{ii}$ fällt darum stets in die (positive) Wirkungsrichtung der Kraft $\boldsymbol{F}_i$. Deshalb genügt es, zur Ermittlung von δ_{ii} die Wirkungslinie und den Kraftangriffspunkt von $\boldsymbol{F}_i$ zu kennen. Auf die Wirkungsrichtung kommt es nicht an.

2. Schritt: Nachfolgende Belastung durch $\boldsymbol{F}_k$ (vgl. Bild 7.4)

Bei der nachfolgenden Belastung durch $\boldsymbol{F}_k$ erfährt der Angriffspunkt von $\boldsymbol{F}_i$ eine Verschiebung $\boldsymbol{u}_{ik}$. Ihre Projektion auf die Wirkungsrichtung von $\boldsymbol{F}_i$ ist f_{ik}. Wir können wiederum

$$f_{ik} = \delta_{ik}F_k \qquad (\delta_{ik} \lesseqgtr 0)$$

setzen. die Einflußgröße δ_{ik} hängt von der Lage der Kraftangriffspunkte i und k sowie von der Wirkungsrichtung der Kräfte $\boldsymbol{F}_i$ und $\boldsymbol{F}_k$ ab, jedoch nicht von deren

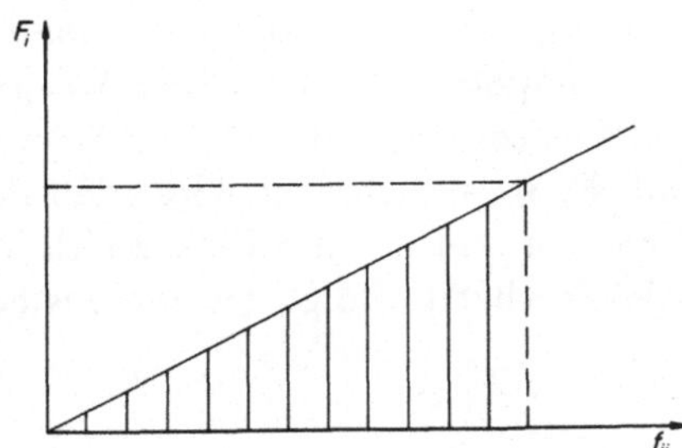

Bild 7.3
Eigenarbeit A_{ii}

Betrag. δ_{ik} kann positiv oder negativ sein, da die Projektion der Verschiebung $\boldsymbol{u}_{ik}$ auf die (positive) Wirkungsrichtung von $\boldsymbol{F}_i$ positiv oder negativ sein kann. Deshalb muß zur Ermittlung der Einflußgrößen δ_{ik} die positive Wirkungsrichtung der Kräfte $\boldsymbol{F}_i$ und $\boldsymbol{F}_k$ vorgegeben sein. Die Angabe der Wirkungslinien allein genügt nicht.

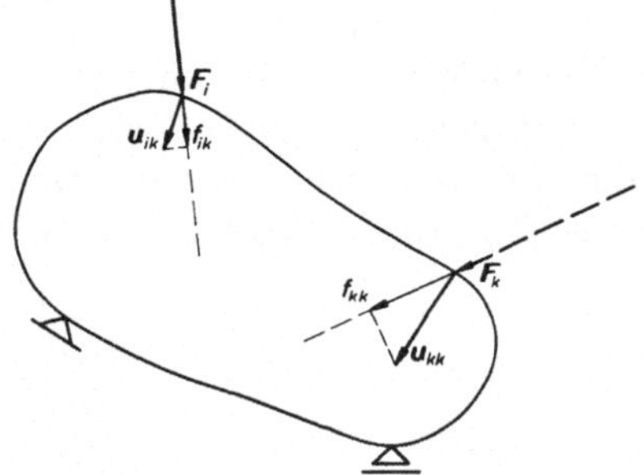

Bild 7.4
Nachfolgende Belastung durch $\mathbf{F}_k$

Für die von der Kraft $\boldsymbol{F}_i$ bei der nachfolgenden Belastung durch $\boldsymbol{F}_k$ geleistete Arbeit erhalten wir (vgl. Bild 7.5)

$$A_{ik} = \int_0^{f_{ik}} F_i \, \mathrm{D} f_{ik} = F_i \delta_{ik} \int_0^{F_k} \mathrm{D} F_k$$

$$= F_i \delta_{ik} F_k = F_i f_{ik} .$$

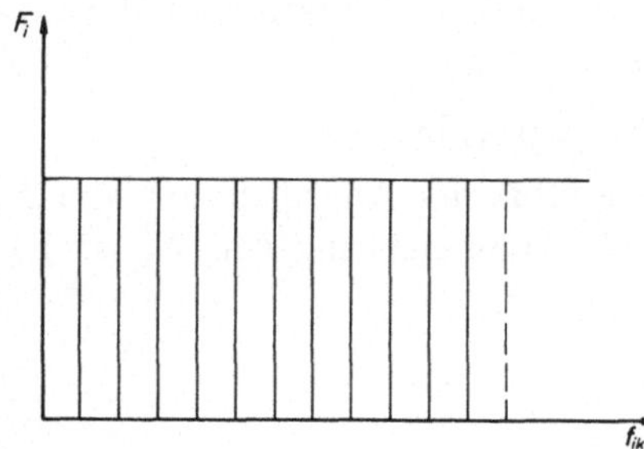

Bild 7.5
Verschiebungsarbeit A_{ik}

Wir nennen A_{ik} die Verschiebungsarbeit oder auch passive Arbeit der Kraft $\boldsymbol{F}_i$

infolge der Belastung durch $\boldsymbol{F}_k$.

$\boldsymbol{F}_k$ selbst leistet im 2. Schritt die Eigenarbeit

$$A_{kk} = \frac{1}{2}\,\delta_{kk}F_k^2 = \frac{1}{2}\,F_k f_{kk}\,.$$

Die Gesamtarbeit im Fall 1 (Belastungsreihenfolge $\boldsymbol{F}_i$, $\boldsymbol{F}_k$) ist mithin

$$\begin{aligned} \underset{(1)}{A} &= A_{ii} + A_{ik} + A_{kk} \\ &= \frac{1}{2}\,\delta_{ii}F_i^2 + F_i\,\delta_{ik}F_k + \frac{1}{2}\,\delta_{kk}F_k^2\,. \end{aligned}$$

Fall 2: Belastungsreihenfolge $\boldsymbol{F}_k$, $\boldsymbol{F}_i$

1. Schritt: Belastung durch $\boldsymbol{F}_k$

Eigenarbeit der Kraft $\boldsymbol{F}_k$

$$A_{kk} = \frac{1}{2}\,\delta_{kk}F_k^2 = \frac{1}{2}\,F_k f_{kk}\,.$$

2. Schritt: Nachfolgende Belastung durch $\boldsymbol{F}_i$

Verschiebungsarbeit der Kraft $\boldsymbol{F}_k$

$$A_{ki} = F_k\,\delta_{ki}F_i = F_k f_{ki}\,.$$

Eigenarbeit der Kraft $\boldsymbol{F}_i$

$$A_{ii} = \frac{1}{2}\,\delta_{ii}F_i^2 = \frac{1}{2}\,F_i f_{ii}\,.$$

Für die Gesamtarbeit ergibt sich somit im Fall 2 (Belastungsreihenfolge $\boldsymbol{F}_k$, $\boldsymbol{F}_i$)

$$\begin{aligned} \underset{(2)}{A} &= A_{kk} + A_{ki} + A_{ii} \\ &= \frac{1}{2}\,\delta_{kk}F_k^2 + F_k\delta_{ki}F_i + \frac{1}{2}\,\delta_{ii}F_i^2\,. \end{aligned}$$

Die Gesamtarbeit muß in beiden Fällen gleich sein, d.h. es muß

$$\underset{(1)}{A} = \underset{(2)}{A}$$

sein. Durch Vergleich der beiden auf der rechten Seite stehenden Ausdrücke gewinnen wir daraus die als Reziprozitätssätze bezeichneten Aussagen, daß

$$\begin{aligned} A_{ik} &= A_{ki} \qquad (\textit{Betti}) \\ \delta_{ik} &= \delta_{ki} \qquad (\textit{Maxwell}) \end{aligned}$$

sein muß.

Wir können in unsere Betrachtungen auch Momente (singuläre Kräftepaare) einbeziehen. Die zugehörige kinematische Größe ist dann die Projektion des Drehvektors $\boldsymbol{\varphi}$ des Angriffspunktes von $\boldsymbol{M}_k$ auf die Drehrichtung des Momentes (vgl. Bild 7.6, in dem ein ebenes Problem darstellt ist). Die Einflußgrößen ändern dabei allerdings ihre Größenart. Wir erhalten dann

$$\varphi_{kk} = \delta_{kk} M_k$$

$$A_{kk} = \frac{1}{2}\,\delta_{kk} M_k^2 = \frac{1}{2}\,M_k \varphi_{kk}$$

mit $\delta_{kk} \quad [\mathrm{L}^{-1}\mathrm{K}^{-1}] = [\mathrm{L}^{-2}\mathrm{M}^{-1}\mathrm{Z}^2]$

$$f_{ik} = \delta_{ik} M_k\,, \quad \varphi_{ki} = \delta_{ki} F_i$$

$$A_{ik} = F_i \delta_{ik} M_k = M_k \delta_{ki} F_i = A_{ki}$$

mit $\delta_{ik} = \delta_{ki} \quad [\mathrm{K}^{-1}] = [\mathrm{L}^{-1}\mathrm{M}^{-1}\mathrm{Z}^2]\,.$

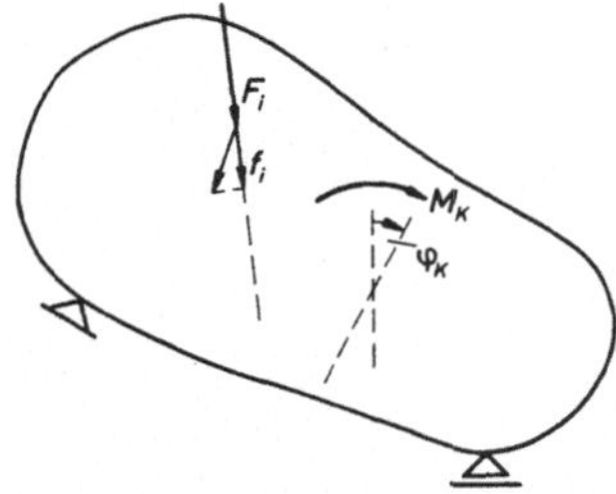

Bild 7.6
Verschiebungen und Verdrehungen

Die Aussage $A_{ik} = A_{ki}$ können wir ferner in der Weise verallgemeinern, daß $\boldsymbol{F}_i$ und $\boldsymbol{F}_k$ nicht nur eine einzelne Kraft (bzw. ein einzelnes Moment) bezeichnen, sondern jeweils ein Kräftesysstem ($\boldsymbol{F}_i$, $i = 1 \ldots m$; $\boldsymbol{F}_k$, $k = 1 \ldots n$), das auch singuläre Kräftepaare enthalten mag. Wir können also formulieren:

Satz 7.3: Satz von *Betti* (1823-1892)

Bei einem linear-elastischen Körper ist bei quasistatischen, isothermen Formänderungen die Verschiebungsarbeit, die ein Kräftesystem $\boldsymbol{F}_i$ bei der nachfolgenden Belastung durch ein Kräftesystem $\boldsymbol{F}_k$ leistet, gleich der Verschiebungsarbeit, die das Kräftesystem $\boldsymbol{F}_k$ bei der nachfolgenden Belastung durch das Kräftesystem $\boldsymbol{F}_i$ leistet:

$A_{ik} = A_{ki}\,.$

Satz 7.4: Satz von *Maxwell* (1831-1879) (vgl. Bild 7.7)

Bei einem linear-elastischen Körper ist bei quasistatischen, isothermen Formänderungen die Verschiebung eines Körperpunktes i in Richtung $\boldsymbol{e}_i$ infolge einer in k in Richtung $\boldsymbol{e}_k$ angreifenden Kraft von der Größe

„1" gleich der Verschiebung des Körperpunktes k in Richtung $\boldsymbol{e}_k$ infolge einer in i in Richtung $\boldsymbol{e}_i$ angreifenden Kraft von der Größe „1", d.h.

$$\delta_{ik} = \delta_{ki} .$$

Ersetzen wir eine Kraft (oder beide Kräfte) durch ein singuläres Kräftepaar von der Größe „1", dessen Drehrichtung durch $\boldsymbol{e}_i$ (bzw. $\boldsymbol{e}_k$) gekennzeichnet ist, so tritt an die Stelle der Verschiebung in Richtung $\boldsymbol{e}_i$ (bzw. $\boldsymbol{e}_k$) die Projektion der Drehung des betreffenden Körperpunktes auf die Richtung $\boldsymbol{e}_i$ (bzw. $\boldsymbol{e}_k$), d.h. die Drehung um die durch $\boldsymbol{e}_i$ (bzw. $\boldsymbol{e}_k$) gekennzeichnete Achse.

Aus diesen beiden Sätzen lassen sich unmittelbar viele interessante Folgerungen ableiten. Wir beschränken uns hier auf drei Beispiele.

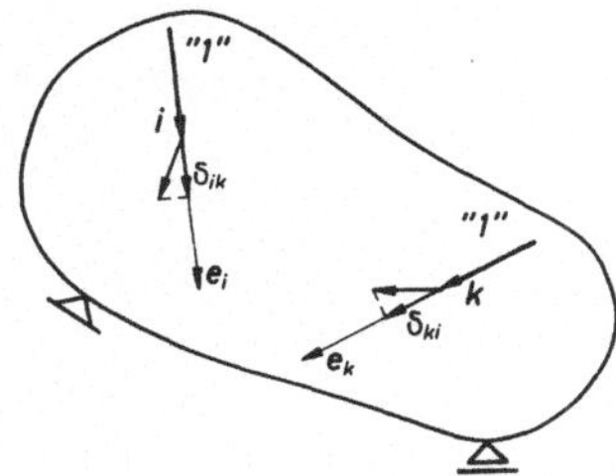

Bild 7.7
Satz von Maxwell

1. Beispiel (vgl. Bild 7.8)
Wir kennen die Verschiebung f_{21} infolge F_1 (Bild 7.8a). Wir suchen die Verschiebung f_{12} infolge F_2. Aus der Beziehung

$$F_2 f_{21} = A_{21} = A_{12} = F_1 f_{12}$$

folgt

$$f_{12} = \frac{F_2}{F_1} f_{21} ,$$

speziell für

$$F_1 = F_2 \quad \text{also} \quad f_{12} = f_{21} .$$

2. Beispiel (vgl. Bild 7.9)
Wir wissen aus einem Druckversuch, um welches Maß Δu_{ik} sich der Umfang eines Kessels bei einer Druckerhöhung Δp_k (Kräftesystem k) vergrößert. Wir suchen die Volumenänderung ΔV_{ki} des Kessels, wenn an der Umfangsmeßstelle eine Bandage um den Kessel gelegt und mit der Umfangskraft F_i (Kräftesystem i) gespannt wird. Aus

$$F_i \Delta u_{ik} = A_{ik} = A_{ki} = -\Delta p_k \Delta V_{ki}$$

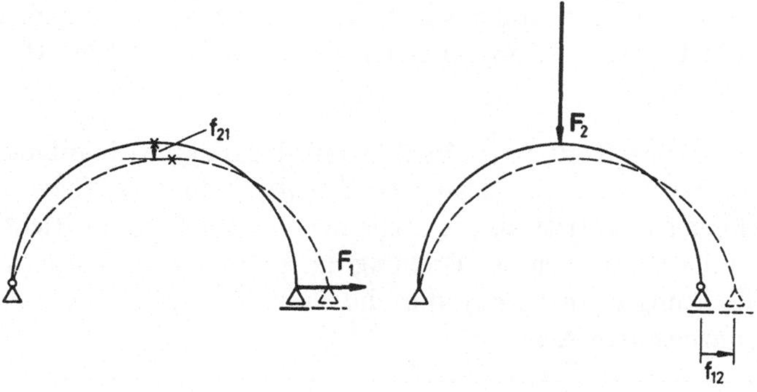

Bild 7.8 Verschiebungen eines Bogenträgers

ergibt sich unmittelbar

$$\Delta V_{ki} = -\frac{F_i}{\Delta p_k} \Delta u_{ik} .$$

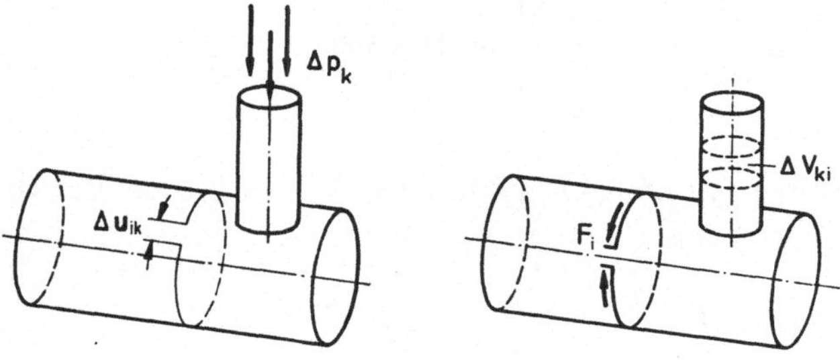

Bild 7.9 Volumenänderung ΔV_{ki}

3. Beispiel (vgl. Bild 7.10)
Ein einseitig eingespannter Stab wird durch eine Querkraft Q_i und ein Torsionsmoment M_{Tk} belastet. Wir denken uns zuerst M_{Tk} aufgebracht und dann Q_i, wobei Q_i im Schubmittelpunkt D angreifen möge. Da die Biegung in diesem Falle torsionsfrei ist, leistet M_{Tk} dabei keine Arbeit: $A_{ki} = 0$. Ändern wir die Reihenfolge der Belastung, so muß auch $A_{ik} = 0$ sein, d.h. der Schubmittelpunkt D darf bei der nachfolgenden Torsion infolge M_{Tk} keine Verschiebung erfahren. Das ist nur möglich, wenn der Schubmittelpunkt zugleich der Drill-Ruhepunkt (Durchstoßpunkt der freien Drillachse) ist. In Abschnitt 5.5 konnten wir diesen Sachverhalt nur mit sehr viel größerem Aufwand beweisen.

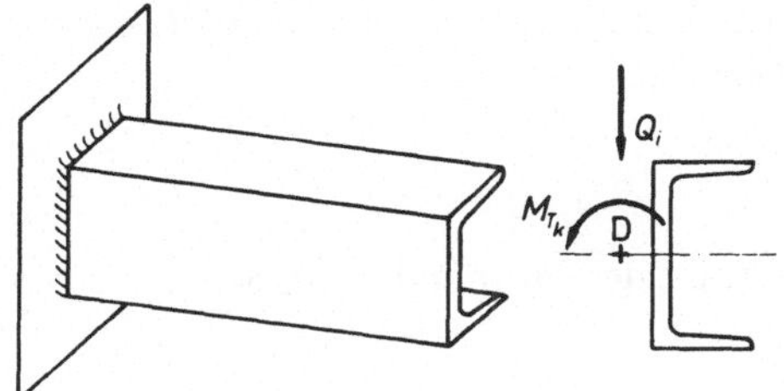

Bild 7.10
Schubmittelpunkt und Drill-Ruhepunkt

7.2.2 Die Sätze von Castigliano, Engesser und Menabrea

Ein linear-elastischer Körper sei durch ein Kräftesystem $\boldsymbol{F}_i$ ($i = 1 \ldots k \ldots n$) belastet. Die Angriffspunkte und Wirkungsrichtungen der Kräfte seien gegeben (vgl. Bild 7.11). Damit liegen auch die Einflußgrößen δ_{ik} fest. Die skalaren Größen F_i betrachten wir als variabel. Die Gesamtarbeit, die das Kräftesystem bei quasistatischer, isothermer Belastung leistet, läßt sich als quadratische Form schreiben:

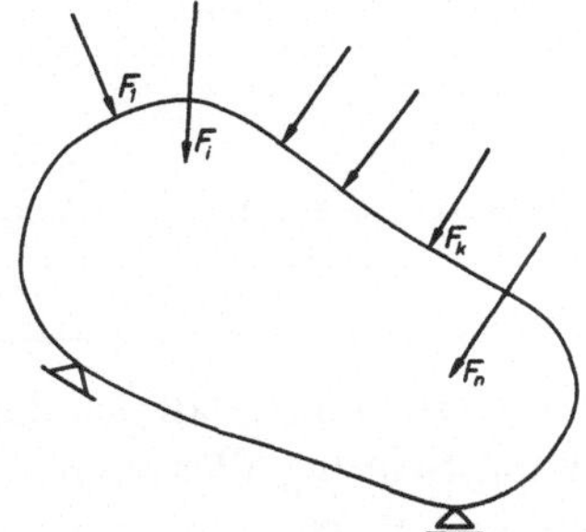

Bild 7.11
Belastung durch ein Kräftesystem F_i

Satz 7.5: Für einen linear-elastischen Körper ist bei quasistatischer, isothermer Belastung die Gesamtarbeit aller Kräfte bzw. Momente

$$A = \frac{1}{2} \sum_i \sum_k F_i\, \delta_{ik} F_k = A(F_i) \quad (i, k = 1, 2 \ldots n)\,.$$

Die Angriffspunkte und Wirkungsrichtungen der Kräfte bzw. Momente sind dabei als gegeben vorausgesetzt.

Leiten wir A partiell nach einer der Kräfte ab, so erhalten wir

$$\frac{\partial A}{\partial F_i} = \sum_k \delta_{ik} F_k = \sum_k f_{ik} = f_i\,,$$

also die Verschiebung des Punktes i in Richtung der Kraft $\boldsymbol{F}_i$. Entsprechendes gilt für die Verdrehung des Angriffspunktes eines Momentes. Zur Vereinfachung wollen wir im folgenden nur noch von Kräften sprechen, schließen dabei aber Momente immer mit ein.

Nach Satz 7.1 ist $A = W$. Es muß sich deshalb auch die Formänderungsarbeit W als Funktion der skalaren Größe F_i ausdrücken lassen, d.h.

$$W = W(F_i)\,,$$

und es muß auch für die partielle Ableitung der Formänderungsarbeit

$$\frac{\partial W}{\partial F_i} = \frac{\partial A}{\partial F_i} = f_i$$

gelten. Das ist der erste Satz von *Castigliano* (1847-1884):

Satz 7.6: *Erster Satz von Castigliano*

Sind bei quasistatischer, isothermer Belastung eines linear-elastischen Körpers die Angriffspunkte und Wirkungsrichtungen der Kräfte gegeben, so ergibt die partielle Ableitung der Formänderungsarbeit $W(F_i)$ nach der skalaren Größe F_i einer beliebigen Kraft die Verschiebung f_i des Angriffspunktes dieser Kraft in Richtung dieser Kraft:

$$\frac{\partial W(F_i)}{\partial F_i} = f_i\,.$$

Entsprechendes gilt für singuläre Kräftepaare, die zum Kräftesystem $\boldsymbol{F}_i$ gehören.

Der zweite Satz von *Castigliano* geht von der Voraussetzung aus, daß sich die Formänderungsarbeit W, wenn Angriffspunkt und Wirkungsrichtung aller angreifenden Kräfte gegeben sind, als eindeutige Funktion der Verschiebungen f_i in Richtung der Kräfte angeben lasse:

$$W = W(f_i)\,.$$

Dann folgt aus dem Vergleich der beiden Aussagen

$$\mathrm{D}W = \sum_i F_i\,\mathrm{D}f_i\,,$$

$$\mathrm{D}W = \sum_i \frac{\partial W}{\partial f_i}\,\mathrm{D}f_i$$

Satz 7.7: *Zweiter Satz von Castigliano*

Sind bei einem elastischen Körper die Angriffspunkte und die Wirkungsrichtungen aller Kräfte gegeben und ist bei quasistatischer, isothermer Belastung die Formänderungsarbeit W eine eindeutige Funktion der Verschiebungen f_i der Kraftangriffspunkte in Richtung der Kräfte $\boldsymbol{F}_i$, so ergibt die partielle Ableitung der Formänderungsarbeit nach einer der Verschiebungen f_i die skalare Größe $\boldsymbol{F}_i$ der betreffenden Kraft:

$$\frac{\partial W(f_i)}{\partial f_i} = F_i \,.$$

Entsprechendes gilt für singuläre Kräftepaare, die zum Kräftesystem $\boldsymbol{F}_i$ gehören.

Im Gegensatz zum ersten Satz von *Castigliano*, der nur für linear-elastische Körper gilt, ist der zweite Satz nicht darauf beschränkt. Es läßt sich jedoch zeigen, daß man einen dem ersten Satz von *Castigliano* entsprechenden Satz formulieren kann, der auch für nicht-lineare elastische Körper gültig bleibt. Aus Bild 7.12, das für eine einzelne Kraft gilt, entnehmen wir, daß wir das Differential des Produktes $F \cdot f$ aufteilen können entsprechend der Beziehung

$$\mathrm{D}(F\,f) = F\,\mathrm{D}f + f\,\mathrm{D}F = \mathrm{D}A + \mathrm{D}A^* \,.$$

A^*, definiert durch

$$\mathrm{D}A^* = f\,\mathrm{D}F \quad \text{bzw.} \quad \mathrm{D}A^* = \sum_i f_i\,\mathrm{D}F_i \quad \text{(bei mehreren Kräften)}\,,$$

ist die sogenannte Ergänzungsarbeit. Entsprechend können wir auch eine Ergänzungs-Formänderungsarbeit W^* definieren. Können wir nun voraussetzen, daß W^* eine eindeutige Funktion der skalaren Größen F_i ist,

$$W^* = W^*(F_i)$$

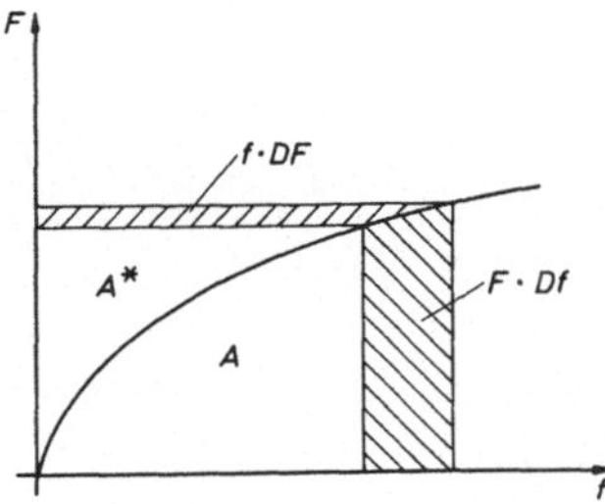

Bild 7.12
Ergänzungsarbeit A^*

so gilt

$$\mathrm{D}W^* = \sum_i \frac{\partial W^*(F_i)}{\partial F_i}\,\mathrm{D}F_i \,.$$

Andererseits ist aber per definitionem

$$\mathrm{D}W^* = \sum_i f_i\,\mathrm{D}F_i \,.$$

Der Vergleich dieser beiden Beziehungen ergibt den

Satz 7.8: *Satz von Engesser* (1848-1931)

Sind bei einem elastischen Körper die Angriffspunkte und Wirkungsrichtungen aller Kräfte $\boldsymbol{F}_i$ gegeben und ist bei quasistatischer, isothermer Belastung die Ergänzungs-Formänderungsarbeit W^* eine eindeutige Funktion der skalaren Größen F_i, so ergibt die partielle Ableitung von W^* nach einer der Größen F_i die Verschiebung f_i des Angriffspunktes dieser Kraft in Richtung der Kraft:

$$f_i = \frac{\partial W^*(F_i)}{\partial F_i} \, .$$

Entsprechendes gilt für singuläre Kräftepaare, die zum Kräftesystem $\boldsymbol{F}_i$ gehören.

Für linear-elastische Körper fallen der erste Satz von *Castigliano* und der Satz von *Engesser* zusammen, da für diese Körper $W = W^*$ ist. Da wir hier nur linear-elastische Körper betrachten wollen, kommen wir deshalb auch mit dem ersten Satz von *Castigliano* aus.

Bei einem statisch unbestimmten System können wir aus der Gesamtheit der Auflager-Reaktionen einen vollständigen und voneinander unabhängigen Satz von Auflager-Reaktionen auswählen, der das System kinematisch und statisch bestimmt macht, wobei die Auswahl natürlich einer gewissen Willkür unterliegt. Wir nennen dieses Teilsystem das statisch (und kinematisch) bestimmte Hauptsystem. Die restlichen Auflager-Reaktionen betrachten wir als unbekannte Belastungen X_k (vgl. Bild 7.13). Die Formänderungsarbeit wird dann zu einer Funktion der eingeprägten Kräfte F_i und der statisch unbestimmten (d.h. aus statischen Gleichgewichtsbedingungen nicht bestimmbaren) Auflager-Reaktionen X_k

$$W = W(F_i, X_k) \, .$$

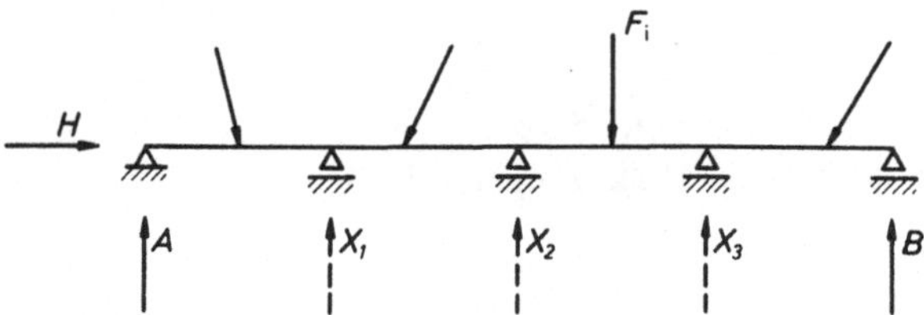

Bild 7.13 Statisch unbestimmter Durchlaufträger

Der erste Satz von *Castigliano* liefert uns dann – wegen $f_k = 0$ (an den Auflagern) – die Bedingungen

$$\boxed{\frac{\partial W}{\partial X_k} = 0 \, .}$$

Wir können dieses Ergebnis wie folgt interpretieren:

Satz 7.9: *Satz von Menabrea* (1809-1896)
Satz vom Minimum der Formänderungsarbeit
Bei der quasistatischen, isothermen Belastung eines linear-elastischen Körpers stellen sich die statisch unbestimmten Reaktionen X_k so ein, daß die Formänderungsarbeit $W(F_i, X_k)$ im Vergleich mit benachbarten Zuständen zu einem Minimum wird:

$$\frac{\partial W(F_i, X_k)}{\partial X_k} = 0 .$$

Als benachbarte Zustände sind dabei solche Zustände zu betrachten, die wir durch eine Variation der Reaktionen X_k erhalten. Daß die sich einstellenden Reaktionen X_k zu einem Minimum der Formänderungsarbeit W und nicht zu einem Maximum führen, ist im übrigen leicht dadurch nachzuweisen, daß wir die zweiten Ableitungen bilden. Wir erhalten

$$\frac{\partial^2 W}{\partial X_k^2} = \delta_{kk} > 0$$

und sehen, daß alle zweiten Ableitungen positiv sind.

Diese Extremal-Aussage können wir auch auf innere Reaktionen ausdehnen und erhalten dann ein Variations-Prinzip von sehr großer Tragweite.

7.3 Die Berechnung der Formänderungsarbeit für Stäbe

Die Formänderungsarbeit, die ein Körper bei einem Formänderungsvorgang aufnimmt, ist allgemein

$$W = \int_V w\rho \, \mathrm{d}V . \qquad [\mathrm{KL}] = [\mathrm{ML^2Z^{-2}}]$$

Bei kleinen Verzerrungen können wir

$$\rho \approx \mathring{\rho} ,$$

d.h. gleich der Dichte im Ausgangszustand und deshalb

$$w \approx \frac{1}{\mathring{\rho}} \int_0^{\epsilon_{ik}} \sum_i \sum_k \sigma_{ik} \, \mathrm{D}\epsilon_{ik}$$

setzen, erhalten also (vgl. Abschnitt 2.3)

$$\rho w \approx \mathring{\rho w} \approx \int\limits_0^{\epsilon_{ik}} \sum_i \sum_k \sigma_{ik}\, \mathrm{D}\epsilon_{ik} \,. \qquad [\mathrm{KL}^{-2}] = [\mathrm{ML}^{-1}\mathrm{Z}^{-2}]$$

Die allgemeine Auswertung dieses Integrals ist für linear-elastische Körper und isotherme Formänderungsvorgänge in Abschnitt 2.3 angegeben.

In der elementaren Elasto-Statik der Stäbe gehen wir im allgemeinen von der Annahme

$$\sigma_{yy} = \sigma_{zz} = \sigma_{yz} = 0$$

aus. Nur die in den Stabquerschnitten wirkenden Normalspannungen

$$\sigma_{xx} = \begin{cases} \sigma(x,y,z) & \text{(Vollquerschnitte)} \\ \sigma(x,\zeta) & \text{(dünnwandige Querschnitte)} \end{cases}$$

und die Schubspannungen

$$\sqrt{\sigma_{xy}^2 + \sigma_{xz}^2} = \tau(x,y,z) \qquad \text{(Vollquerschnitte)}$$

bzw.

$$\sigma_{x\zeta} = \tau(x,\zeta) \qquad \text{(dünnwandige Querschnitte)}$$

sind dann von Null verschieden. Wir erhalten darum im Rahmen der linearen Theorie für die spezifische Formänderungsarbeit bei Stäben

$$\rho w = \frac{\sigma^2}{2E} + \frac{\tau^2}{2G}$$

und durch Integration über das ganze Stabvolumen

$$W = \iint\limits_{A\,l} \left\{ \frac{\sigma^2}{2E} + \frac{\tau^2}{2G} \right\} \underbrace{\mathrm{d}l\,\mathrm{d}A}_{\mathrm{d}V} .$$

Bei geraden Stäben sind die einzelnen Fasern eines Stabelementes gleich lang, und wir können

$$\mathrm{d}l = \mathrm{d}x$$

setzen. Dies gilt näherungsweise auch für schwach gekrümmte Stäbe, bei denen lediglich an die Stelle von $\mathrm{d}x$ das Differential $\mathrm{d}s$ tritt. Bei stark gekrümmten Stäben haben wir jedoch die unterschiedliche Faserlänge über dem Querschnitt zu berücksichtigen. Wir kommen später darauf zurück. Vorerst beschränken wir uns auf gerade Stäbe.

Bei diesen können wir die Auswertung des obigen Integrals für die Formänderungsarbeit W wesentlich vereinfachen. Sehen wir von den durch die Querkräfte hervorgerufenen Schubdeformationen zunächst einmal ab, so können wir im Rahmen der Annahmen der elementaren Elasto-Statik die Formänderungen eines Stabelementes zurückführen auf

a) eine Längenänderung, bei der nur die aus den Normalspannungen σ resultierende Normalkraft N Arbeit leistet,
b) Krümmungsänderungen, bei denen nur die aus den Normalspannungen σ resultierenden Biegemomente M_y und M_z Arbeit leisten, und
c) eine Drillungsänderung, bei der nur das aus den Schubspannungen τ resultierende Torsionsmoment M_T Arbeit leistet, sofern die Verwölbung der Querschnitte nicht behindert ist.

Hierzu kommen dann noch

d) die von den Querkräften hervorgerufenen Schubverformungen hinzu, die wir allerdings gesondert betrachten müssen.

Für diese Arbeitsanteile, die wir im Rahmen der linearen Theorie superponieren können, erhalten wir im einzelnen:

a) Längenänderung (vgl. Bild 7.14)
Die Längenänderung eines Stabelementes ist

$$\mathrm{D}\{\,\mathrm{d}x(1+\epsilon_0)\} = \mathrm{d}x\,\mathrm{D}\epsilon_0\,.$$

Da

$$\epsilon_0 = \frac{N}{EA}$$

ist, folgt

$$\mathrm{D}\epsilon_0(x) = \frac{\mathrm{D}N}{EA}\,.$$

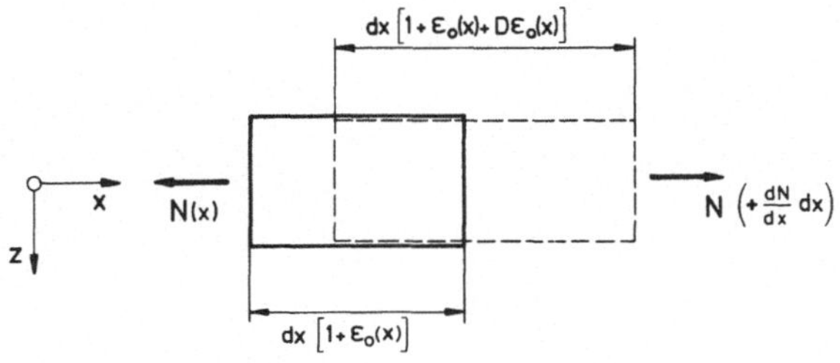

Bild 7.14 Längenänderung eines Elementes

Bezeichnen wir die Formänderungsarbeit, die einem Stabelement von der Länge $\mathrm{d}x$ zugeordnet ist, mit $\mathrm{d}W$, so erhalten wir für ihr substantielles Differential bei einer solchen Längenänderung des Stabelementes

$$\mathrm{D}(\,\mathrm{d}W) = N\,\mathrm{D}\epsilon_0\,\mathrm{d}x = \frac{N\,\mathrm{D}N}{EA}\,\mathrm{d}x = \frac{1}{EA}\,\mathrm{D}\left(\frac{N^2}{2}\right)\,\mathrm{d}x\,.$$

Die Integration über den ganzen Belastungsvorgang ergibt dann

$$\mathrm{d}W = \frac{1}{2}\,\frac{N^2}{EA}\,\mathrm{d}x\,.$$

Dieses Ergebnis erhalten wir auch, wenn N und A von x abhängen. Die differentiellen Änderungen von N beim Fortschreiten um $\mathrm{d}x$ liefern nur Beiträge, die von höherer Ordnung klein sind.

b) Krümmungsänderung (vgl. Bild 7.15)

Aus Bild 7.15, in dem nur die ebene Biegung dargestellt ist, lesen wir ab

$$\mathrm{D}(\,\mathrm{d}\alpha) = \mathrm{D}\left(\frac{\mathrm{d}x}{R}\right) = \mathrm{D}\left(\frac{1}{R}\right)\mathrm{d}x\,.$$

Nun ist

$$\frac{1}{R} = \frac{M}{EJ}\,.$$

Deshalb wird

$$\mathrm{D}\left(\frac{1}{R}\right) = \frac{\mathrm{D}M}{EJ}$$

und

$$\mathrm{D}(\,\mathrm{d}W) = M\,\mathrm{D}(\,\mathrm{d}\alpha) = \frac{M\,\mathrm{D}M}{EJ}\,\mathrm{d}x = \frac{1}{EJ}\,\mathrm{D}\left(\frac{M^2}{2}\right)\mathrm{d}x\,.$$

Integrieren wir wieder über den gesamten Belastungsvorgang, so erhalten wir für die Formänderungsarbeit des Biegemomentes für ein Stabelement von der Länge $\mathrm{d}x$:

$$\mathrm{d}W = \frac{1}{2}\,\frac{M^2}{EJ}\,\mathrm{d}x\,.$$

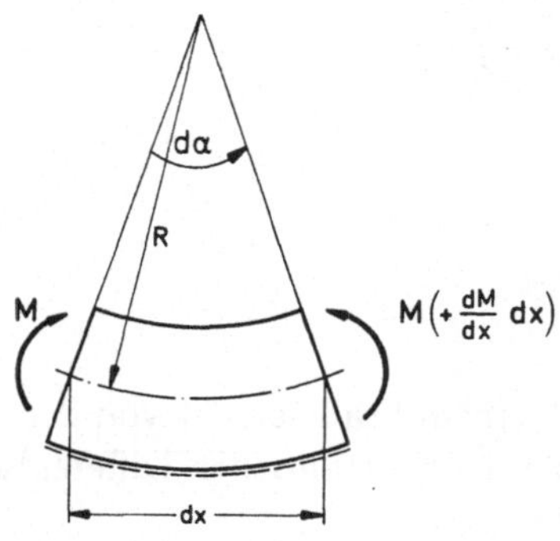

Bild 7.15
Krümmungsänderung eines Elementes

c) Drillungsänderung (vgl. Bild 7.16)

Das Differential der gegenseitigen Verdrehung der beiden Querschnitte, die ein Stabelement von der Länge $\mathrm{d}x$ begrenzen, ist

$$\mathrm{D}(\mathrm{d}\varphi) = \mathrm{D}(\vartheta\,\mathrm{d}x) = \mathrm{D}\vartheta\,\mathrm{d}x\,,$$

wobei ϑ die Drillung bezeichnet. Da

$$\vartheta = \frac{M_T}{GJ_T}$$

ist, wird

$$\mathrm{D}\vartheta = \frac{\mathrm{D}M_T}{GJ_T}\,.$$

Für das von der Drillungsänderung herrührende Differential der Formänderungsarbeit erhalten wir also

$$\mathrm{D}(\mathrm{d}W) = M_T\,\mathrm{D}(\mathrm{d}\varphi) = \frac{M_T\,\mathrm{D}M_T}{GJ_T}\,\mathrm{d}x = \frac{1}{GJ_T}\,\mathrm{D}\left(\frac{M_T^2}{2}\right)\mathrm{d}x\,.$$

Die Integration über den gesamten Belastungsvorgang ergibt somit

$$\mathrm{d}W = \frac{1}{2}\,\frac{M_T^2}{GJ_T}\,\mathrm{d}x\,.$$

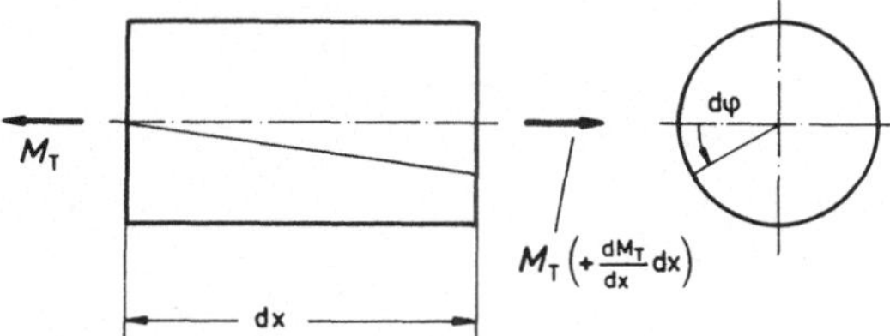

Bild 7.16 Drillungsänderung eines Elementes

Ist die Torsion allerdings wölbbehindert, muß auch die Formänderungsarbeit berücksichtigt werden, die von den mit der Wölbbehinderung verbundenen Normalspannungen ausgelöst wird. Dazu müssen wir auf das ursprüngliche Integral für W zurückgreifen.

d) Schubdeformationen

Die Schubdeformationen können wir nicht durch eine ähnlich einfache Annahme erfassen, wie es für die von den anderen Schnittgrößen verursachten Formänderungen eines Stabelementes gilt. Zur Berechnung dieses Anteils der Formänderungsarbeit müssen wir auf das ursprüngliche Integral zurückgreifen. Das führt (mit $\sigma = 0$) auf

$$\mathrm{d}W = \frac{1}{2G}\int_A \tau^2\,\mathrm{d}A\,\mathrm{d}x\,.$$

Für den Rechteckquerschnitt ist bei gerader Biegung (vgl. Abschnitt 3.5.1)

$$\tau = \frac{3}{2}\,\frac{Q}{A}\left\{1-\left(\frac{2z}{h}\right)^2\right\}.$$

Setzen wir das in das obige Integral ein, so erhalten wir

$$\mathrm{d}W = \frac{1}{2G}\,\frac{9}{4}\left(\frac{Q}{A}\right)^2 \int\limits_{-\frac{h}{2}}^{\frac{h}{2}} \left\{1-\left(\frac{2z}{h}\right)^2\right\}^2 b\,\mathrm{d}z\,\mathrm{d}x = \frac{6}{5}\,\frac{1}{2}\,\frac{Q^2}{GA}\,\mathrm{d}x\,.$$

Allgemein können wir für die mit der Schubverformung verbundene Formänderungsarbeit

$$\mathrm{d}W = \kappa\,\frac{1}{2}\,\frac{Q^2}{GA}\,\mathrm{d}x$$

setzen, wobei κ jeweils von der Querschnittsform abhängt. Für dünnwandige offene Querschnitte läßt sich die Berechnung von κ in allgemeiner Form angeben. Mit

$$\tau(x,\zeta) = \frac{Q(x)\,S(\zeta)}{\delta(\zeta)\,J}$$

wird

$$\mathrm{d}W = \frac{1}{2G}\int\limits_A \tau^2\,\mathrm{d}A\,\mathrm{d}x = \frac{Q^2}{2GJ^2}\int\limits_L \frac{S^2(\zeta)}{\delta^2(\zeta)}\,\underbrace{\delta(\zeta)\,\mathrm{d}\zeta}_{\mathrm{d}A}\,\mathrm{d}x\,.$$

Vergleichen wir das mit dem Ausdruck

$$\mathrm{d}W = \kappa\,\frac{1}{2}\,\frac{Q^2}{GA}\,\mathrm{d}x\,,$$

so finden wir

$$\kappa = \frac{A}{J^2}\int\limits_L \frac{S^2(\zeta)}{\delta(\zeta)}\,\mathrm{d}\zeta\,.$$

Anhaltspunkte für die Größe von κ gibt für einige Profilformen die nachstehende Tabelle 7.1.

Geht die Querkraft nicht durch den Schubmittelpunkt, so muß zusätzlich die Formänderungsarbeit aus der Torsion berücksichtigt werden, die in diesem Fall mit der Querkraft-Belastung verbunden ist.

Addieren wir alle Anteile der Formänderungsarbeit, wobei wir auch schiefe Biegung mit einschließen wollen, und integrieren über den ganzen Stab, so erhalten wir schließlich für gerade Stäbe

$$\boxed{W = \frac{1}{2}\int\limits_0^l \left\{\frac{N^2}{EA} + \frac{M_y^2}{EJ_{yy}} + \frac{M_z^2}{EJ_{zz}} + \frac{M_T^2}{GJ_T} + \kappa_z\,\frac{Q_z^2}{GA} + \kappa_y\,\frac{Q_y^2}{GA}\right\}\mathrm{d}x\,.}$$

<table>
<tr><th>Querschnittsform</th><th>κ</th><th>Bemerkungen</th></tr>
<tr><td>■</td><td>$\frac{6}{5} = 1.2$</td><td></td></tr>
<tr><td>●</td><td>$\frac{4}{3} = 1.33$</td><td></td></tr>
<tr><td>I (Normalprofil)</td><td>$\approx 2.0 - 2.4$</td><td rowspan="4">$\kappa \approx \frac{A}{A_{\text{Steg}}}$</td></tr>
<tr><td>I (Breitflansch)</td><td>$\approx 3 - 5$</td></tr>
<tr><td>T</td><td>$\approx 3 - 4$</td></tr>
<tr><td>[</td><td>$\approx 2 - 2.4$</td></tr>
<tr><td>⊔</td><td>$\approx 2 - 2.4$</td><td></td></tr>
</table>

Tabelle 7.1 Formbeiwert κ für einige Profile

Die Schnittgrößen N, M_y usw. wie die Steifigkeiten EA, EJ_{yy} usw. können dabei auch Funktionen von x sein, soweit dies im Rahmen der elementaren Elasto-Statik der Stäbe zulässig ist (vgl. hierzu Abschnitt 3.7).

Wir können die vorstehende Beziehung für die Formänderungsarbeit auch auf schwach gekrümmte Stäbe anwenden. Dazu haben wir lediglich $\mathrm{d}x$ durch $\mathrm{d}s$ zu ersetzen. Für stark gekrümmte Stäbe müssen wir dagegen wieder auf den ursprünglichen Ausdruck für W zurückgreifen, der bei Vernachlässigung der Schubdeformationen

$$W = \frac{1}{2E} \int\limits_A \int\limits_l \sigma^2 \, \mathrm{d}l \, \mathrm{d}A$$

lautet. Setzen wir hierin die für ebene Biegung geltende Normalspannungsverteilung (vgl. Abschnitt 6.4)

$$\sigma = \frac{N}{A} + \frac{M}{J^*} \left\{ \frac{J^*}{AR} + \frac{\zeta}{1 + \frac{\zeta}{R}} \right\}$$

ein und berücksichtigen die von ζ abhängige unterschiedliche Faserlänge

$$\mathrm{d}l = \left(1 + \frac{\zeta}{R}\right) \mathrm{d}s \,,$$

so erhalten wir nach Ausführung der Integration für die Formänderungsarbeit bei der ebenen Biegung stark gekrümmter Stäbe (unter Vernachlässigung der Schubdeformationen):

$$W = \frac{1}{2}\int_0^{l_0} \left\{ \frac{N^2}{EA} + 2\,\frac{MN}{EAR} + \frac{M^2}{EJ^*}\left[\frac{J^*}{AR^2} + 1\right]\right\} ds .$$

7.4 Anwendungen der Arbeitssätze auf Stäbe und Stabwerke

7.4.1 Allgemeines

Wir betrachten die Stäbe durchweg als linear-elastische Körper und setzen quasistatische, isotherme Belastung voraus.

Wollen wir die Verschiebung eines Kraftangriffspunktes i in Richtung der betreffenden Kraft $\boldsymbol{F}_i$ ermitteln (vgl. Bild 7.17), so können wir den ersten Satz von *Castigliano* anwenden und erhalten unmittelbar

$$f_i = \frac{\partial W}{\partial F_i} .$$

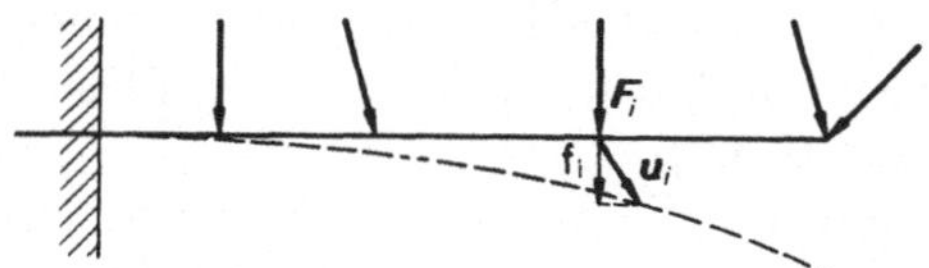

Bild 7.17
Verschiebung in Richtung der Kraft $\mathbf{F}_i$

Dieses Vorgehen versagt, wenn die Projektion der Verschiebung auf eine andere als die Wirkungsrichtung der Kraft oder überhaupt die Verschiebung eines Punktes gesucht wird, der nicht Angriffspunkt einer Einzelkraft ist. In solchen Fällen bieten sich zwei Auswege an:

1. Wir führen zusätzlich zu dem gegebenen Kräftesystem $\boldsymbol{F}_i$ eine gedachte Kraft $\boldsymbol{F}_k$ ein (vgl. Bild 7.18a), deren Wirkungsrichtung mit der Richtung übereinstimmt, für die wir die Verschiebung (mit f_k bezeichnet) suchen. Wir ermitteln zunächst:

   $$W = W(F_i, F_k)$$

   und erhalten dann f_k mit Hilfe des ersten Satzes von *Castigliano*, indem wir nachträglich $F_k \to 0$ gehen lassen:

   $$(f_k)_{F_k \to 0} = \left(\frac{\partial W}{\partial F_k}\right)_{F_k \to 0} .$$

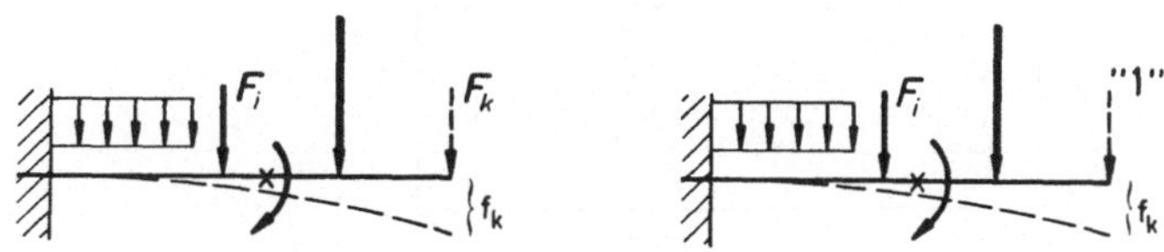

Bild 7.18 Verschiebungen an anderen Stellen

2. Wir führen eine virtuelle (gedachte) Kraft „**1**" in Richtung der gesuchten Verschiebung f_k ein (Bild 7.18b), die wir uns vor der eigentlichen Belastung durch das Kräftesystem $\boldsymbol{F}_i$ aufgebracht denken. Bei der nachfolgenden Belastung durch $\boldsymbol{F}_i$ leistet „**1**" die virtuelle Verschiebungsarbeit

$$A_{ki} = „1" f_k = W_{ki} .$$

Für die virtuelle Formänderungsarbeit W_{ki} erhalten wir bei einem ebenen System, auf das wir uns bei diesen allgemeinen Überlegungen beschränken wollen:

Es seien

N, M, Q die zu der wirklichen Belastung durch die Kräfte $\boldsymbol{F}_i$ gehörenden Schnittgrößen,

$\bar{N}, \bar{M}, \bar{Q}$ die zu der virtuellen Belastung durch die Kraft „1" gehörenden Schnittgrößen.

Dann ist (bei einem ebenen System)

$$W = \frac{1}{2}\int_0^l \left\{ \frac{(N+\bar{N})^2}{EA} + \frac{(M+\bar{M})^2}{EJ} + \kappa\,\frac{(Q+\bar{Q})^2}{GA} \right\} \mathrm{d}x$$

$$= \underbrace{\frac{1}{2}\int_0^l \left\{ \frac{N^2}{EA} + \frac{M^2}{EJ} + \kappa\,\frac{Q^2}{GA} \right\} \mathrm{d}x}_{W_{ii}}$$

$$+ \underbrace{\int_0^l \left\{ \frac{N\bar{N}}{EA} + \frac{M\bar{M}}{EJ} + \kappa\,\frac{Q\bar{Q}}{GA} \right\} \mathrm{d}x}_{W_{ik}}$$

$$+ \underbrace{\frac{1}{2}\int_0^l \left\{ \frac{\bar{N}^2}{EA} + \frac{\bar{M}^2}{EJ} + \kappa\,\frac{\bar{Q}^2}{GA} \right\} \mathrm{d}x}_{W_{kk}} .$$

Wir erhalten somit

$$„1\text{“} f_k = \int_0^l \left\{ \frac{N\bar{N}}{EA} + \frac{M\bar{M}}{EJ} + \kappa \frac{Q\bar{Q}}{GA} \right\} \mathrm{d}x$$

und können daraus die gesuchte Verschiebung f_k unmittelbar entnehmen.

Bei beiden Vorgehensweisen entstehen keinerlei Schwierigkeiten, wenn das gegebene Kräftesystem $\boldsymbol{F}_i$ auch verteilte Belastungen und Momente (singuläre Kräftepaare) enthält, wie es in den Bildern 7.18a und 7.18b bereits angedeutet ist. Ferner können wir auch die Verdrehung irgendeines Stabquerschnittes mit beiden Methoden ermitteln, indem wir uns an der betreffenden Stelle ein entsprechendes Moment angebracht denken.

Der erste Satz von *Castigliano* gibt uns ferner die Möglichkeit, bei statisch unbestimmten Systemen die statisch unbestimmten Auflager-Reaktionen zu ermitteln. Der Satz vom Minimum der Formänderungsarbeit, der auf dem ersten Satz von *Castigliano* basiert (Satz von *Menabrea*; Satz 7.9), liefert uns gerade soviel zusätzliche Gleichungen wie wir benötigen. Wir werden aber auch noch andere Wege zur Berechnung statisch unbestimmter Systeme finden.

7.4.2 Beispiele

Bei den folgenden Beispielen werden wir z.T. verschiedene Berechnungsmethoden gegenüberstellen, um Vergleiche zu ermöglichen.

1. Beispiel (vgl. Bild 7.19)

Gesucht sind die Verschiebungen $u(l)$ und $w(l)$ an der Angriffsstelle von $\boldsymbol{F}_1$ bzw.

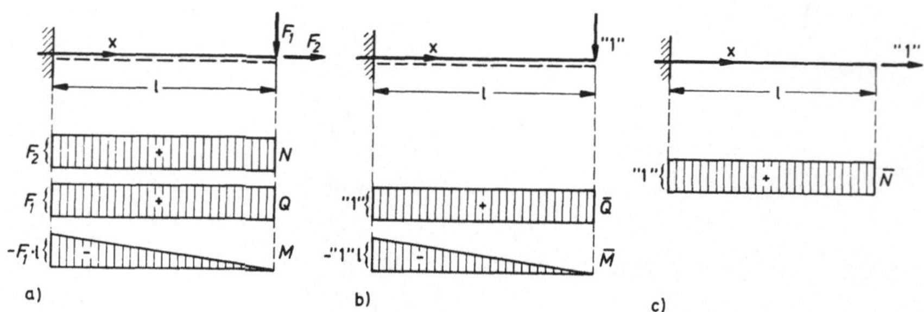

Bild 7.19 Verschiebungen eines Kragträgers, EA=konst., EI=konst., GA=konst.

$\boldsymbol{F}_2$. Für die Schnittgrößen erhalten wir

$$N = F_2$$

$$Q = F_1$$

$$M = -F_1\,(l - x)\,.$$

a) Erster Satz von Castigliano

Es ist

$$W = \frac{1}{2}\int_0^l \left\{ \frac{N^2}{EA} + \frac{M^2}{EJ} + \kappa \frac{Q^2}{GA} \right\} dx$$

$$= \frac{1}{2}\int_0^l \left\{ \frac{F_2^2}{EA} + \frac{F_1^2(l-x)^2}{EJ} + \kappa \frac{F_1^2}{GA} \right\} dx$$

$$= \frac{1}{2}\frac{F_2^2\, l}{EA} + \frac{1}{6}\frac{F_1^2\, l^3}{EJ} + \kappa \frac{1}{2}\frac{F_1^2\, l}{GA}\,.$$

Damit wird

$$u(l) = f_2 = \frac{\partial W}{\partial F_2} = \frac{F_2\, l}{EA}$$

$$w(l) = f_1 = \frac{\partial W}{\partial F_1} = \frac{1}{3}\frac{F_1\, l^3}{EJ} + \kappa \frac{F_1\, l}{GA} = \frac{1}{3}\frac{F_1\, l^3}{EJ}\left\{1 + 3\kappa \frac{J}{Al^2}\frac{E}{G}\right\}.$$

Im allgemeinen ist

$$3\kappa \frac{J}{Al^2}\frac{E}{G} \ll 1\,,$$

d.h. die Schubverformung können wir bei der Berechnung der Durchbiegung meist vernachlässigen.

b) Methode der virtuellen Verschiebungsarbeit

Zur Berechnung der Durchsenkung $w(l)$ setzen wir die virtuelle Belastung so an, wie es Bild 7.19b zeigt. Die zugehörigen Schnittgrößen sind

$$\bar{N} = 0$$

$$\bar{Q} = „1“$$

$$\bar{M} = -„1“(l-x)\,.$$

Damit wird

$$„1“ f_1 = \int_0^l \left\{ \frac{M\bar{M}}{EJ} + \kappa \frac{Q\bar{Q}}{GA} \right\} dx$$

$$= \int_0^l \left\{ \frac{F_1(l-x)„1“(l-x)}{EJ} + \kappa \frac{F_1„1“}{GA} \right\} dx$$

$$= „1“\left\{ \frac{1}{3}\frac{F_1 l^3}{EJ} + \kappa \frac{F_1 l}{GA} \right\},$$

d.h.

$$w(l) = f_1 = \frac{1}{3}\frac{F_1\, l^3}{EJ}\left\{1 + 3\kappa \frac{J}{Al^2}\frac{E}{G}\right\}.$$

Wollen wir $u(l)$ ermitteln, so setzen wir die Kraft „1“ entsprechend Bild 7.19c an. Dann wird

$$\bar{N} = „1“$$
$$\bar{Q} = 0$$
$$\bar{M} = 0$$

und

$$„1“ f_2 = \int_0^l \frac{N\bar{N}}{EA}\,\mathrm{d}x = \int_0^l \frac{F_2\,„1“}{EA}\,\mathrm{d}x = „1“\,\frac{F_2\,l}{EA}\,,$$

d.h.

$$u(l) = f_2 = \frac{F_2\,l}{EA}\,.$$

Im Fall b) vereinfacht es die Betrachtung, wenn wir jeweils $\bar{N}$, $\bar{Q}$, $\bar{M}$ auf die Kraftgröße „1“ beziehen. Wir können dann von Anfang an „1“ auf beiden Seiten kürzen und haben lediglich zu beachten, daß in diesem Falle die (virtuellen) Schnittgrößen $\bar{N}$, $\bar{Q}$, $\bar{M}$ ihre Größenart ändern. Es werden dann

$$\bar{N},\bar{Q} \;:\; [1]$$
$$\bar{M} \;:\; [\mathrm{L}]\,.$$

Für die numerische Rechnung ist es häufig von Vorteil, die sich aus den Arbeitssätzen ergebenden Beziehungen in bezogener Form zu schreiben (vgl. Abschnitt 4.2.2)

$$EJ_c f = \int_0^l \left\{ M\bar{M}\,\frac{J_c}{J(x)} + \kappa\,Q\bar{Q}\,\frac{EJ_c}{GA(x)} \right\} \mathrm{d}x\,.$$

Das wollen wir im folgenden stets tun.

Im übrigen können wir im vorliegenden Fall die Arbeitssätze auch direkt anwenden, weil wir jeweils nur eine Längs- bzw. Querbelastung haben. Wir erhalten dann

$$A_{11} = \frac{1}{2}\,F_1 f_1 = \frac{1}{2}\int_0^l \left\{ \frac{M^2}{EJ} + \kappa\,\frac{Q^2}{GA} \right\} \mathrm{d}x = W_{11}$$

$$A_{22} = \frac{1}{2}\,F_2 f_2 = \frac{1}{2}\int_0^l \frac{N^2}{EA}\,\mathrm{d}x \qquad = W_{22}\,.$$

Daraus sind f_1 und f_2 zu berechnen.

2. Beispiel (vgl. Bild 7.20)

Gesucht sind die Durchbiegung an der Stelle $x = l_1$ und die Verdrehung des Querschnittes an dieser Stelle. Wir vernachlässigen die Arbeit der Querkräfte und benötigen deshalb nur die Kenntnis des Verlaufs des Biegemomentes

$$M(x) = \frac{1}{2}\, q\, x\,(l - x) = \frac{q\,l^2}{2}\,\frac{x}{l}\left(1 - \frac{x}{l}\right).$$

a) Methode der virtuellen Verschiebungsarbeit

Zur Ermittlung der Durchsenkung f_1 an der Stelle $x = l_1$ setzen wir dort eine virtuelle Kraft „1“ in vertikaler Richtung an (vgl. Bild 7.20b). Das zugehörige, auf „1“ bezogene Biegemoment ist

$$\left.\begin{aligned} 0 \leqslant x \leqslant l_1 :\quad & \bar{M} = l\left(1 - \frac{l_1}{l}\right)\frac{x}{l} \\ l_1 \leqslant x \leqslant l \ :\quad & \bar{M} = l\,\frac{l_1}{l}\left(1 - \frac{x}{l}\right) \end{aligned}\right\} \quad [\mathrm{L}]\,.$$

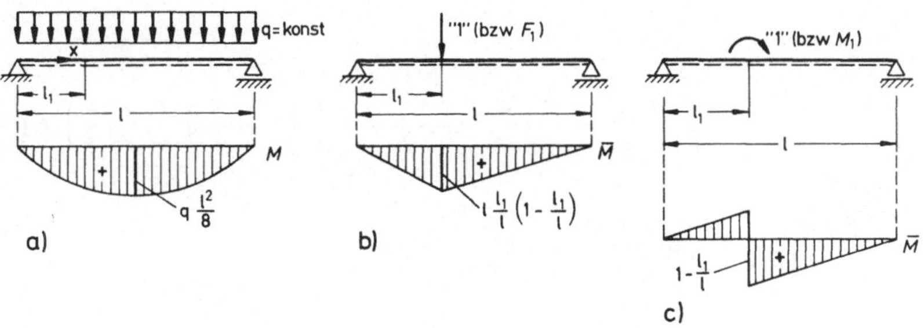

Bild 7.20 Durchbiegung und Verdrehung an der Stelle $x = l_1$

Damit wird

$$\begin{aligned} EJ\,f_1 = \int_0^l M\bar{M}\,\mathrm{d}x &= \frac{q\,l^4}{2}\left\{\int_0^{\frac{l_1}{l}} \frac{x}{l}\left(1 - \frac{x}{l}\right)\left(1 - \frac{l_1}{l}\right)\frac{x}{l}\,\mathrm{d}\left(\frac{x}{l}\right)\right. \\ &\quad \left. + \int_{\frac{l_1}{l}}^{1} \frac{x}{l}\left(1 - \frac{x}{l}\right)\frac{l_1}{l}\left(1 - \frac{x}{l}\right)\mathrm{d}\left(\frac{x}{l}\right)\right\} \\ &= \frac{q\,l^4}{24}\left\{\frac{l_1}{l} - 2\left(\frac{l_1}{l}\right)^3 + \left(\frac{l_1}{l}\right)^4\right\}. \end{aligned}$$

l_1 ist im übrigen beliebig wählbar. Wir können also auch l_1 als Variable betrachten und nachträglich etwa $l_1 = x$ setzen. Dann erhalten wir

$$f(x) = w(x) = \frac{q\,l^4}{24\,EJ}\left\{\frac{x}{l} - 2\left(\frac{x}{l}\right)^3 + \left(\frac{x}{l}\right)^4\right\},$$

d.h. die Gleichung der Biegelinie. Speziell wird für

$$x = \frac{l}{2}: \quad w\left(\frac{l}{2}\right) = \frac{5}{384}\frac{q\,l^4}{EJ}.$$

Die Verdrehung des Querschnittes an der Stelle $x = l_1$ können wir mit w_1' bezeichnen. Zur Ermittlung von w_1' setzen wir an dieser Stelle ein Moment von der Größe „1“ an, dessen Drehrichtung wir so wählen, daß sie mit der zu positiven Werten von w' gehörenden Querschnitts-Drehung übereinstimmt. Das auf das Moment „1“ bezogene Biegemoment ist (vgl. Bild 7.20c)

$$\left.\begin{aligned} 0 \leqslant x < l_1: &\quad \bar{M} = -\frac{x}{l} \\ l_1 < x \leqslant l: &\quad \bar{M} = 1 - \frac{x}{l} \end{aligned}\right\} \quad [1].$$

Damit erhalten wir

$$\begin{aligned} EJ\,w_1' &= \int_0^l M\bar{M}\,\mathrm{d}x \\ &= \frac{q\,l^3}{2}\left\{-\int_0^{\frac{l_1}{l}} \frac{x}{l}\left(1-\frac{x}{l}\right)\frac{x}{l}\,\mathrm{d}\left(\frac{x}{l}\right) + \int_{\frac{l_1}{l}}^{1} \frac{x}{l}\left(1-\frac{x}{l}\right)\left(1-\frac{x}{l}\right)\mathrm{d}\left(\frac{x}{l}\right)\right\} \\ &= \frac{q\,l^3}{24}\left\{1 - 6\left(\frac{l_1}{l}\right)^2 + 4\left(\frac{l_1}{l}\right)^3\right\}. \end{aligned}$$

Lassen wir wiederum l_1 variabel sein und setzen $l_1 = x$, so erhalten wir $w'(x)$.

b) Erster Satz von Castigliano

Zur Ermittlung der Durchsenkung an der Stelle $x = l_1$ setzen wir eine Kraft $\boldsymbol{F}_1$ an (vgl. Bild 7.20b). Das aus der Belastung mit q und F_1 resultierende Biegemoment ist:

$$\begin{aligned} 0 \leqslant x \leqslant l_1: &\quad M(x;q,F_1) = \frac{q\,l^2}{2}\frac{x}{l}\left(1-\frac{x}{l}\right) + F_1\,l\left(1-\frac{l_1}{l}\right)\frac{x}{l} \\ l_1 \leqslant x \leqslant l: &\quad M(x;q,F_1) = \frac{q\,l^2}{2}\frac{x}{l}\left(1-\frac{x}{l}\right) + F_1\,l\,\frac{l_1}{l}\left(1-\frac{x}{l}\right). \end{aligned}$$

Die zugehörige Formänderungsarbeit ist

$$W = W(q,F_1) = \frac{1}{2}\int_0^l \frac{M^2(x;q,F_1)}{EJ}\,\mathrm{d}x.$$

Nach dem ersten Satz von *Castigliano* erhalten wir die Durchsenkung f_1, indem wir W partiell nach F_1 ableiten. Dabei haben wir nachträglich $F_1 \to 0$ gehen zu lassen, da wir ja nur die zu der Belastung q gehörende Durchsenkung suchen. Unter Vertauschung der Reihenfolge von Differentiation und Integration erhalten wir

$$EJ(f_1)_{F_1\to 0} = \left(\frac{\partial}{\partial F_1}\frac{1}{2}\int_0^l M^2\,\mathrm{d}x\right)_{F_1\to 0} = \int_0^l \left(M\,\frac{\partial M}{\partial F_1}\right)_{F_1\to 0} \mathrm{d}x\,.$$

Nun ist

$$0 \leqslant x \leqslant l_1:\ (M)_{F_1\to 0} = \frac{q\,l^2}{2}\,\frac{x}{l}\left(1-\frac{x}{l}\right);\ \left(\frac{\partial M}{\partial F_1}\right)_{F_1\to 0} = \left(1-\frac{l_1}{l}\right)\frac{x}{l}$$

$$l_1 \leqslant x \leqslant l\ :\ (M)_{F_1\to 0} = \frac{q\,l^2}{2}\,\frac{x}{l}\left(1-\frac{x}{l}\right);\ \left(\frac{\partial M}{\partial F_1}\right)_{F_1\to 0} = l\,\frac{l_1}{l}\left(1-\frac{x}{l}\right).$$

Setzen wir das ein, so erhalten wir die gleichen Integrale wie bei der Methode der virtuellen Verschiebungsarbeit.

Für die Ermittlung der Querschnittsverdrehung an der Stelle $x = l_1$ läuft das Verfahren analog. Dazu haben wir zunächst das zusätzliche Moment $\boldsymbol{M}_1$ einzuführen (vgl. Bild 7.20c), ermitteln dann $M = M(x; q, M_1)$, bilden damit $W = W(q, M_1)$ und erhalten schließlich

$$EJ(w_1')_{M_1\to 0} = \int_0^l \left(M\,\frac{\partial M}{\partial M_1}\right)_{M_1\to 0} \mathrm{d}x\,.$$

Es ergeben sich dabei wiederum die gleichen Integrale wie bei der Methode der virtuellen Verschiebungsarbeit.

Aus dem Vergleich der beiden Verfahren ergibt sich, daß bei solchen statisch bestimmten Systemen für die Berechnung der Formänderungen die Methode der virtuellen Verschiebungsarbeit im allgemeinen den (gedanklich) einfacheren Weg darstellt.

3. Beispiel (vgl. Bild 7.21)

Bei einem einfach statisch unbestimmten System wollen wir die unbekannte Auflager-Reaktion ermitteln, damit wir die Zustandslinien des Systems angeben und seine Beanspruchung ermitteln können. Dazu müssen wir uns zunächst entscheiden, welche der Auflager-Reaktionen wir als überzählig ansehen wollen.

Voneinander abhängig sind die Auflager-Reaktionen A, B und M_E. Eine davon ist überzählig. Wir entscheiden uns für B. Das statisch bestimmte Hauptsystem (vgl. Bild 7.21b) umfaßt also nur die Auflager-Reaktionen A, H, M_E. Die überzählige Auflager-Reaktion führen wir als äußere unbekannte Kraft X_b ein. Für das weitere Vorgehen stehen uns nun verschiedene Wege offen. Wir wollen hier nur zwei davon erörtern. Die Schubdeformationen werden dabei abermals vernachlässigt.

a) Erster Satz von Castigliano (vgl. Bild 7.22)

Der Grundgedanke des Verfahrens ist:

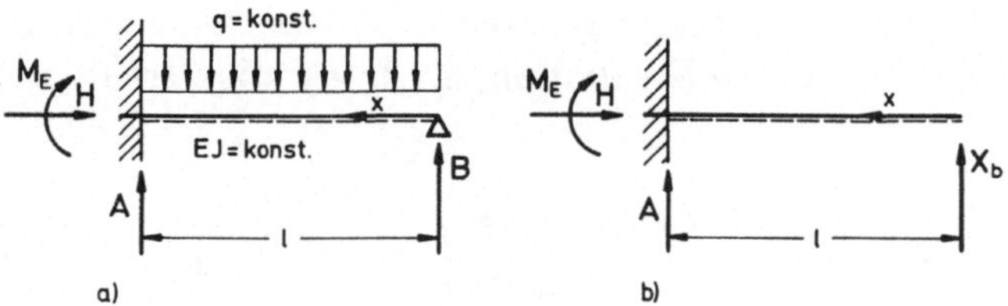

Bild 7.21 Einfach statisch unbestimmtes System

1. Formänderungsarbeit W für das statisch bestimmte Hauptsystem als Funktion der gegebenen Belastung und der statisch unbestimmten Auflager-Reaktion X_b ermitteln:

$$W = W(q, X_b)\,.$$

2. Kinematische Bedingung für die Auflager-Reaktion X_b:

$$\frac{\partial W(q, X_b)}{\partial X_b} = f_b = 0\,.$$

Für die Durchführung des Verfahrens benötigen wir zunächst (vgl. Bild 7.22a)

$$M(x; q, X_b) = M(x; q) + M(x; X_b) = -q\,\frac{x^2}{2} + X_b\,x\,.$$

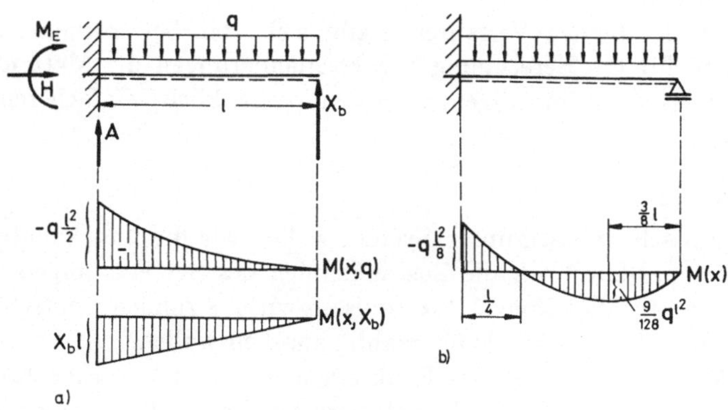

Bild 7.22 Erster Satz von Castigliano

Damit können wir

$$W = W(q, X_b) = \frac{1}{2}\int\limits_0^l \frac{M^2(x; q, X_b)}{EJ}\,\mathrm{d}x$$

berechnen. Das brauchen wir jedoch nicht explizit zu tun, da wir die kinematische Bedingung unter Vertauschung von Integration und Differentiation auch in der Form

$$EJ\,\frac{\partial W}{\partial X_b} = \int_0^l M\,\frac{\partial M}{\partial X_b}\,dx = 0$$

schreiben können. Mit

$$\frac{\partial M}{\partial X_b} = x$$

führt das auf die Bedingung

$$\int_0^l \left\{ -q\,\frac{x^2}{2} + X_b\,x \right\} x\,dx = 0\,.$$

Die Ausführung der Integration ergibt

$$-q\,\frac{l^4}{8} + X_b\,\frac{l^3}{3} = 0 \quad \rightarrow \quad X_b = \frac{3}{8}\,q\,l\,.$$

Damit erhalten wir endgültig für den Momentenverlauf (vgl. Bild 7.22b)

$$M(x) = \frac{q\,l^2}{2}\left\{\frac{3}{4}\,\frac{x}{l} - \left(\frac{x}{l}\right)^2\right\}.$$

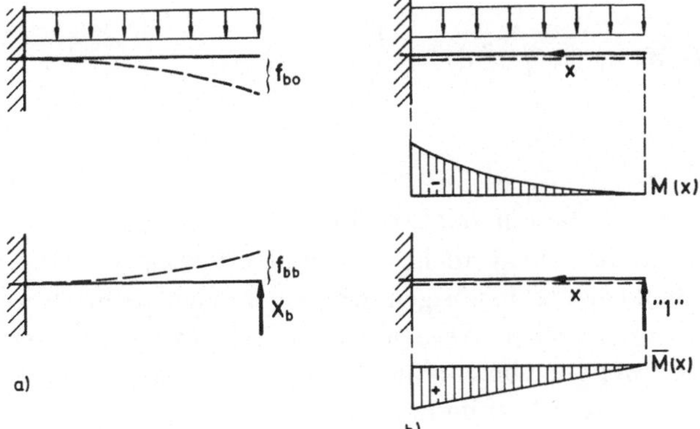

Bild 7.23 Kraftgrößenverfahren

b) Kraftgrößen-Verfahren (vgl. Bild 7.23)

Der Grundgedanke des Verfahrens ist

1. Für das statisch bestimmte Hauptsystem Verschiebung des Angriffspunktes der überzähligen Reaktion infolge der gegebenen Belastung q (Kräftesystem 0) berechnen:

$$f_{b0}\,.$$

2. Für das statisch bestimmte Hauptsystem die Verschiebung dieses Punktes infolge der unbekannten Auflager-Reaktion X_b ermitteln:

$$f_{bb} = \delta_{bb}\, X_b\,.$$

3. Kinematische Bedingung

$$f_b = f_{b0} + f_{bb} = f_{b0} + X_b\,\delta_{bb} = 0 \quad \rightarrow \quad \boxed{X_b = -\,\frac{f_{b0}}{\delta_{bb}}\,.}$$

Zur Durchführung des Verfahrens bedienen wir uns der Methode der virtuellen Verschiebungsarbeit. Mit

$$\begin{aligned} M(x;q) &= M_0(x) = -\,q\,\frac{x^2}{2} \\ \bar{M}(x;\text{„}1\text{“}) &= \bar{M}_b(x) = x \end{aligned}$$

folgt

1. $$EJ\,f_{b0} = \int_0^l M_0\,\bar{M}_b\,\mathrm{d}x = -\int_0^l \frac{q\,x^2}{2}\,x\,\mathrm{d}x = -\,\frac{q\,l^4}{8}\,,$$

2. $$EJ\,\delta_{bb} = \int_0^l \bar{M}_b\,\bar{M}_b\,\mathrm{d}x = \int_0^l x^2\,\mathrm{d}x = \frac{l^3}{3}\,,$$

3. $$X_b = -\,\frac{f_{b0}}{\delta_{bb}} = \frac{3}{8}\,q\,l\,.$$

Der Vergleich dieser beiden Verfahren zeigt, daß hier die Anwendung des ersten Satzes von *Castigliano* zumindest nicht mehr Aufwand erfordert als das Kraftgrößen-Verfahren. Im Gedankengang benötigen wir sogar einen Schritt weniger. Beide Verfahren lassen sich in einfacher Weise auf mehrfach statisch unbestimmte Systeme ausdehen. Für jede weitere überzählige Auflager-Reaktion steht uns eine weitere kinematische Bedingung zur Verfügung.

Im übrigen können wir in unsere Betrachtungen auch nachgiebige, elastische Auflager einbeziehen (vgl. Bild 7.24a). Die elastischen Eigenschaften eines solchen Auflagers können wir durch die sogenannte Federkonstante c kennzeichnen, die das Verhältnis von Belastung zu Federauslenkung angibt (vgl. Bild 7.24b).

$$\boxed{c = \frac{F_i}{f_i}\,, \quad F_i = c\,f_i\,.}$$

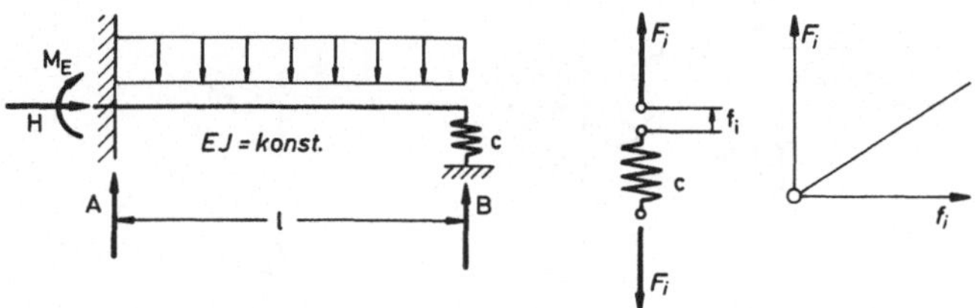

Bild 7.24 Nachgiebige Auflager

Die Federkonstante bestimmt die Arbeits-Kennlinie der Feder. Die Federkonstante c ist der Kehrwert der entsprechenden Einflußgröße δ_{ii},

$$f_i = \delta_{ii} F_i \quad \rightarrow \quad \boxed{\delta_{ii} = \frac{1}{c}, \quad c = \frac{1}{\delta_{ii}}.}$$

Entsprechend können wir auch bei elastischen Verdrehungen der Auflager verfahren, indem wir sogenannte Drehfedern mit Federkonstanten c^* einführen. Wir erhalten dann

$$\varphi_i = \delta_{ii} M_i \quad \rightarrow \quad \boxed{\delta_{ii} = \frac{1}{c^*}, \quad c^* = \frac{1}{\delta_{ii}}.}$$

Bei der Behandlung elastischer Auflager ergeben sich zwei Möglichkeiten:

1. Wir beziehen sie in das System ein (vgl. Bild 7.25a). Dieses Vorgehen ist besonders einfach bei der Anwendung des ersten Satzes von *Castigliano*. Wir haben dann lediglich zu der Formänderungsarbeit des Stabes noch die an der Feder geleistete Arbeit zu addieren

$$W = \frac{1}{2} \int_0^l \frac{M^2}{EJ}\, \mathrm{d}x + \frac{1}{2}\, \frac{X_b^2}{c},$$

mit $M = M(x; q, X_b)$.

Die kinematische Bedingung lautet in diesem Falle weiterhin

$$\boxed{\frac{\partial W}{\partial X_b} = 0.}$$

2. Wir betrachten das nachgiebige Auflager gesondert (vgl. Bild 7.25b). Bei der Anwendung des Kraftgrößen-Verfahrens, bei dem dieses Vorgehen naheliegt, erhalten wir dann als kinematische Bedingung nicht mehr $f_b = 0$, sondern

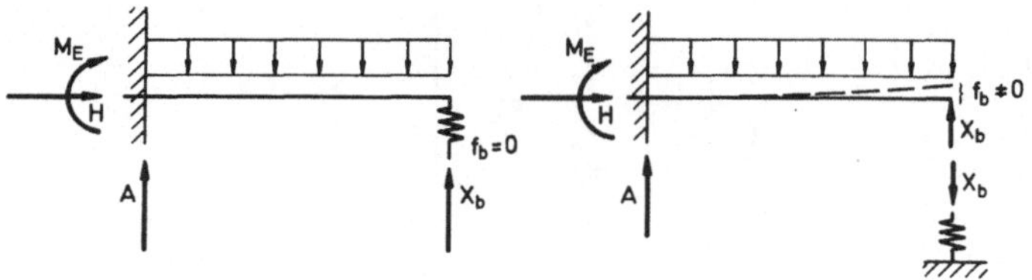

Bild 7.25 Auflösung des Systems

$$f_b = f_{b0} + X_b\,\delta_{bb} = -\frac{X_b}{c} \quad \rightarrow \quad \boxed{X_b = -\frac{f_{b0}}{\delta_{bb} + \dfrac{1}{c}}\,.}$$

Im Grundsatz sind beide Vorgehensweisen bei beiden Verfahren (*Castigliano* und Kraftgrößen-Verfahren) anwendbar. Welchen Weg wir wählen, hängt wohl mehr davon ab, mit welcher Methode wir enger vertraut sind.

4. Beispiel (vgl. Bild 7.26)
Wir suchen die axiale Verlängerung f eines Ringes, der durch zwei diametral entgegengesetzt angreifende Kräfte beansprucht wird. Das System ist – bei statisch bestimmter Lagerung – dreifach (innerlich) statisch unbestimmt. Bei einem Schnitt, der den Ring in zwei Teile zerteilt, erhalten wir – da der Ring ein zweifach zusammenhängendes Gebilde ist – sechs Schnittgrößen, aber nur drei zusätzliche Gleichgewichtsbedingungen. Mit Hilfe von Symmetriebetrachtungen läßt sich jedoch der Grad der statischen Unbestimmtheit um 2, d.h. auf 1 verringern (vgl. Bild 7.26b). Aus Symmetriegründen muß nämlich

$$\begin{aligned} N_0 &= N_1 = \frac{F}{2} \\ Q_0 &= Q_1 = 0 \\ M_0 &= M_1 \end{aligned}$$

sein. Als einzige statisch unbestimmte Größe bleibt also M_0 übrig. Wir führen M_0 als unbekanntes äußeres Moment ein. Zu diesem Zweck denken wir uns die entsprechenden kinematischen Bindungen gelöst (Befreiungsprinzip), d.h. an den Stellen $\varphi = 0$ und $\varphi = \pi$ Gelenke angeordnet (vgl. Bild 7.26c).

Bei den weiteren Betrachtungen können wir uns nun auf einen Quadranten des Ringes beschränken (vgl. Bild 7.26d). Für die Schnittgrößen erhalten wir

$$0 \leqslant \varphi < \frac{\pi}{2}: \quad \begin{aligned} N(\varphi) &= \frac{F}{2}\cos\varphi \\ Q(\varphi) &= \frac{F}{2}\sin\varphi \\ M(\varphi) &= M_0 + \frac{1}{2}\,FR\,(1 - \cos\varphi)\,. \end{aligned}$$

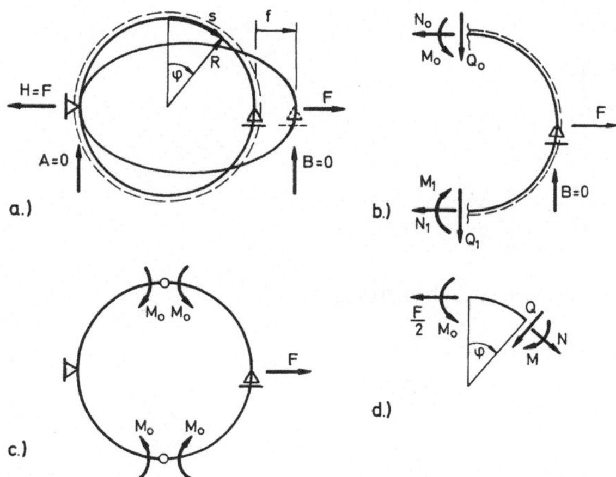

Bild 7.26 Axiale Verlängerung eines Ringes

Zur Berechnung der statisch unbestimmten (inneren) Reaktion M_0 wollen wir den ersten Satz von *Castigliano* heranziehen. Deshalb müssen wir zunächst die Formänderungsarbeit in Abhängigkeit von F und der unbestimmten Reaktion M_0 berechnen. Dabei wollen wir voraussetzen, daß wir den Ring als schwach gekrümmten Stab annehmen dürfen. Wir erhalten so

$$W = W(F, M_0) = 4 \cdot \frac{1}{2} \int_0^{\frac{\pi}{2}} \left\{ \frac{M^2}{EJ} + \frac{N^2}{EA} + \kappa \frac{Q^2}{GA} \right\} R \, \mathrm{d}\varphi .$$

Da aus Symmetriegründen der Querschnitt $\varphi = 0$ unverdreht bleiben muß, können wir folgern, daß nach dem ersten Satz von *Castigliano*

$$EJ \frac{\partial W}{\partial M_0} = 4 \int_0^{\frac{\pi}{2}} M \frac{\partial M}{\partial M_0} R \, \mathrm{d}\varphi = 0$$

sein muß. Mit

$$M = M_0 + \frac{1}{2} FR (1 - \cos\varphi) ,$$

$$\frac{\partial M}{\partial M_0} = 1$$

erhalten wir also für M_0 die Beziehung

$$0 = \int_0^{\frac{\pi}{2}} \left\{ M_0 + \frac{1}{2} FR(1 - \cos\varphi) \right\} R \, \mathrm{d}\varphi = M_0 R \frac{\pi}{2} + \frac{1}{2} FR^2 \left(\frac{\pi}{2} - 1 \right) ,$$

d.h.

$$M_0 = -\frac{1}{2} FR\left(1 - \frac{2}{\pi}\right)$$

und damit schließlich

$$M(\varphi) = -\frac{1}{2} FR\left(\cos\varphi - \frac{2}{\pi}\right).$$

Für die anderen Schnittgrößen haben wir bereits gefunden

$$N(\varphi) = \frac{F}{2}\cos\varphi,$$
$$Q(\varphi) = \frac{F}{2}\sin\varphi.$$

Damit können wir jetzt endgültig $W = W(F)$ berechnen und daraus wiederum nach dem ersten Satz von *Castigliano* die gesuchte Verschiebung f ermitteln. Es wird

$$EJf = EJ\frac{\partial W(F)}{\partial F} = 4\int_0^{\frac{\pi}{2}} \left\{M\frac{\partial M}{\partial F} + \frac{J}{A} N\frac{\partial N}{\partial F} + \kappa\frac{EJ}{GA} Q\frac{\partial Q}{\partial F}\right\} R\,\mathrm{d}\varphi$$

$$= 4F\int_0^{\frac{\pi}{2}} \left\{\frac{R^2}{4}\left(\cos\varphi - \frac{2}{\pi}\right)^2 + \frac{J}{A}\frac{1}{4}\cos^2\varphi + \kappa\frac{EJ}{GA}\frac{1}{4}\sin^2\varphi\right\} R\,\mathrm{d}\varphi$$

$$= \frac{\pi}{4} FR^3\left\{1 - \frac{8}{\pi^2} + \frac{J}{AR^2}\left[1 + \kappa\frac{E}{G}\right]\right\}.$$

Der letzte Term in der Klammer enthält den Einfluß von Längs- und Querkraft. Dieser Einfluß ist nicht immer zu vernachlässigen, auch wenn der Ring als schwach gekrümmter Stab zu betrachten ist.

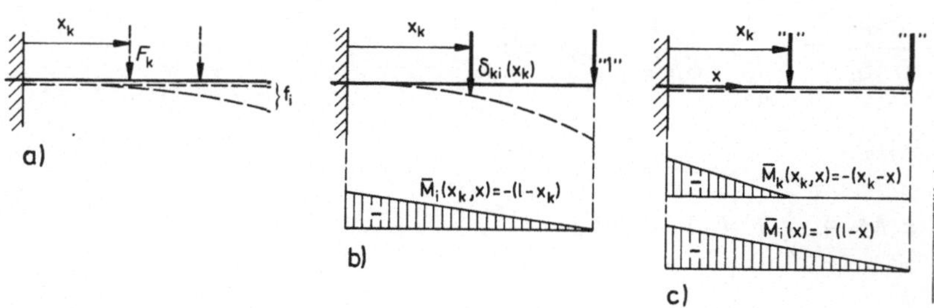

Bild 7.27 Einflußlinie für f_i

5. Beispiel (vgl. Bild 7.27)

Wir wollen den Einfluß der Lage der Angriffsstelle einer Belastung auf die Durchsenkung f_i am freien Ende eines Kragträgers untersuchen. Wir betrachten also die

Koordinate x_k des Lastangriffspunktes als variabel. Da f_i der Größe F_k proportional ist, genügt es, die Einflußgröße δ_{ik} in Abhängigkeit von x_k bei gegebener Wirkungsdrichtung der Kraft (hier: $\boldsymbol{e}_k \perp \boldsymbol{e}_x$) und für einen festen Punkt x_i und eine feste Verschiebungsrichtung (hier $\boldsymbol{e}_i \perp \boldsymbol{e}_x$) zu ermitteln, d.h.

$$\delta_{ik} = \delta_{ik}(x_k)\,.$$

Die Darstellung der Funktion $\delta_{ik}(x_k)$ ist eine sogenannte Einflußlinie, hier für die Größe f_i. Wir können Einflußlinien auch für andere Größen definieren, z.B. eine Einflußlinie für die Größe des Einspannmomentes oder für die Neigung $w_i' = w'(l)$ des Stabendes.

Statt $\delta_{ik}(x_k)$ zu ermitteln, ist es nach dem Satz von *Maxwell* einfacher

$$\delta_{ki}(x_k) = \delta_{ik}(x_k)$$

zu berechnen, d.h. also hier die Durchsenkung an der Stelle x_k infolge einer Last „1" am Stabende ($x = x_i = l$). Diese Durchsenkung können wir aus der Differentialgleichung der Biegelinie (für $\delta_{ki}(x_k)$ statt für $w(x)$), d.h. aus

$$EJ\,\delta_{ki}''(x_k) = -\bar{M}_i(x_k) = l - x_k$$

mit den Randbedingungen

$$\delta_{ki}(0) = 0\,, \quad \delta_{ki}'(0) = 0$$

berechnen (vgl. Bild 7.27b). Einfacher ist es jedoch, dafür die Methode der virtuellen Verschiebungsarbeit heranzuziehen. Sie führt auf (vgl. Bild 7.27b und c)

$$EJ\,\delta_{ki}(x_k) = EJ\,\delta_{ik}(x_k) = \int_0^{x_k} \bar{M}_i(x)\,\bar{M}_k(x_k)\,\mathrm{d}x$$

$$= \int_0^{x_k} (1 - x)(x_k - x)\,\mathrm{d}x$$

$$= \frac{l\,x_k^2}{2}\left\{1 - \frac{x_k}{3l}\right\}.$$

Nachträglich können wir dann auch wiederum x_k durch x ersetzen, sofern klar ist, welche Einflußgröße $\delta_{ki} = \delta_{ik}$ gemeint ist.

7.4.3 Einige ergänzende Bemerkungen

Sowohl bei der Anwendung der Methode der virtuellen Verschiebungsarbeit wie des ersten Satzes von *Castigliano* tauchen immer wieder Integrale der Form

$$\int_0^l M\bar{M}\,\mathrm{d}x \quad \text{bzw.} \quad \int_0^l M\,\frac{\partial M}{\partial F_i}\,\mathrm{d}x \quad \text{oder} \quad \int_0^l N\bar{N}\,\mathrm{d}x \quad \text{bzw.} \quad \int_0^l N\,\frac{\partial N}{\partial F_i}\,\mathrm{d}x$$

usw. auf. Diese Integrale werden in der Baustatik als Überlagerungen zweier Zustandslinien bezeichnet. Die Größen M, $\bar{M}$ usw. sind dabei meist einfache rationale (z.B. lineare oder quadratische) Funktionen. Zumindest lassen sie sich im allgemeinen wenigstens abschnittsweise als solche annehmen. Dann können wir für diese Integrale Tabellen entwickeln, aus denen das jeweilige Integrationsergebnis unmittelbar ablesbar ist. Ein Beispiel dafür stellt die Tabelle 7.2 dar.

	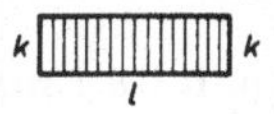 k k l	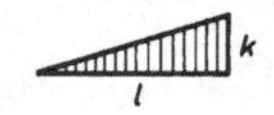 k l	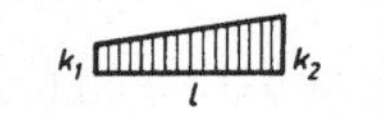 k_1 k_2 l
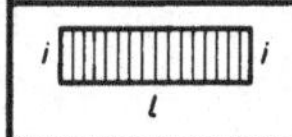 i i l	lik	$\frac{1}{2}lik$	$\frac{1}{2}li(k_1+k_2)$
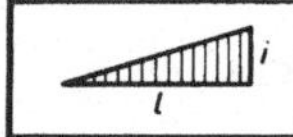 i l	$\frac{1}{2}lik$	$\frac{1}{3}lik$	$\frac{1}{6}li(k_1+2k_2)$
 i l	$\frac{1}{2}lik$	$\frac{1}{6}lik$	$\frac{1}{6}li(2k_1+k_2)$
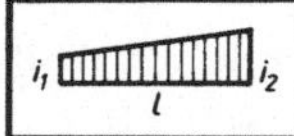 i_1 i_2 l	$\frac{1}{2}l(i_1+i_2)k$	$\frac{1}{6}l(i_1+2i_2)k$	$\frac{1}{6}l(2i_1k_1+i_1k_2+i_2k_1+2i_2k_2)$
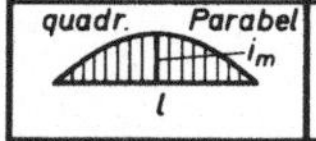 quadr. Parabel i_m l	$\frac{2}{3}li_mk$	$\frac{1}{3}li_mk$	$\frac{1}{3}li_m(k_1+k_2)$
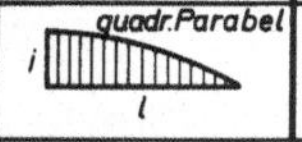 quadr. Parabel i l	$\frac{2}{3}lik$	$\frac{1}{4}lik$	$\frac{1}{12}li(5k_1+3k_2)$
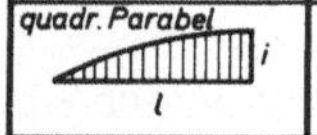 quadr. Parabel i l	$\frac{2}{3}lik$	$\frac{5}{12}lik$	$\frac{1}{12}li(3k_1+5k_2)$
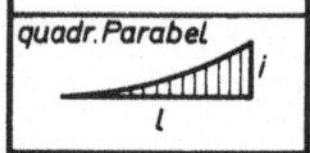 quadr. Parabel i l	$\frac{1}{3}lik$	$\frac{1}{4}lik$	$\frac{1}{12}li(k_1+3k_2)$
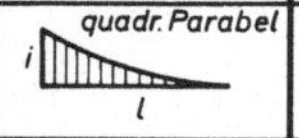 quadr. Parabel i l	$\frac{1}{3}lik$	$\frac{1}{12}lik$	$\frac{1}{12}li(3k_1+k_2)$
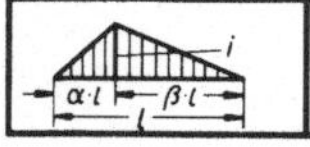 i $\alpha\cdot l$ $\beta\cdot l$ l	$\frac{1}{2}lik$	$\frac{1}{6}l(1+\alpha)ik$	$\frac{1}{6}li\{(1+\beta)k_1+(1+\alpha)k_2\}$

Tabelle 7.2 Überlagerungsgrößen $\int M\bar{M}\,dx$ usw.

Bei hochgradig statisch unbestimmten Problemen können die hier angegebenen Methoden mühsam werden. Im Rahmen der Baustatik sind dafür besondere numerische Methoden entwickelt worden, die den Rechengang erheblich vereinfachen können.

Diese Methoden sind teilweise auf bestimmte Strukturen der Tragwerke abgestimmt. Deshalb gibt es eine große Vielfalt solcher Methoden. Teils handelt es sich um Kraftgrößen-Verfahren, bei denen die statisch unbestimmten Auflager-Reaktionen als unbekannte Kräfte eingeführt werden (vgl. 3. Beispiel in Abschnitt 7.4.2), teils um sogenannte Weggrößen-Verfahren, bei denen die Verschiebungen und Verdrehungen bestimmter Punkte als zunächst unbekannte Größen in die Rechnung eingehen. Teils wendet man auch kombinierte Verfahren an.

8 Stabilitätsprobleme der Elasto-Statik

8.1 Allgemeines

Aus dem vollständigen Gleichungssystem der Statik linear-elastischer Körper läßt sich folgern:

Satz 8.1: *Eindeutigkeitssatz der linearen Elasto-Statik von Kirchhoff* (1824-1887)

Sind bei einem linear-elastischen Körper, der sich im Ausgangszustand in einem natürlichen Zustand befindet und kinematisch bestimmt gelagert ist,

a) für jeden Punkt der Oberfläche entweder der Spannungsvektor $\boldsymbol{p}$ oder die (stetig verteilte) Verschiebung $\boldsymbol{u}$ (bzw. bestimmte Kombinationen von $\boldsymbol{p}$ und $\boldsymbol{u}$) und
b) für jeden Punkt im Innern des Körpers die spezifische Massenkraft $\boldsymbol{f}$ und die (stetig verteilte) Temperatur T

in der Weise gegeben, daß sich die Beträge aller dieser Größen proportional zu einem Parameter λ (Belastungs-Parameter) quasistatisch ändern (proportionale Belastung mit dem Anfangswert $\lambda = 0$), so sind für hinreichend kleine Zahlenwerte von λ die sich ergebenden Spannungs-, Verzerrungs- und Verschiebungs-Felder stets eindeutig.

Der *Kirchhoff*sche Eindeutigkeitssatz besagt, daß wir bei der mit λ wachsenden Belastung eines linear-elastischen Körpers (unter den genannten Voraussetzungen) zunächst stets eine eindeutige Lösung erhalten. Er gilt in voller Allgemeinheit allerdings streng nur für $\lambda \rightarrow 0$. Im konkreten Einzelfall können wir aber jeweils eine gewisse – vom Problem abhängige – Grenze für λ angeben, bis zu der die Eindeutigkeit des Ergebnisses gewahrt bleibt.

In manchen Fällen wird allerdings vorher bereits eine Grenze erreicht, an der das linear-elastische Verhalten etwa dadurch verlorengeht, daß die geometrische Linearisierung nicht mehr zulässig ist oder daß der Gültigkeitsbereich des linearen Formänderungsgesetzes (z.B. durch Erreichung der Fließgrenze) überschritten wird. Ein einfaches Beispiel für eine Begrenzung der geometrischen Linearität zeigt Bild 8.1. Bereits bei einer recht kleinen Durchsenkung f des Bogenscheitels ändert sich die Geometrie des Bogens so, daß eine Proportionalität zwischen der Belastung F und der Durchsenkung f nicht mehr gegeben ist. Die Verzerrungen und Spannungen können dabei durchaus in dem Proportionalitätsbereich des Formänderungsgesetzes bleiben. Nur wenn $f/a \ll 1$ ist, dürfen wir noch eine lineare Beziehung zwischen F und f erwarten.

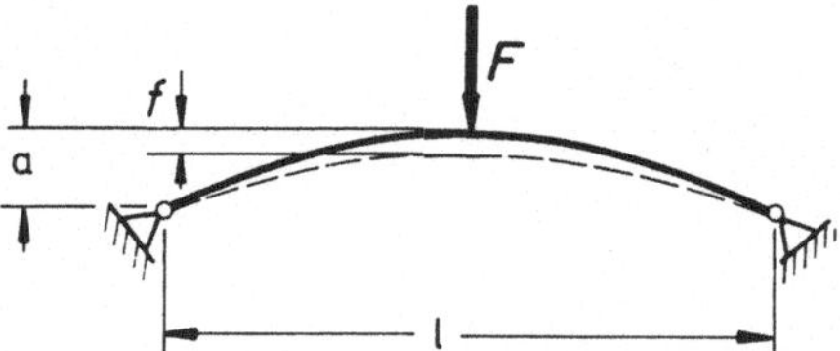

Bild 8.1
Bogenträger unter Einzellast F

Wird die Grenze der Eindeutigkeit erreicht, so bedeutet das, daß bei der betreffenden – durch einen bestimmten Zahlenwert λ_k gekennzeichneten – Belastung verschiedene Gleichgewichtszustände möglich sind. Diese Gleichgewichtszustände können benachbart sein, dann sprechen wir von Verzweigungsproblemen. Im anderen Fall haben wir sogenannte Durchschlagprobleme. Beide Problemgruppen fassen wir unter der Bezeichnung Stabilitätsprobleme zusammen. Ein Beispiel für ein Verzweigungsproblem ist das Knicken eines Stabes unter Druckbelastung (vgl. Bild 8.2). Ein Durchschlagproblem erhalten wir für den Bogenträger nach Bild 8.1. Der Bogenträger schlägt nach unten durch, wenn F eine bestimmte Grenze F_k erreicht.

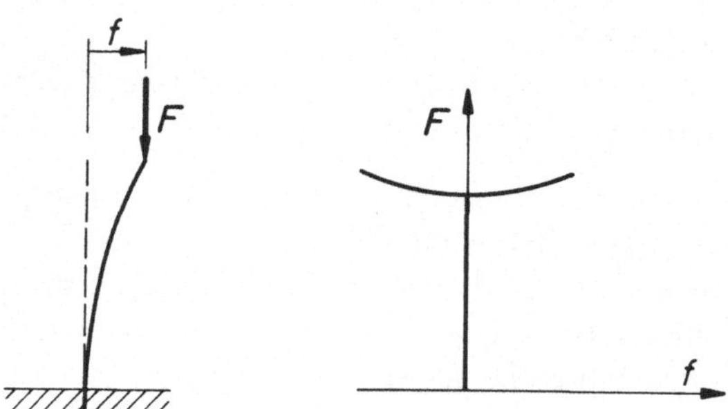

Bild 8.2 Knicken eines Stabes unter Drucklast

Bei den verschiedenen Gleichgewichtszuständen, die bei einem Stabilitätsproblem auftreten können, unterscheiden wir

a) stabile,

b) indifferente und
c) labile

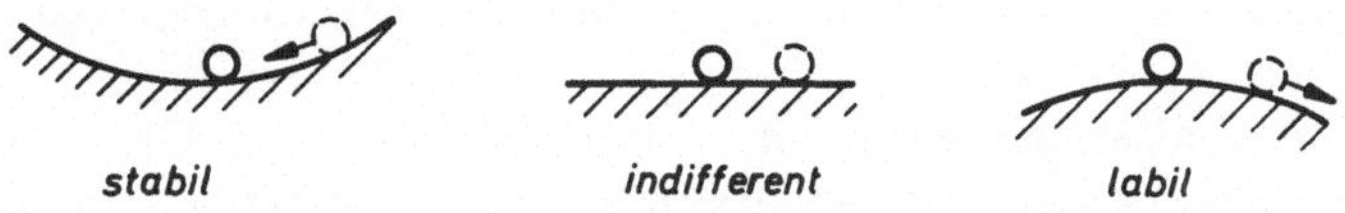

Bild 8.3 Verschiedene Gleichgewichtszustände

Gleichgewichtszustände. Wir können uns die Bedeutung dieser Unterscheidung anhand von Bild 8.3 veranschaulichen, das die Gleichgewichtszustände einer auf einer Unterlage ruhenden Kugel darstellt. In einem stabilen Gleichgewichtszustand kehrt die Kugel nach einer (kleinen) Störung wieder in die alte Gleichgewichtslage zurück. Bei Indifferenz sind auch die benachbarten Lagen Gleichgewichtszustände. Bei einem labilen Gleichgewichtszustand hingegen führt jede (auch noch so kleine) Störung dazu, daß eine Rückkehr in den alten Gleichgewichtszustand nicht mehr möglich ist. Bild 8.3 zeigt nur das Verhalten in der Nachbarschaft. Bei einer globalen Betrachtung des Stabilitätsverhaltens eines Körpers können auch mehrere verschiedenartige Gleichgewichtszustände nebeneinander auftreten (s. Bild 8.4). Dabei können auch Gleichgewichtszustände auftreten, die nur bei hinreichend kleinen Störungen stabil sind.

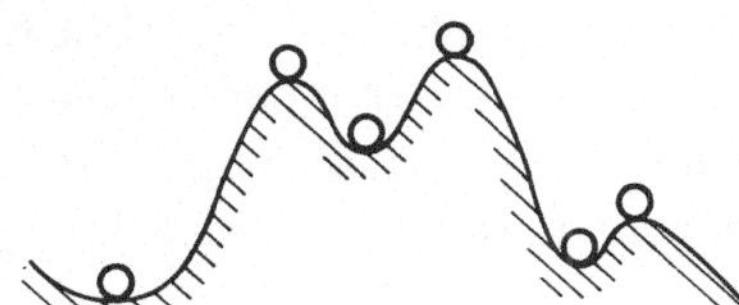

Bild 8.4
Globales Stabilitätsverhalten

Aus den vorstehenden Überlegungen können wir allgemein folgern, daß wir uns bei Untersuchungen des Stabilitätsverhaltens nicht damit begnügen können, nur einen möglichen Gleichgewichtszustand zu ermitteln. Wir müssen vielmehr stets nach der Gesamtheit der möglichen Gleichgewichtszustände fragen.

Das hat in der Elastostatik zur Folge, daß wir zumindest eine der Voraussetzungen fallenlassen müssen, die wir bisher der Theorie der linear-elastischen Körper zugrundegelegt hatten, nämlich die, daß alle Kräfte am unverformten System angesetzt werden. Das bedeutet zunächst nicht notwendigerweise, daß damit auch der lineare Zusammenhang zwischen Verschiebungen und Verzerrungen bzw. Drehungen verlorengehen muß. Sobald wir allerdings das globale Stabilitätsverhalten untersuchen wollen, werden wir in aller Regel auch von dieser Voraussetzung absehen müssen.

Zur Kennzeichnung der verschiedenen Zustände, die uns bei der Untersuchung des Stabilitätsverhaltens begegnen, führen wir folgene Bezeichnungen ein:

1. Ausgangszustand ist der unbelastete Zustand des Körpers. Wir setzen hier voraus, daß der Ausgangszustand zugleich ein natürlicher Zustand des Körpers

(vgl. Definition 3.1) ist.

2. Grundzustände sind jene Gleichgewichtszustände, die der Körper annimmt, wenn er aus dem Ausgangszustand heraus quasistatisch belastet wird, wobei der jeweilige Belastungszustand durch den Zahlenwert des Belastungsparameters λ gekennzeichnet ist.
3. Nachbarzustände erhalten wir, wenn wir – ausgehend von einem Grundzustand – den Verschiebungszustand in kinematisch zulässiger, sonst aber beliebiger Weise variieren. Dabei muß festgelegt sein, wie sich die Belastung bei solch einer Variation des Verschiebungszustandes (aber gleichbleibendem Belastungsparameter λ) verhält, d.h. ob sich die Wirkungsrichtung der Kräfte dabei ändert oder gleich bleibt.

Die Untersuchung, ob es zu einem Grundzustand mindestens einen Nachbarzustand gibt, der wie der Grundzustand ein Gleichgewichtszustand ist, bildet das Kernstück der Betrachtung von Verzweigungsproblemen. Bei der Betrachtung von Durchschlagproblemen können wir uns hingegen nicht mehr auf Nachbarzustände beschränken. Deshalb werden solche Probleme zumindest geometrisch nicht-linear.

Als Belastungsparameter λ können wir in vielen Fällen etwa die skalare Größe einer bestimmten Kraft (zu der alle anderen Kräfte proportional sind) einführen. In anderen Fällen kann es sinnvoll sein, die Größe einer vorgegebenen Verschiebung als Belastungsparameter λ zu benutzen. Die zweckmäßige Wahl des Belastungsparameters richtet sich nach der jeweils vorliegenden Aufgabe.

Wir können auch Stabilitätsprobleme angeben, bei denen die Belastung von zwei und mehr Parametern abhängt. Ein zweiparametriges Problem zeigt Bild 8.5. Das Stabilitätsverhalten wird hier wesentlich davon beeinflußt, wie die Belastungen durch die unabhängigen Kräfte F_1 und F_2 (und die damit verbundenen Belastungsparameter λ_1 und λ_2) zusammenwirken. Die für einen Durchschlag erforderliche Belastung F_2 hängt beispielsweise sehr stark davon ab, ob und wieweit das System durch F_1 vorbelastet ist.

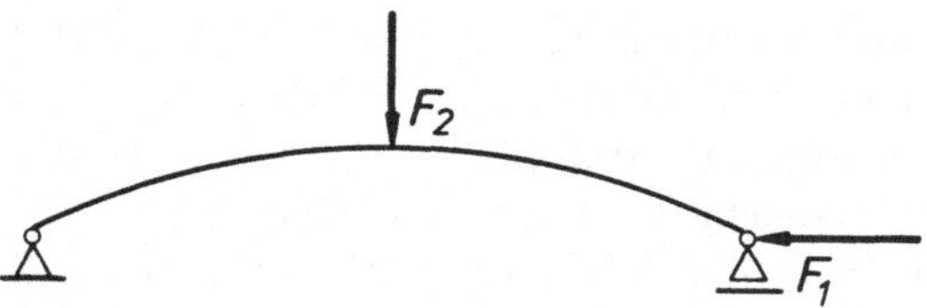

Bild 8.5 Zweiparametriges Problem

8.2 Verzweigungsprobleme mit endlichem Freiheitsgrad

Bei den folgenden Beispielen setzen wir die Körper (Stäbe) als starr voraus. Die elastische Deformierbarkeit liegt in den Auflagern bzw. Verbindungen.

1. Beispiel: System mit einem Freiheitsgrad (vgl. Bild 8.6)
Als Belastungsparameter können wir den Betrag F der Belastung wählen. Wächst F von Null an, so bleibt der Stab zunächst senkrecht. Dieses ist der

Grundzustand: (vgl. Bild 8.6a) $f = 0$
Auflager-Reaktionen:

$$\sum F_V = 0 \quad \rightarrow \quad A = F$$

$$\sum M_{(a)} = 0 \quad \rightarrow \quad H_a = H_b = 0\,.$$

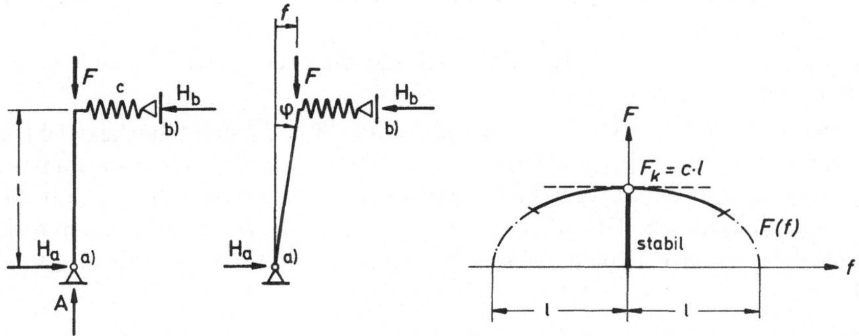

Bild 8.6 System mit einem Freiheitsgrad, a) Grundzustand $f = 0$, b) Nachbarzustand $f \neq 0$, c) Verhalten im Nachbarzustand $F(f)$

Wir untersuchen nun, ob es bei bestimmten Belastungen F Nachbarzustände gibt, die ebenfalls Geichgewichtszustände sind. Die kinematisch zulässigen Nachbarzustände können wir vollständig durch die Angabe einer Variablen, etwa der Auslenkung f beschreiben, da das System nur einen Freiheitsgrad hat. Wir setzen dabei voraus, daß die Belastung ihren Angriffspunkt und ihre Richtung nicht ändert und das federnde Auflager bei b) stets horizontal wirkt. Ferner beschränken wir uns vorerst auf kleine Auslenkungen. Dann gilt für diese

Nachbarzustände: (vgl. Bild 8.6b) $f \neq 0, \ \dfrac{|f|}{l} \ll 1$ (kleine Verschiebung)
Auflager-Reaktionen:

$$\sum F_H = 0 \quad \rightarrow \quad H_a = H_b = H$$

$$\sum M_{(a)} = 0 \quad \rightarrow \quad F f = H l\,.$$

Da für die Horizontalkraft H andererseits

$$H = c f$$

gilt, wobei c die Federkonstante des elastischen Auflagers b) ist, folgt

$$F\,f = c\,fl$$

bzw.

$$(F - cl)\,f = 0\,.$$

Diese Gleichgewichtsbedingung hat zwei Lösungen:

1. $f = 0$: Grundzustand, der bei unserer Untersuchung der Nachbarzustände stets noch einmal als Lösung erscheint.
2. $F = cl = F_k$: kritische Last = Verzweigungslast

Wir haben dieses Ergebnis wie folgt zu deuten:

1. Für $F < F_k$ ist nur der Grundzustand ($f = 0$) als Gleichgewichtszustand möglich.
2. Für $F = F_k$ sind auch Nachbarzustände im Gleichgewicht möglich; f bleibt dabei unbestimmt.

Es scheint nach dieser Rechnung so, als ob für $F = F_k$ das Gleichgewicht indifferent werde (vgl. Bild 8.6c, gestrichelte horizontale Gerade). Das liegt aber lediglich daran, daß wir hier kleine Verschiebungen in Betracht gezogen und damit das Problem linearisiert haben. Um über die Art des Gleichgewichts genaueren Aufschluß zu erhalten, müssen wir auch größere Verschiebungen zulassen. Wir erhalten dann für die

Nachbarzustände: $f \neq 0$ (große Verschiebungen)

$$\sum M_{(a)} = 0 \quad \rightarrow \quad F\,f = c\,fl\,\cos\varphi = c\,fl\sqrt{1 - \left(\frac{f}{l}\right)^2}$$

d.h.

$$\left\{F - cl\sqrt{1 - \left(\frac{f}{l}\right)^2}\right\} f = 0\,.$$

Gleichgewichtszustände sind also nach dieser genaueren Betrachtungsweise für

1. $f = 0$ (Grundzustand)
2. $F = cl\sqrt{1 - \left(\frac{f}{l}\right)^2} = \bar{F}(f)$ (vgl. Bild 8.6c)

möglich. Aus Untersuchungen des Verhaltens des Systems bei einer Störung der Gleichgewichtslagen entnehmen wir ferner, daß

1. der Grundzustand für $F < F_k$ stabil (bei hinreichend kleinen Störungen), für $F \geqslant F_k$ dagegen labil ist,
2. die Nachbarzustände mit $\bar{F}(f)$ alle labil sind (fallende Kennlinie).

Wir entnehmen den vorstehenden Betrachtungen auch, daß uns der (geometrisch) linearisierte Ansatz zwar die (kritische) Verzweigungslast F_k richtig liefert, daß wir aber über das gesamte Stabilitätsverhalten erst Aufschluß erhalten, wenn wir das nicht-lineare Verhalten berücksichtigen.

2. Beispiel: System mit zwei Freiheitsgraden (vgl. Bild 8.7)

Wir betrachten ein System von zwei starren Scheiben (oder Stäben), die durch eine

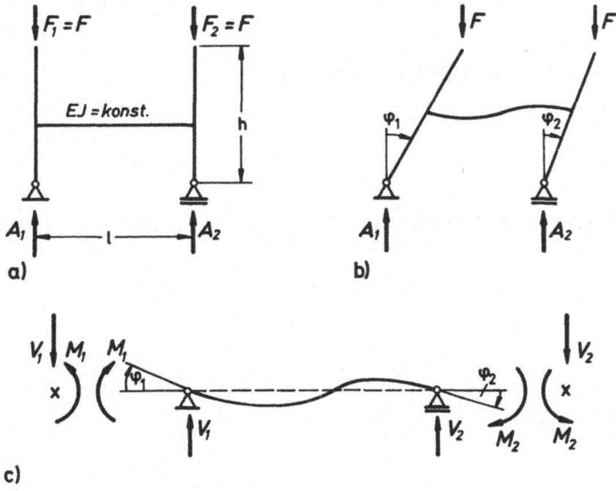

Bild 8.7 System mit zwei Freiheitsgraden, a) Grundzustand, b) Nachbarzustand, c) Wirkung der elastischen Achse

elastische Achse miteinander verbunden sind. Der Angriffspunkt und die Richtung der Kräfte $\boldsymbol{F}_1$ und $\boldsymbol{F}_2$ sollen sich bei Deformationen des Systems nicht ändern. Als Belastungsparameter wählen wir den Betrag der beiden Kräfte, die stets gleich groß sein sollen: $F_1 = F_2 = F$.

Grundzustand: $f_1 = f_2 = 0$

$a_1 = a_2 = F$

Nachbarzustände:

Wir beschreiben die möglichen Nachbarzustände durch Angabe der beiden Winkel φ_1 und φ_2 (vgl. Bild 8.7b), die im allgemeinen voneinander verschieden sein können (Freiheitsgrad: 2). Wir beschränken uns dabei hier auf kleine Verschiebungen. Zur Ermittlung der Rückstell-Momente, die die elastische Achse auf die Scheiben ausübt, schneiden wir das System an den Anschlußstellen auf (Bild 8.7c). Mit den üblichen Methoden der Elasto-Statik der Stäbe erhalten wir

$$\varphi_1 = \frac{l}{6EJ}\{2M_1 - M_2\}$$

$$\varphi_2 = \frac{l}{6EJ}\{2M_2 - M_1\}$$

bzw.

$$M_1 = \frac{2EJ}{l}\{2\varphi_1 + \varphi_2\}$$

$$M_2 = \frac{2EJ}{l}\{2\varphi_2 + \varphi_1\}.$$

Bei der Suche nach möglichen benachbarten Gleichgewichtslagen finden wir dann (Einzelheiten der elementaren Rechnung übergehen wir), daß es zwei Verzweigungslasten gibt, und zwar

1. eine, die zu einem durch $\varphi_2 = -\varphi_1$ gekennzeichneten Verformungszustand (vgl. Bild 8.8a) gehört, von der Größe
$$F_{k_1} = 2\,\frac{EJ}{hl},$$
2. eine zweite, die einem Verformungszustand $\varphi_2 \approx \varphi_1$ entspricht (vgl. Bild 8.8b) von der Größe
$$F_{k_2} = 6\,\frac{EJ}{hl}.$$

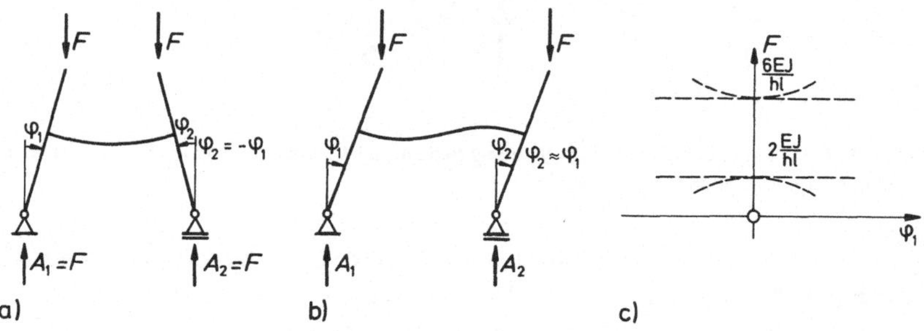

Bild 8.8 Benachbarte Gleichgewichtslagen, a) 1. Verformungszustand $\varphi_2 = -\varphi_1$, b) 2. Verformungszustand $\varphi_2 \approx \varphi_1$, c) Verhalten im Nachbarzustand

Untersucht man genauer, so erhält man den in Bild 8.8c skizzierten Sachverhalt. Da wir den an sich stabilen 2. Verformungszustand nur über labile Zwischenzustände erreichen können, erweist sich F_{k_1} als kritische Grenze der Belastung.

8.3 Knicken eines Druckstabes

8.3.1 Allgemeines

Bei einem Druckstab gibt es neben dem Grundzustand unendlich viele verschiedene Nachbarzustände, da der Stab in beliebiger Weise seitlich ausweichen kann, sofern nur die Randbedingungen eingehalten sind. Der Druckstab ist deshalb ein Beispiel für ein Verzweigungsproblem mit dem Freiheitsgrad unendlich.

Es gibt – je nach Lagerung und Beanspruchung – viele verschiedene Knickprobleme. Wir betrachten hier nur einige Grundfälle, die sogenannten *Euler*-Fälle (vgl. Bild 8.9). Ihre Untersuchung geht auf *Euler* (1707-1783) zurück.

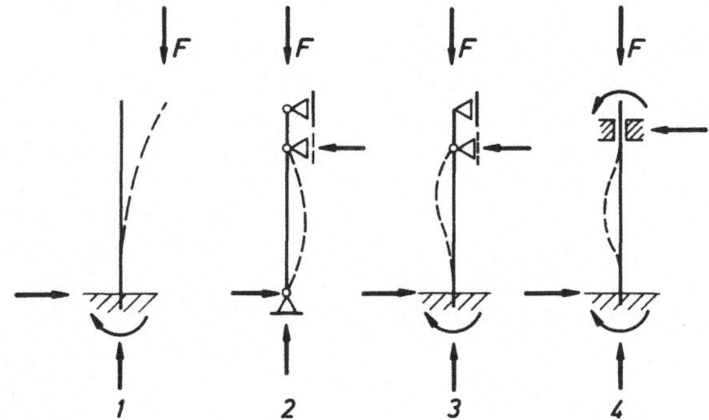

Bild 8.9 Euler-Fälle des Knickens

Wir setzen voraus:

1. Gerade Stabachse,
2. Unveränderlicher Querschnitt,
   y, z-Achsen = Hauptachsen,
   Schubmittelpunkt = Schwerpunkt,
3. Zentrische Belastung des Endquerschnitts mit gleichbleibender Wirkungsrichtung,
4. $T = T_0$.

Der Grundzustand ist in allen Fällen der gleiche. Wir haben nur eine vertikale Auflager-Reaktion $A = F$ und als Schnittgrößen

$$\left.\begin{array}{rl} N & = -F \\ M_y = M_z & = \quad 0 \\ Q_y = Q_z & = \quad 0 \\ M_T & = \quad 0 \end{array}\right\} \quad \rightarrow \quad \sigma_{xx} = \sigma = \frac{N}{A}\,.$$

Bei der Untersuchung der Nachbarzustände auf mögliche Gleichgewichtszustände nehmen wir an, daß der Stab nur in der xz-Ebene ausweiche, so daß wir uns auf ein ebenes Problem (mit $J_{yy} = J$ usw.) beschränken können. Die Voraussetzungen sind so gewählt, daß dies hier erlaubt ist. Im allgemeinen Fall muß man jedoch von beliebigen, zulässigen Verschiebungszuständen ausgehen.

8.3.2 Die sogenannten Euler-Fälle als Beispiele

1. Beispiel: 2. *Euler*-Fall (vgl. Bild 8.10)
Aus Bild 8.10 lesen wir ab

$$M(x) = F\,w(x)\,.$$

Für die Biegelinie gilt andererseits bei Vernachlässigung der Schubverformungen (vgl. Abschnitt 4.2)

$$EJ\, w''(x) = -M(x)\,.$$

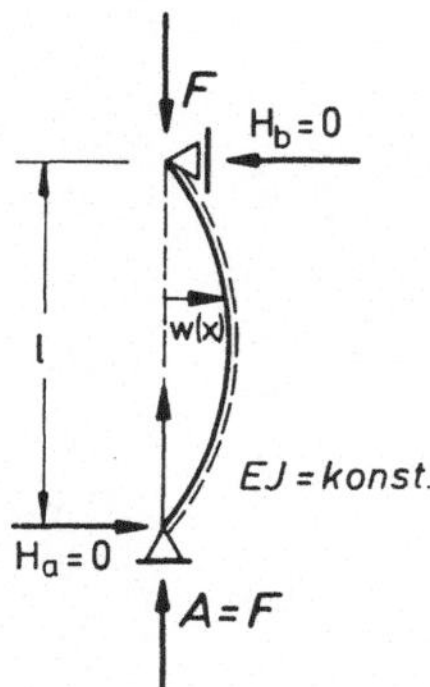

Bild 8.10
Knickstab (2. Euler-Fall)

Setzen wir hierin $M(x)$ ein, so erhalten wir nach einfacher Umordnung die Differentialgleichung

$$w''(x) + k^2 w(x) = 0$$
$$\text{mit } k^2 = \frac{F}{EJ} \text{ und}$$
$$\text{mit den Randbedingungen } w(0) = w(l) = 0$$

Diese homogene Differentialgleichung mit homogenen Randbedingungen stellt – wie wir sogleich sehen werden – ein sogenanntes Eigenwertproblem dar, das nur für bestimmte Zahlenwerte des Parameters $k^2 = \dfrac{F}{EJ}$, die wir Eigenwerte nennen, nicht-triviale Lösungen hat. Die allgemeine Lösung der Differentialgleichung lautet

$$w(x) = c_1 \sin kx + c_2 \cos kx\,.$$

Setzen wir das in die Randbedingungen ein, so erhalten wir als Gleichungen für die freien Konstanten c_1, c_2

$$\begin{aligned} w(0) &= 0 = & & c_2 \\ w(l) &= 0 = c_1 \sin kl & + \; & c_2 \cos kl\,. \end{aligned}$$

Daraus lesen wir ab:

$$c_2 = 0$$

$$c_1 \sin kl = 0 \to \begin{cases} c_1 = 0 & : \text{ Grundzustand} \\ \sin kl = 0 & : \; c_1 = c \text{ beliebig.} \end{cases}$$

Nicht-triviale Lösungen erhalten wir also nur für

$$kl = k_n l = \sqrt{\frac{F_n}{EJ}}\, l = n\pi$$

d.h.

$$F_n = n^2 \pi^2 \frac{EJ}{l^2}, \quad n = 1, 2 \ldots$$

Dies sind jeweils die Verzweigungslasten, bei denen sich – im Rahmen unserer linearisierten Theorie – neben dem Grundzustand noch ausgeknickte Zustände der Form

$$w_n(x) = c \sin k_n x = c \sin\left(n\pi \frac{x}{l}\right)$$

mit unbestimmter Amplitude c einstellen können (vgl. Bild 8.11).

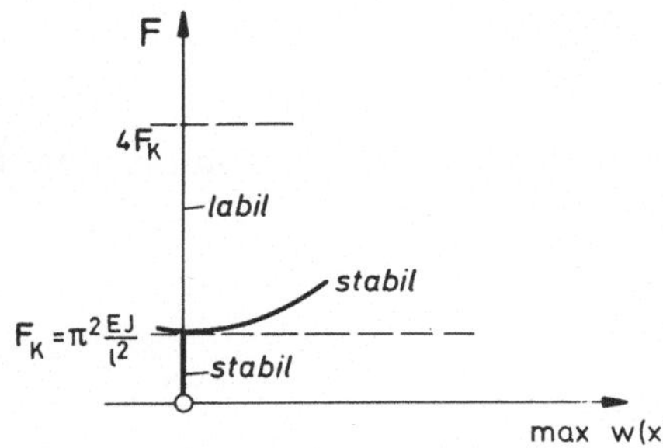

Bild 8.11
Verhalten im Nachbarzustand

Die Eigenwerte k_n erhalten wir auch aus der Bedingung, daß die Koeffizienten-Determinante des Gleichungssystems für c_1, c_2 verschwinden muß, wenn das Gleichungssystem nicht-triviale Lösungen haben soll.

Untersuchen wir das Knicken in verschiedenen Ebenen, so finden wir, daß Gleichgewichtszustände überhaupt nur möglich sind für ein Ausknicken in Richtung einer Hauptachse des Querschnittes, da nur dann die Ebene des Biegemomentes und die zugehörige Biegeebene zusammenfallen (gerade Biegung). Im Falle einer schiefen Biegung entsteht dagegen ein Ungleichgewicht zwischen dem von der Belastung herrührenden Biegemoment und dem resultierenden Moment der Spannungen. Dieses bewirkt eine Drehung der Biegeebene, und zwar stets in dem Sinne, daß der Stab jeweils in eine Richtung ausknickt, für die das zugehörige Flächen-Trägheitsmoment zum Minimum wird. Unsere Annahme, daß der Stab nur in der xz-Ebene ausknickt, ist also dann und nur dann gerechtfertigt, wenn das Flächen-Trägheitsmoment $J_{yy} = J_{\min}$ ist. Davon wollen wir im folgenden stets ausgehen.

Aus den bisherigen Überlegungen folgt, daß wir die kleinste Verzweigungslast für ein Ausknicken in der xz-Ebene (bei $J_{yy} = J_{\min}$) und für $n = 1$ erhalten. Diese kleinste Verzweigungslast ist die sogenannte

kritische Last:	$F_k = \pi^2 \dfrac{EJ_{\min}}{l^2}$,
zugehörige Biegeline:	$w_k(x) = c \sin\left(\pi \dfrac{x}{l}\right)$.

Genauere Untersuchungen der zu den verschiedenen Zahlenwerten von n gehörenden Gleichgewichtszustände zeigen ferner, daß

1. der Grundzustand für $F < F_k$ und
2. die zu der kleinsten Verzweigungslast F_k gehörenden Nachbarzustände

stabil, alle anderen Gleichgewichtszustände jedoch labil sind (vgl. Bild 8.11). Praktisch ist die Belastbarkeit eines Druckstabes durch F_k begrenzt, weil bereits geringe Steigerungen der Belastung über F_k hinaus große Auslenkungen erzeugen, die in der Regel nicht erwünscht sind. F_k trägt deshalb zu Recht die Bezeichnung kritische Last. Wir entnehmen unseren Betrachtungen ferner, daß wir die Größe der kritischen Last in unserem Beispiel wie in vielen anderen (aber nicht allen) Fällen aus einer vereinfachten Rechnung gewinnen können, die von linearisierten geometrischen Beziehungen ausgeht. Das gesamte Stabilitätsverhalten erfassen wir jedoch nur, wenn wir auf solche Linearisierungen verzichten.

2. Beispiel: 1. *Euler*-Fall (vgl. Bild 8.12)

Wir benutzen hier vorteilhaft ein Koordinatensystem, das mit dem freien Stabende (ohne Rotation) mitgeht. Aus den beiden Beziehungen

$$M(x) = F\,w(x)$$

und

$$M(x) = -EJ\,w''(x)$$

erhalten wir die Differentialgleichung

$$\boxed{\begin{aligned} & w''(x) + k^2 w(x) = 0 \\ & \text{mit } k^2 = \frac{F}{EJ} \text{ und} \\ & \text{mit den Randbedingungen} \quad w(0) = 0 \\ & \qquad\qquad\qquad\qquad\qquad\quad w'(0) = 0 \end{aligned}}$$

und damit abermals ein Eigenwertproblem.

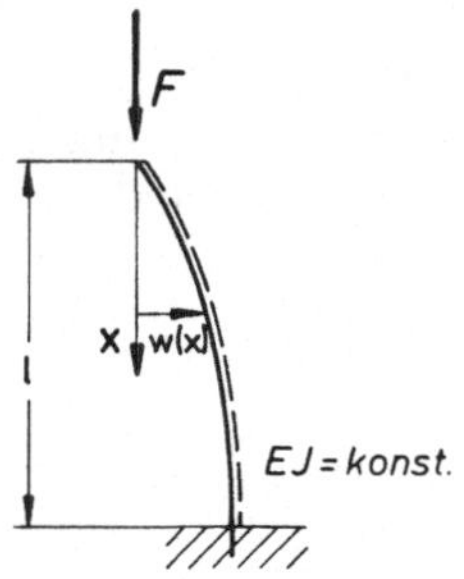

Bild 8.12
Knickstab (1. Euler-Fall)

Das Einsetzen der allgemeinen Lösung

$$w(x) = c_1 \sin kx + c_2 \cos kx$$

in die Randbedingungen ergibt das Gleichungssystem

$$\begin{aligned} w(0) &= 0 = & & & c_2 \\ w'(l) &= 0 = & c_1\, k \cos kl & - & c_2\, k \sin kl\,. \end{aligned}$$

Daraus folgt:

$$c_2 = 0$$

$$c_1 k \cos kl = 0 \quad \rightarrow \quad \begin{cases} c_1 = 0 & : \text{Grundzustand} \\ \cos kl = 0 & : c_1 = c \text{ beliebig.} \end{cases}$$

Nicht-triviale Lösungen ergeben sich also nur für

$$kl = k_n l = \sqrt{\frac{F_n}{EJ}}\, l = \frac{\pi}{2} + n\pi$$

d.h.

$$F_n = (\frac{\pi}{2} + n\pi)^2 \frac{EJ}{l^2}, \quad n = 0, 1, 2, \ldots$$

Daraus entnehmen wir aufgrund der gleichen Überlegungen wie beim 1. Beispiel als kleinste Verzweigungslast (mit $n = 0$ und $J = J_{\text{min}}$)

kritische Last:	$F_k = \frac{\pi^2}{4} \frac{EJ_{\text{min}}}{l^2}$,
zugehörige Biegeline:	$w_k(x) = c \sin\left(\frac{\pi x}{2l}\right)$.

3. Beispiel: 4. und 3. *Euler*-Fall

Wir beginnen mit der Betrachtung des 4. *Euler*-Falles (vgl. Bild 8.13). Für das Biegemoment erhalten wir aus Gleichgewichtsbetrachtungen

$$\begin{aligned} M(x) &= F\, w(x) + M_{Eb} + H(l - x) \\ &= F\, w(x) + M_{Ea} - Hx \qquad (\text{mit } M_{Ea} = M_{Eb} + Hl). \end{aligned}$$

Setzen wir das in die Differentialgleichung der Biegelinie

$$M(x) = -EJ\, w''(x)$$

ein, so entsteht zunächst die Differentialgleichung

$$w''(x) + \frac{F}{EJ}\, w(x) + \frac{M_{Eb}}{EJ} + \frac{H}{EJ}\,(l - x) = 0\,.$$

Um die unbekannten Auflager-Reaktionen dieses statisch unbestimmten Systems zu eliminieren, differenzieren wir diese Gleichung zweimal nach x und erhalten dann für dieses Eigenwertproblem die Differentialgleichung

$$w''''(x) + k^2 w''(x) = 0$$

mit $k^2 = \dfrac{F}{EJ}$ und

mit den Randbedingungen $w(0) = w(l) = 0$

$$w'(0) = w'(l) = 0\,.$$

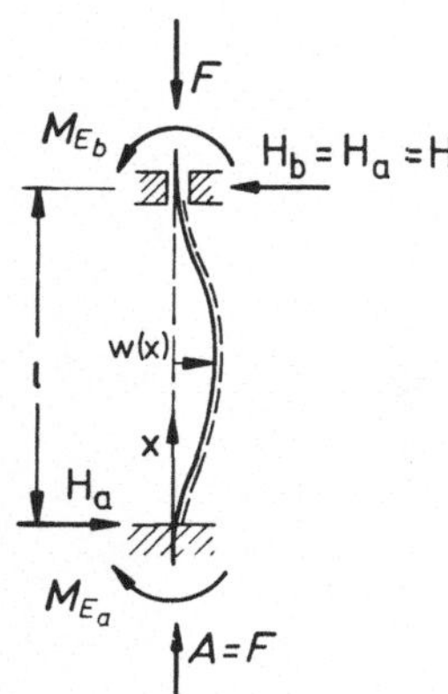

Bild 8.13
Knickstab (4. Euler-Fall)

Setzen wir die allgemeine Lösung dieser Differentialgleichung

$$w(x) = c_1 + c_2\,x + c_3 \sin kx + c_4 \cos kx$$

in die Randbedingungen ein, so entsteht das folgende lineare, homogene Gleichungssystem für die freien Konstanten c_i

$$\begin{aligned}
w(0) &= 0 = c_1 & & & & + c_4 \\
w(l) &= 0 = c_1 &+ c_2 l &+ c_3 \sin kl & &+ c_4 \cos kl \\
w'(0) &= 0 = & c_2 &+ c_3 k & & \\
w'(l) &= 0 = & c_2 &+ c_3 k \cos kl & &- c_4 k \sin kl \,.
\end{aligned}$$

Dieses Gleichungssystem hat nur nicht-triviale Lösungen, wenn die Koeffizienten-Determinante verschwindet. Aus dieser Bedingung sind die Eigenwerte k_n^2 dieses Eigenwertproblems zu ermitteln.

Wir können uns hier die Aufgabe, die Koeffizienten-Determinante auszurechnen, dadurch etwas erleichtern, daß wir das Gleichungssystem zuvor reduzieren. Mit den aus der ersten und der dritten Gleichung folgenden Beziehungen

$$\begin{aligned}
c_4 &= -c_1 \\
c_2 &= -c_3 k
\end{aligned}$$

erhalten wir das reduzierte Gleichungssystem

$$\begin{aligned}
c_1(1 - \cos kl) &+ c_3(\sin kl - kl) = 0 \\
c_1 \sin kl &+ c_3(\cos kl - 1) = 0 \,.
\end{aligned}$$

Die Koeffizienten-Determinante dieses Gleichungssystems ist

$$-\{(1 - \cos kl)^2 + \sin kl(\sin kl - kl)\} = -\{2 - 2\cos kl - kl \sin kl\} \,.$$

Formen wir diesen Ausdruck noch ein wenig um mit Hilfe der Beziehungen

$$\sin kl = 2\sin\frac{kl}{2}\cos\frac{kl}{2}$$
$$\cos kl = 1 - 2\sin^2\frac{kl}{2}$$

und setzen wir die Koeffizienten-Determinante gleich Null, so erhalten wir die gesuchte Bestimmungsgleichung für die Eigenwerte des Problems

$$\sin\frac{kl}{2}\left\{\frac{kl}{2}\cos\frac{kl}{2} - \sin\frac{kl}{2}\right\} = 0\,.$$

Diese Gleichung hat zwei Lösungsfamilien

1. $\sin\frac{kl}{2} = 0 \quad\rightarrow\quad k_n l = n\,2\pi \qquad n = 1, 2\ldots$

2. $\frac{kl}{2}\cos\frac{kl}{2} - \sin\frac{kl}{2} = 0 \quad\rightarrow\quad \tan\frac{k_m l}{2} = \frac{k_m l}{2} \qquad m = 1, 2\ldots$

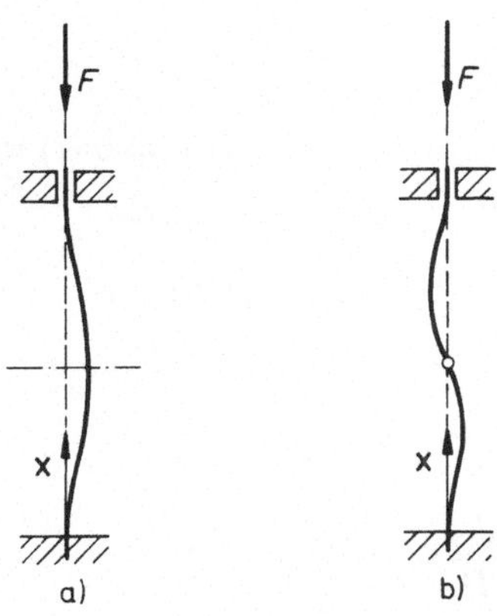

Bild 8.14
Biegelinie für den jeweils kleinsten Eigenwert

Zu der ersten Lösungsfamilie gehören Biegelinien, die symmetrisch in bezug auf die Gerade $x = \frac{l}{2}$ sind (Bild 8.14a). Die Biegelinien der zweiten Lösungsfamilie sind punktsymmetrisch in bezug auf die Stabmitte (Bild 8.14b). Die jeweils kleinsten Eigenwerte sind:

1. Lösungsfamilie:	$kl = 2\pi$
2. Lösungsfamilie:	$kl = 8,986 > 2\pi$.

Wir erhalten also für den 4. *Euler*-Fall als

kritische Last:	$F_k = 4\pi^2\,\frac{EJ_{\min}}{l^2}$,
zugehörige Biegeline:	$w_k(x) = c\left(1 - \cos 2\pi\,\frac{x}{l}\right)$.

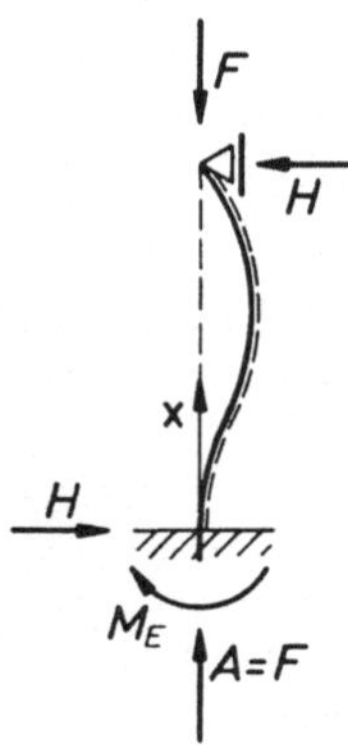

Bild 8.15
Knickstab (3. Euler-Fall)

Den 3. *Euler*-Fall (vgl. Bild 8.15) können wir in gleicher Weise behandeln. Das führt zu folgenden Ergebnissen:

Differentialgleichung	$w''''(x) + k^2 w''(x) = 0$
	mit $k^2 = \dfrac{F}{EJ}$ und
	mit den Randbedingungen $w(0) = w(l) = 0$
	$w'(0) = 0$
	$w''(l) = 0$
Eigenwertbedingung	$\tan kl - kl = 0$
kleinster Eigenwert	$kl = 4,493$
kritische Last:	$F_k = (4,493)^2 \dfrac{EJ_{\min}}{l^2}$
zugehörige Biegelinie:	$w_k(x) = c\{kl(1 - \cos kx) + \sin kx - kx\}$

8.3.3 Verallgemeinerung

Alle Knickprobleme dieser Art - nicht nur die *Euler*-Fälle - lassen sich formal in folgender Weise zusammenfassen. Wir setzen

$$F_k = \pi^2 \frac{EJ_{\min}}{l_k^2} .$$

Die sogenannte Knicklänge l_k ist ein Vergleichswert, der das vorliegende Knickproblem in Bezug setzt zum 2. *Euler*-Fall. Für einige Knickprobleme sind die entsprechenden Knicklängen in Tabelle 8.1 zusammengestellt.

Bei der kritischen Last F_k nimmt die Normalspannung (im Grundzustand) den Betrag

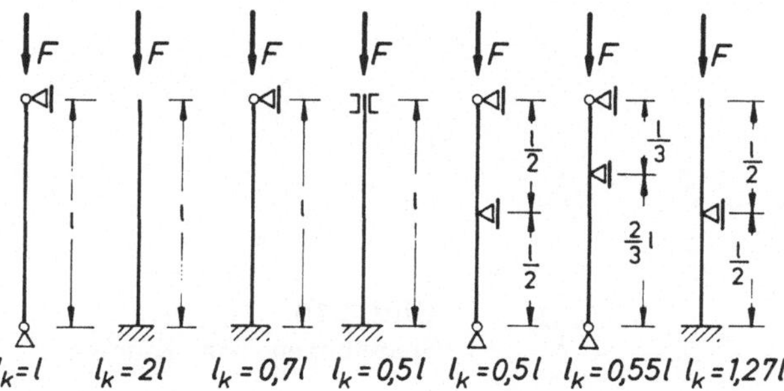

Tabelle 8.1 Knicklängen l_k für verschiedene Beispiele

$$|\sigma| = \sigma_k = \pi^2 \frac{EJ_{\min}}{Al_k^2} = \pi^2 \frac{E}{\lambda^2}$$

$$\text{mit } \lambda = l_k \sqrt{\frac{A}{J_{\min}}} = \frac{l_k}{i_{\min}}$$

an. Hierin bezeichnet

$i_{\min} = \sqrt{\dfrac{J_{\min}}{A}}$ den sogenannten Trägheitsradius

λ den sogenannten Schlankheitsgrad des Druckstabes.

Die Bemessung eines Druckstabes auf Knick-Sicherheit geht von folgenden Überlegungen aus (vgl. hierzu DIN 4114; ω-Verfahren). Die von einem Druckstab im Grenzfall theoretisch aufnehmbare Normalspannung ist

a) für schlanke Stäbe begrenzt durch die Knicklast, d.h. durch die theoretische Spannung an der Knickgrenze

$$\sigma_k = \frac{\pi^2}{\lambda^2} E = \sigma_k(\lambda),$$

b) für gedrungene Stäbe durch die Elastizitätsgrenze im Druckbereich, d.h. durch

$$|\sigma_{E_D}| = \sigma_F .$$

Dazwischen gibt es einen Übergangsbereich des elastoplastischen Knickens, der besondere theoretische Überlegungen erfordert, die wir hier übergehen müssen (vgl. Bild 8.16).

Bei der Festsetzung der zulässigen Druckspannung ist noch ein Sicherheitsfaktor $\nu(\lambda)$ zu berücksichtigen. Wir erhalten somit für die zulässige Spannung bei Druckstäben (vgl. Bild 8.16)

$$|\sigma|_{\text{zul}}(\text{bei Druck}) = \sigma_{D\,\text{zul}}(\lambda) = \begin{cases} \dfrac{\sigma_k(\lambda)}{\nu(\lambda)} & \text{für} \quad \sigma_k \leq \sigma_F \\[2ex] \dfrac{\sigma_F}{\nu(\lambda)} & \text{für} \quad \sigma_k \geq \sigma_F . \end{cases}$$

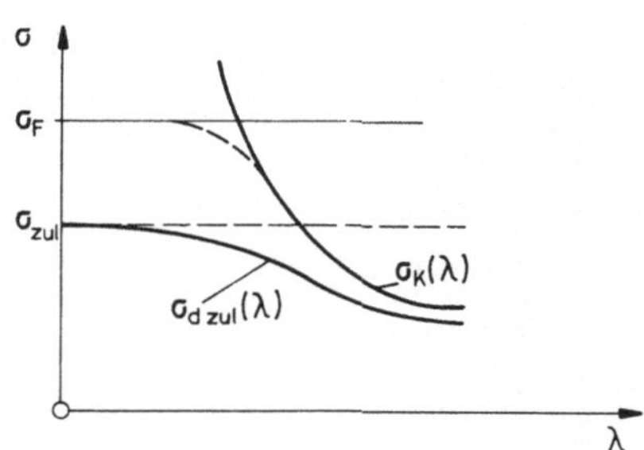

Bild 8.16
Spannungen beim Knicken

Das sogenannte ω-Verfahren setzt nun die bei Druckstäben zulässige Spannung ins Verhältnis zur sonst zulässigen Normalspannung:

$$\sigma_{D\,\mathrm{zul}} = \frac{1}{\omega(\lambda)}\,\sigma_{\mathrm{zul}}\,.$$

Damit ergibt sich für die Bemessung eines Druckstabes die Forderung

$$\frac{F}{A}\,\omega(\lambda) \leq \sigma_{\mathrm{zul}}\,.$$

Der Sicherheitsfaktor $\nu(\lambda)$ berücksichtigt u.a. auch, daß man in praxi mit einer gewissen Exzentrizität des Kraftangriffs rechnen muß. Ist eine solche Exzentrizität vorhanden, so erhält man kein Verzweigungsproblem mehr. Die Lösung wird im ganzen Belastungsbereich eindeutig. Der Druckstab wird dann von Belastungsbeginn an auf Biegung beansprucht. Bei kleinen Exzentrizitäten schmiegt sich jedoch die Kurve $F(f)$ eng an jene Kennlinie an, die man für das Verzweigungsproblem mit verschwindender Exzentrizität erhält (vgl. Bild 8.17).

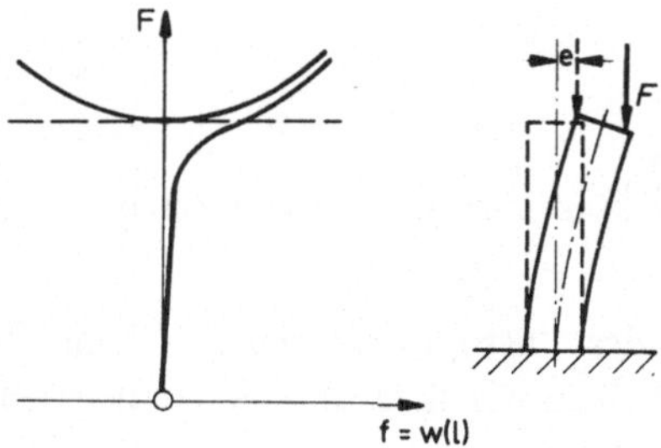

Bild 8.17
Exzentrisch belasteter Knickstab

8.4 Ein Durchschlagproblem

Wir betrachten das in Bild 8.18 skizzierte Durchschlagproblem und setzen dabei voraus:

1. gerade Stabachsen,

2. unveränderlicher Querschnitt,
3. $T = T_0$.

Bei Problemen dieser Art müssen wir von Belastungsbeginn an die Kräfte am verformten System ansetzen. Wir erhalten dann

Geometrische Beziehungen: $$\sin\alpha = \frac{h_0 - f}{l} \quad (1)$$

$$l = \sqrt{a^2 + (h_0 - f)^2} \quad (2)$$

Gleichgewichtsbedingung: $$S_1 = S_2 = S = \frac{F}{2\sin\alpha} \quad (3)$$

Formänderungsgesetz: $$l = l_0\left\{1 - \frac{S}{EA}\right\}. \quad (4)$$

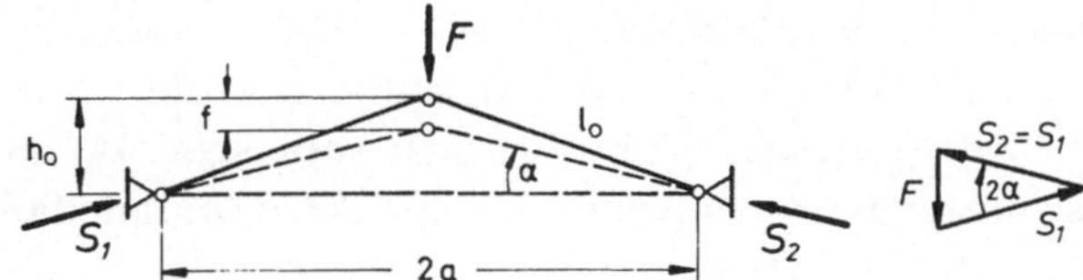

Bild 8.18 Durchschlagproblem

Gesucht werden $f(F)$ bzw. $F(f)$. Die übrigen Unbekannten α, l, S müssen wir deshalb eliminieren. Dazu setzen wir

1. (1) in (3) → $S = S(F, f, l)$
2. (3) in (4) → $l = l(F, f)$
3. (2) in (4) → $f = f(F)$ bzw. $F = F(f)$

Das Ergebnis lautet (vgl. Bild 8.19)

$$F = 2\,EA\,\frac{h_0 - f}{l_0}\left\{\frac{1}{\sqrt{\left(\frac{a}{l_0}\right)^2 + \left(\frac{h_0 - f}{l_0}\right)^2}} - 1\right\}.$$

Bei Belastung von Null an nimmt zunächst f nicht-linear mit F zu. Wird die Belastung $F_{k(1)}$ erreicht, so schlägt das System vom Zustand (1) in den Zustand (2) durch. Der Durchschlag selbst ist ein kinetisches Problem. In der neuen Lage ist das System stabil. Wird das System nach dem Durchschlag entlastet und schließlich in umgekehrter Richtung wieder belastet, so kehrt sich der Vorgang um: Bei Erreichen des Zustandes (3) erfolgt der Durchschlag von (3) in den Zustand (4), der dann wiederum stabil ist.

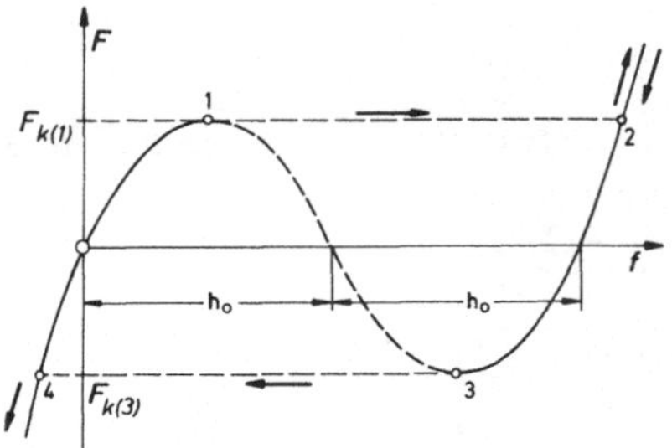

Bild 8.19
Verformungsverhalten $F(f)$

8.5 Einige ergänzende Bemerkungen

Die hier betrachteten Beispiele lassen bereits ahnen, wie vielfältig Stabilitätsprobleme sein können. Dabei haben wir die Mannigfaltigkeit der Probleme keineswegs ausgeschöpft. Wir haben beispielsweise beim Knicken vorausgesetzt, daß der Schwerpunkt des Stabquerschnittes mit dem Schubmittelpunkt zusammenfalle. Ist dies nicht der Fall, kann mit dem Knicken gleichzeitig eine Torsion des Stabes verbunden sein, und wir werden auf das Stabilitätsproblem des Biege-Drill-Knickens geführt. Andererseits kann es unter bestimmten Voraussetzungen (Schwerpunkt = Schubmittelpunkt, $J_T/J_0 \ll 1$) auch geschehen, daß ein Stab auf eine Druckbelastung mit einer reinen Torsion reagiert, wenn die Belastung eine kritische Grenze überschreitet. Wir haben dann das Problem des reinen Drill-Knickens vor uns.

Ein anderes Stabilitätsproblem begegnet uns bei der Torsion schlanker Stäbe. Übersteigt das Torsionsmoment einen bestimmten Grenzwert (bei Kreisquerschnitt: $M_{T_k} = \pi \dfrac{EJ_0}{l}$), so verformt sich der Stab zu einer Wendel. Das kritische Torsionsmoment vermindert sich, wenn gleichzeitig eine axiale Druck-Kraft wirkt; es erhöht sich bei gleichzeitig wirkender Zug-Kraft (vgl. Bild 8.20).

Weitere Stabilitätsprobleme sind beispielsweise das Kippen eines Hochkant-Trägers (vgl. Bild 8.21) oder das Beulen von Scheiben, Platten und Schalen. Mit diesen wenigen Hinweisen wollen wir es hier bewenden lassen.

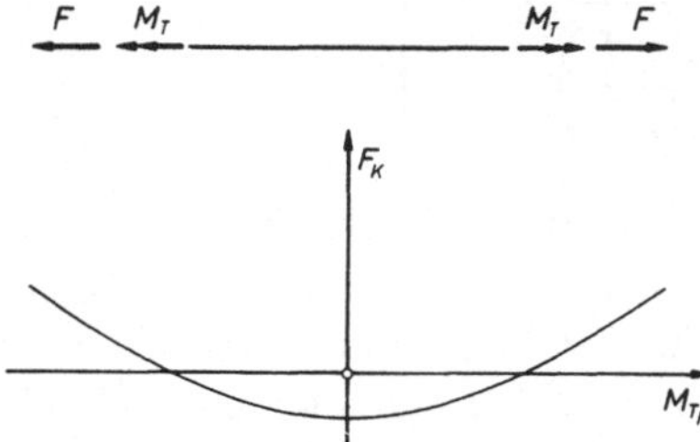

Bild 8.20
Torsion schlanker Stäbe

Die Art des Stabilitätsverhaltens kann entscheidend davon abhängen, wie sich die Belastung bei einer Änderung des Verschiebungszustandes verhält. Nehmen wir beispielsweise das in Abschnitt 8.2 zuerst betrachtete Beispiel und setzen abweichend von den dortigen Annahmen voraus, daß die Belastung immer axial bleibe

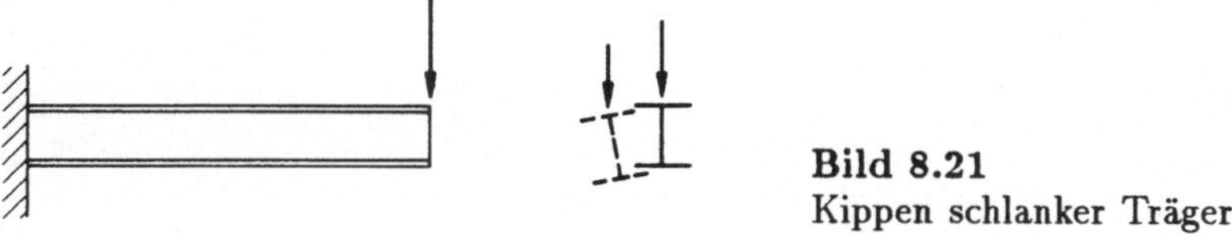

Bild 8.21
Kippen schlanker Träger

(vgl. Bild 8.22), so erhalten wir kein Verzweigungsproblem mehr. Dagegen bleibt der 1. *Euler*-Fall auch dann ein Verzweigungsproblem, wenn die Kraft am Stabende stets tangential zur Stabachse wirkt. Die kritische Last ändert sich in diesem Fall allerdings ganz wesentlich.

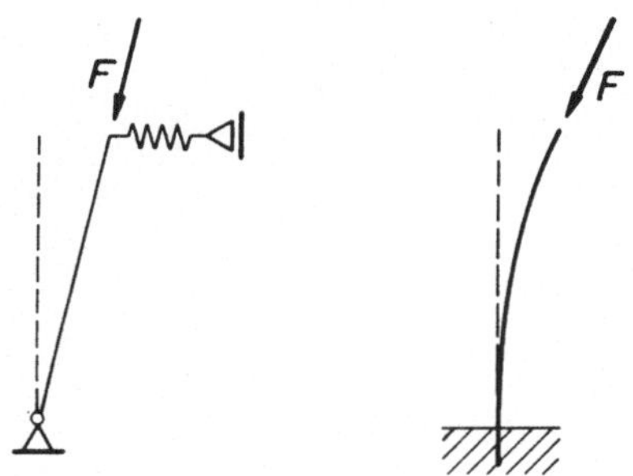

Bild 8.22
Stab unter Folgelast, System mit einem Freiheitsgrad (links), Knickstab (rechts)

Bei der Untersuchung des Stabilitätsverhaltens haben wir hier stets die sogenannte Gleichgewichts-Methode angewendet, d.h. wir haben mit Hilfe von Gleichgewichtsbetrachtungen nach möglichen Gleichgewichtszuständen neben dem Grundzustand gesucht. Man kann solche Stabilitätsbetrachtungen auch auf Energiebetrachtungen aufbauen, indem man für eine Variation des Verschiebungszustandes die Formänderungsarbeit mit der Arbeit der eingeprägten Kräfte vergleicht.

Für manche Problemfälle sind jedoch diese auf einer statischen Betrachtungsweise beruhenden Methoden unzureichend; sie können sogar zu falschen Ergebnissen führen. Dann muß man das kinetische Verhalten eines solchen Systems untersuchen (kinetische Methode). Dieses Vorgehen führt dann in jedem Fall zum Ziel.

9 Einfache rotationssymmetrische Probleme der Elasto-Statik

9.1 Allgemeines

Wir bezeichnen ein Problem der Elasto-Statik als rotationssymmetrisch, wenn sowohl der sich ergebende Spannungszustand wie der zugehörige Verschiebungszustand rotationssymmetrisch sind. Das hat zur Voraussetzung

1. Rotationssymmetrie des Körpers,
2. Rotationssymmetrie der Belastung und der Temperaturverteilung sowie der kinematischen Bindungen (Auflager).

Wir nehmen als weitere Voraussetzung hinzu, daß

3. der Körper linear-elastisch und
4. der Werkstoff homogen und isotrop

seien, so daß zu einem rotationssymmetrischen Spannungszustand bereits aufgrund des Formänderungsgesetzes auch stets ein rotationssymmetrischer Verzerrungszustand gehört und umgekehrt.

Zur Vereinfachung wollen wir hier zusätzlich noch voraussetzen, daß keine Temperaturänderungen stattfinden, also stets

5. $T = T_0$

ist. Es bereitet jedoch keine wesentlichen Schwierigkeiten, auch rotationssymmetrisch verteilte Temperaturänderungen zu berücksichtigen.

Wir können die rotationsymmetrischen Probleme unterteilen in

(A) axialsymmetrische Probleme und
(B) kugelsymmetrische Probleme.

(A) *Axialsymmetrie*

Zur Beschreibung axialsymmetrischer Probleme führen wir Zylinder-Koordinaten r, φ, z ein (vgl. Band I, Abschnitt 2.2). Wir beschränken uns im übrigen auf solche

Probleme, in denen alle Spannungen und Verzerrungen unabhängig von z sind. Da sie voraussetzungsgemäß auch unabhängig von φ sind, können sie also nur noch von r abhängen. Wir bezeichnen deshalb diese Probleme als ebene, axialsymmetrische Probleme.

(B) *Kugelsymmetrie*

Kugelsymmetrische Probleme beschreiben wir zweckmäßig in Kugel-Koordinaten r, ϑ, φ (vgl. Bild 9.1). Schubspannungen und Gleitungen scheiden bei kugelsymmetrischen Problemen von vornherein aus, da sie mit der geforderten Symmetrie nicht vereinbar sind. Ferner werden bei kugelsymmetrischen Problemen azimutale und meridiane Spannungen bzw. Dehnungen stets gleich groß. Wir bezeichnen sie deshalb zusammenfassend als tangentiale Spannungen bzw. Dehnungen:

$$\sigma_{\vartheta\vartheta} = \sigma_{\varphi\varphi} \rightarrow \sigma_{tt}$$

$$\epsilon_{\vartheta\vartheta} = \epsilon_{\varphi\varphi} \rightarrow \epsilon_{tt}\,.$$

σ_{tt} und ϵ_{tt} wie auch σ_{rr} und ϵ_{rr} können im übrigen nur von r abhängen.

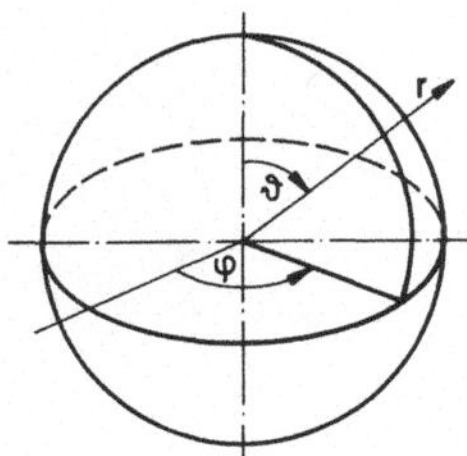

Bild 9.1
Kugelkoordinaten r, ϑ, φ

Beiden hier betrachteten Problemgruppen ist gemeinsam, daß die auftretenden Spannungen und Verzerrungen nur Funktionen einer (unabhängigen) Variablen, nämlich von r, also sogenannte eindimensionale Probleme sind. Die zugehörigen Spannungs- und Verzerrungszustände sind im allgemeinen jedoch mehrachsig, d.h. wir können die Beschreibung der Spannungs- bzw. Verzerrungszustände in der Regel nicht auf die Angabe einer (abhängigen) Größe reduzieren.

9.2 Drei elementare Beispiele

Die folgenden Beispiele sind dadurch gekennzeichnet, daß es sich jeweils um dünnwandige rotationssymmetrische Körper handelt. Dadurch werden diese Probleme, bei denen wir im übrigen an den in Abschnitt 9.1 formulierten allgemeinen Voraussetzungen festhalten, unter entsprechenden Annahmen einer elementaren Betrachtungsweise zugänglich.

9.2.1 Dünnwandiges Rohr unter Innendruck

Wir setzen voraus (vgl. Bild 9.2)

1. Gerades, dünnwandiges Rohr ($s/d \ll 1$) mit unveränderlichem Querschnitt ($s =$ konst., $d =$ konst.).
2. Innendruck:

$$p_i - p_a > 0 ; \quad p_a = 0.$$

Das betrachtete gerade Rohrstück sei so lang, daß wir störende Randeinflüsse von den Enden her vernachlässigen können. Wir nehmen an, daß – wegen der Dünnwandigkeit des Rohres –

(a) die Azimutalspannungen $\sigma_{\varphi\varphi}$ und
(b) die Axialspannungen σ_{zz}

gleichmäßig über die Wanddicke verteilt sind. Betrachten wir die an einem Rohrelement angreifenden Kräfte, so ergibt die Gleichgewichtsbedingung in radialer Richtung (vgl. Bild 9.2)

$$p_i \frac{d}{2} \, \mathrm{d}\varphi \, \mathrm{d}z = \sigma_{\varphi\varphi} \, s \, \mathrm{d}z \, \mathrm{d}\varphi ,$$

d.h.

$$\sigma_{\varphi\varphi} = p_i \frac{d}{2s} .$$

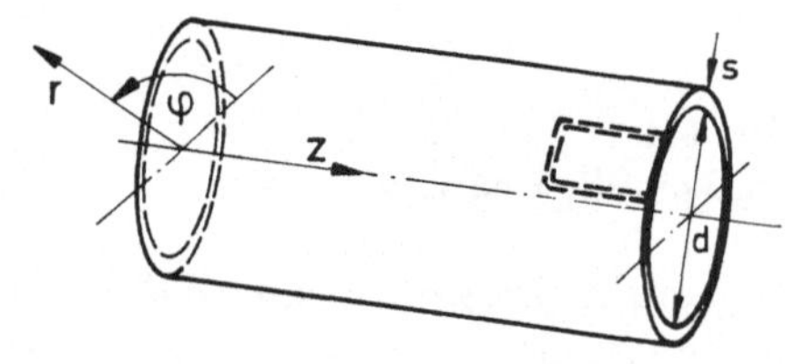

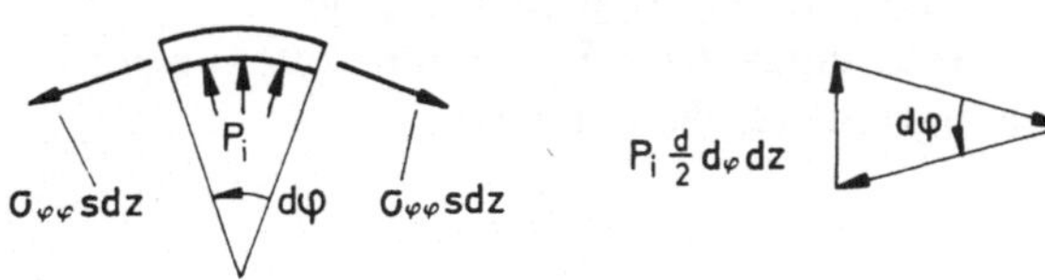

Bild 9.2 Dünnwandiges Rohr

Dieses Ergebnis erhalten wir auch bei Betrachtung eines endlichen Rohrelementes z.B. mit $\Delta\varphi = \pi$ und $\Delta z = l$.

Stellen wir hingegen die Gleichgewichtsbedingungen in axialer Richtung für ein – beliebig langes – Rohrende auf, so finden wir (vgl. Bild 9.3a)

$$\sigma_{zz} \pi d s = p_i \frac{d^2 \pi}{4} ,$$

d.h.

$$\sigma_{zz} = p_i \frac{d}{4s} = \frac{1}{2} \sigma_{\varphi\varphi} .$$

Diese Beziehung gilt – von störenden Randeinflüssen abgesehen – auch dann, wenn das gerade Rohrstück nicht wie in Bild 9.3a unmittelbar abgeschlossen ist, sondern etwa in einem Rohrkrümmer endet (vgl. Bild 9.3b). Nach dem Erstarrungsprinzip von *Stevin* (vgl. Band I, Abschnitt 4.1.) können wir uns nämlich eine erstarrte Wand eingezogen denken, ohne daß sich dadurch etwas an den Kräfteverhältnissen ändert (vgl. Bild 9.3c).

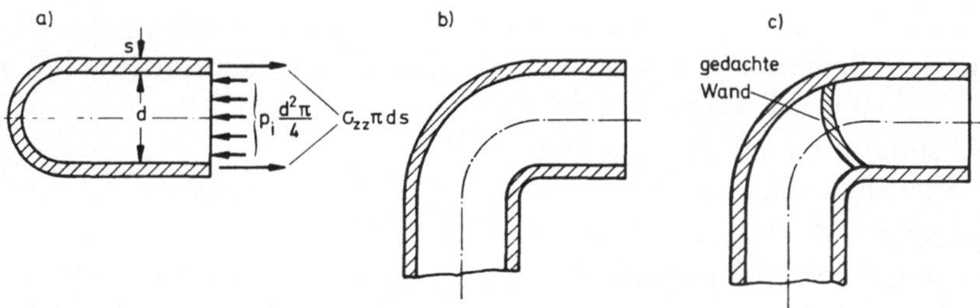

Bild 9.3 Unterschiedliche Randbedingungen, a) abgeschlossenes Rohr, b) Rohrkrümmer und c) Erstarrungsprinzip

Der von dem Innendruck herrührenden Axialspannung kann sich eine durch äußere Kräfte F_z bedingte Axialspannung überlagern. Insgesamt ergibt sich dann

$$\sigma_{zz} = p_i \frac{d}{4s} + \frac{F_z}{\pi d s} .$$

Die aus Azimutal- und Axialspannung resultierende Axialdehnung ist

$$\epsilon_{zz} = \frac{1}{E} \{\sigma_{zz} - \nu\sigma_{\varphi\varphi}\} = \frac{1}{E} \left\{ \frac{F_z}{\pi d s} + p_i \frac{d}{4s} (1 - 2\nu)\right\} .$$

Ist die Rohr-Längsdehnung durch eine entsprechende Lagerung behindert, also $\epsilon_{zz} = 0$ vorgegeben, so wird

$$F_z = -p_i \frac{\pi d^2}{4} (1 - 2\nu) .$$

Über die Radialspannungen können wir im Rahmen dieser elementaren Betrachtungen zunächst nur sagen, daß

$$\sigma_{rr} = \begin{cases} -p_i & \text{am Innenrand} \\ 0 & \text{am Außenrand} \end{cases}$$

sein muß. Wir können aber zugleich annehmen, daß über den ganzen Rohrquerschnitt

$$\frac{|\sigma_{rr}|}{\sigma_{\varphi\varphi}} \ll 1$$

sein wird, da vorausetzungsgemäß $\frac{s}{d} \ll 1$ und damit zugleich $\frac{\sigma_{\varphi\varphi}}{p_i} \gg 1$ ist.

9.2.2 Zentrifugen-Trommel

Wir betrachten den mittleren Teil einer ungefüllten Zentrifugen-Trommel und setzen voraus (vgl. Bild 9.4):

1. zylindrischer, dünnwandiger Trommel-Mantel ($s/d \ll 1$) mit unveränderlichem Querschnitt ($s =$ konst., $d =$ konst.),
2. konstante Winkelgeschwindigkeit Ω.

Die von den Verbindungsstellen mit dem Zentrifugen-Boden und -Deckel ausgehenden Biege-Beanspruchungen und sonstigen Störungen des Spannungszustandes klingen nach der Mitte des Trommel-Mantels hin schnell ab. Darum dürfen wir für den mittleren Bereich des Trommel-Mantels annehmen, daß im Hinblick auf die Dünnwandigkeit des Trommel-Mantels

(a) die Azimutalspannungen $\sigma_{\varphi\varphi}$ und
(b) die Axialspannungen σ_{zz}

gleichmäßig über die Wanddicke verteilt sind.

Für einen mit der Trommel mitrotierenden Beobachter stellt sich die Beanspruchung der Trommel als ein statisches Problem dar. Zu beachten ist dabei jedoch, daß in einem solchen rotierenden Bezugssystem zusätzlich die sogenannten Zentrifugal-Kräfte oder Fliehkräfte zu berücksichtigen sind. Für diese radial (auswärts) gerichteten Kräfte gilt allgemein (die Begründung dafür finden wir in Band III)

$$\mathrm{d}F_r = \mathrm{d}m\,\Omega^2 r$$

d.h.

$$f_r(r) = \frac{\mathrm{d}F_r}{\mathrm{d}m} = \Omega^2 r\,.$$

Wir erhalten somit aus der Gleichgewichtsbedingung in radialer Richtung (vgl. Bild 9.4)

$$\sigma_{\varphi\varphi}\, s\, \mathrm{d}z\, \mathrm{d}\varphi = \rho\, s\, r\, \mathrm{d}\varphi\, \mathrm{d}z\, \Omega^2 r$$

d.h.

$$\sigma_{\varphi\varphi} = \rho\,\Omega^2 r^2 = \rho\,\Omega^2\,\frac{d^2}{4}\,.$$

$\sigma_{\varphi\varphi}$ ist unabhängig von der Wanddicke s der Trommel. Für die Axialspannungen finden wir bei ungefüllter Trommel

$$\sigma_{zz} = 0\,.$$

Über die radialen Spannungen können wir im Rahmen dieser elementaren Betrachtungen nur aussagen, daß am Innen- wie am Außenrand

$$\sigma_{rr} = 0$$

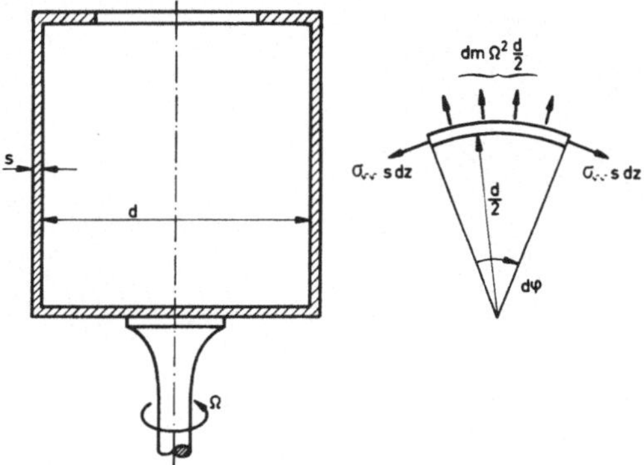

Bild 9.4 Zentrifugentrommel

sein muß. Wir können allerdings zugleich annehmen, daß auch im Innern des Mantels wegen der vorausgesetzten Dünnwandigkeit σ_{rr} nicht sehr groß werden kann.

Ist die Trommel gefüllt, so kommt als radiale Belastung noch der vom Schleudergut verursachte Druck auf die Innenseite des Mantels hinzu. Die dadurch ausgelösten Spannungen $\sigma_{\varphi\varphi}$ können wir wie beim vorhergehenden Beispiel (Abschnitt 9.2.1) errechnen. Ebenso können wir die Überlegungen hinsichtlich der Verteilung der Spannungen σ_{rr} von dort übernehmen. Die Ermittlung der axialen Spannungen σ_{zz} setzt jedoch voraus, daß wir die vom Schleudergut auf Boden und Deckel ausgeübten axialen Drücke kennen.

9.2.3 Dünnwandige Kugel unter Innendruck

Wir gehen von folgenden Voraussetzungen aus (vgl. Bild 9.5)

1. Dünnwandige Kugel ($s/d \ll 1$) mit konstanter Wanddicke s.
2. Innendruck:

$$p_i > 0, \quad p_a = 0.$$

Mit der Annahme

(a) $\sigma_{\varphi\varphi} = \sigma_{\vartheta\vartheta} = \sigma_{tt}$ unabhängig von r,

erhalten wir aus Gleichgewichtsbetrachtungen an einem Element oder an einem endlichen Ausschnitt, beispielsweise an einer Halbkugel

$$\sigma_{tt} = p_i \frac{d}{4s},$$

$$\sigma_{rr} = \begin{cases} -p_i & \text{am Innenrand} \\ 0 & \text{am Außenrand}. \end{cases}$$

Die doppelt gekrümmte Kugel-Schale wird durch den Innendruck p_i also nur halb so hoch beansprucht wie die einfach gekrümmte Zylinder-Schale, das dünnwandige Rohr. Daraus lassen sich wichtige Konstruktionsregeln ableiten.

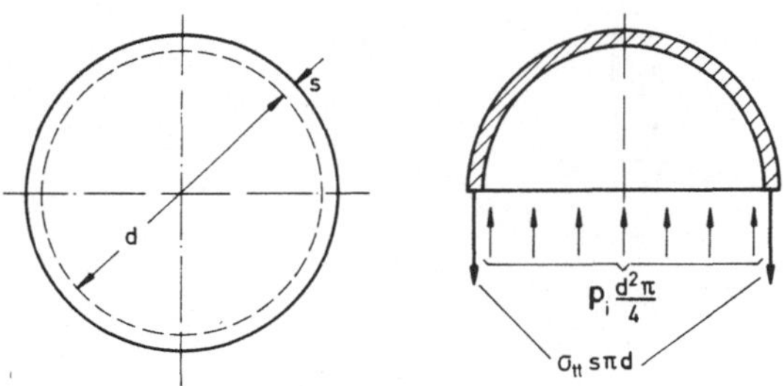

Bild 9.5 Dünnwandige Kugel

9.3 Ebene, axialsymmetrische Probleme der Elasto-Statik

Wir übernehmen die Voraussetzungen, die wir in Abschnitt 9.1 formuliert haben und die auch den schon betrachteten elementaren Beispielen zugrunde liegen. Die im folgenden zu erörternden ebenen axialsymmetrischen Probleme sind jedoch nicht mehr unter vereinfachenden Annahmen elementar lösbar. Zu ihrer Lösung müssen wir vielmehr auf die allgemeinen Grundgleichungen zurückgreifen.

9.3.1 Grundgleichungen für ebene, axialsymmetrische Probleme

Bei ebenen, axialsymmetrischen Problemen sind die zu betrachtenden Spannungs- und Verzerrungszustände, zu deren Beschreibung wir zweckmäßig Zylinder-Koordinaten benutzen, voraussetzungsgemäß unabhängig von φ und z. Dies haben wir zu beachten, wenn wir die an einem Volumenelement angreifenden Kräfte betrachten, um die entsprechenden Gleichgewichtsbedingungen aufzustellen. Wir erhalten aus den für ein kartesisches Koordinatensystem geltenden Gleichgewichtsbedingungen (Satz 1.21) durch eine formale Koordinaten-Transformation

---

Satz 9.1: Gleichgewichtsbedingungen in Zylinder-Koordinaten für ebene, axialsymmetrische Probleme

$$\frac{1}{r}\frac{\mathrm{d}}{\mathrm{d}r}(r\sigma_{rr}) - \frac{1}{r}\sigma_{\varphi\varphi} + \rho f_r = 0 \tag{1}$$

$$\frac{1}{r}\frac{\mathrm{d}}{\mathrm{d}r}(r\sigma_{r\varphi}) - \frac{1}{r}\sigma_{r\varphi} + \rho f_\varphi = 0 \tag{2}$$

$$\frac{1}{r}\frac{\mathrm{d}}{\mathrm{d}r}(r\sigma_{rz}) \qquad + \rho f_z = 0\,. \tag{3}$$

Wir haben in Abschnitt 9.1 vorausgesetzt, daß alle Verschiebungen (und nicht nur die Verzerrungen) unabhängig von φ und darüber hinaus, daß alle Verzerrungen (dagegen nicht notwendig die Verschiebungen) unabhängig von z sein sollen.

Daraus können wir zunächst – wie noch formal gezeigt wird, wie aber auch unmittelbar einzusehen ist – folgern, daß auch die Radialverschiebung u_r nicht von z abhängen kann. Wir erhalten somit durch eine formale Koordinaten-Transformation aus den für ein kartesisches Koordinatensystem geltenden Beziehungen (Satz 1.13) den folgenden Zusammenhang zwischen Verschiebungen und Verzerrungen:

Satz 9.2: (Geometrisch lineare) Beziehungen zwischen den Verschiebungen und den Verzerrungen eines Körperelementes in Zylinder-Koordinaten bei ebenen, axialsymmetrischen Problemen:

$$u_r = u_r(r),\ u_\varphi = u_\varphi(r,z),\ u_z = u_z(r,z);$$

$$\epsilon_{rr} = \frac{\mathrm{d}u_r(r)}{\mathrm{d}r},\quad \epsilon_{\varphi\varphi} = \frac{u_r(r)}{r},\quad \epsilon_{zz} = \frac{\partial u_z(r,z)}{\partial z};$$

$$\epsilon_{r\varphi} = \epsilon_{\varphi r} = \frac{1}{2}\left\{\frac{\partial u_\varphi(r,z)}{\partial r} - \frac{u_\varphi(r,z)}{r}\right\} = \frac{1}{2}\,r\,\frac{\partial}{\partial r}\left\{\frac{u_\varphi(r,z)}{r}\right\}$$

$$\epsilon_{\varphi z} = \epsilon_{z\varphi} = \frac{1}{2}\,\frac{\partial u_\varphi(r,z)}{\partial z}$$

$$\epsilon_{zr} = \epsilon_{rz} = \frac{1}{2}\,\frac{\partial u_z(r,z)}{\partial r}$$

Die vorstehenden Beziehungen liefern uns zunächst die Bestätigung dafür, daß unter unseren Voraussetzungen u_r nur von r abhängen kann. Wäre nämlich u_r auch von z abhängig, so würde entgegen unseren Voraussetzungen auch $\epsilon_{\varphi\varphi}$ abhängig von z. Die obigen Beziehungen erlauben es uns ferner, noch einige Aussagen über u_φ und u_z abzuleiten. Die Bedingung, daß alle Verzerrungen unabhängig von z sein sollen, ist nämlich nur erfüllbar, wenn u_φ bzw. u_z in der Form

$$u_\varphi(r,z) = u_\varphi^*(r) + \vartheta r z$$

$$u_z(r,z) = u_z^*(r) + cz$$

vorliegen. Führen wir diese Ergebnisse in das Formänderungsgesetz des linear-elastischen Körpers, d.h. in das *Hooke*sche Gesetz ein, so erhalten wir

---

Satz 9.3: Formänderungsgesetz des linear-elastischen Körpers in Zylinder-Koordinaten bei ebenen, axialsymmetrischen Problemen:

$$\epsilon_{rr} = \frac{\mathrm{d}u_r}{\mathrm{d}r} = \frac{1}{E}\left\{\sigma_{rr} - \nu(\sigma_{\varphi\varphi} + \sigma_{zz})\right\} + \alpha(T - T_0) \tag{4}$$

$$\epsilon_{\varphi\varphi} = \frac{u_r}{r} = \frac{1}{E}\left\{\sigma_{\varphi\varphi} - \nu(\sigma_{zz} + \sigma_{rr})\right\} + \alpha(T - T_0) \tag{5}$$

$$\epsilon_{zz} = c = \frac{1}{E}\left\{\sigma_{zz} - \nu(\sigma_{rr} + \sigma_{\varphi\varphi})\right\} + \alpha(T - T_0) \tag{6}$$

$$\epsilon_{r\varphi} = \frac{1}{2} r \frac{\mathrm{d}}{\mathrm{d}r}\left(\frac{u_\varphi^*}{r}\right) = \frac{1}{2G}\sigma_{r\varphi} \tag{7}$$

$$\epsilon_{\varphi z} = \frac{1}{2}\vartheta_r \qquad = \frac{1}{2G}\sigma_{\varphi z} \tag{8}$$

$$\epsilon_{zr} = \frac{1}{2}\frac{\mathrm{d}u_z^*}{\mathrm{d}r} \qquad = \frac{1}{2G}\sigma_{zr}\,. \tag{9}$$

Für isotherme Formänderungen, wie wir sie hier betrachten, ist $T = T_0$.

Das aus den Gleichungen (1) bis (9) bestehende Gleichungssystem zerfällt in vier voneinander unabhängige Teilsysteme, die folgenden Problemklassen zugeordnet sind:

Problemklasse	Gleichungen	Größen	Bemerkungen
Ebene Spannungs- bzw. Verzerrungs-zustände	(1) (4) (5) (6)	$\sigma_{rr}, \sigma_{\varphi\varphi}, \sigma_{zz}, u_r, c$	zusätzliche Gleichung z.B. $c = 0$: ebener Verzerrungszustand (6a) oder $\sigma_{zz} = 0$: ebener Spannungszustand (6b)
Scheibentorsion	(2) (7)	$\sigma_{r\varphi}, u_\varphi^*$	—
Axiale Scherung	(3) (9)	σ_{rz}, u_z^*	—
Torsion eines Stabes mit Kreisquerschnitt	(8)	$\sigma_{z\varphi}, \vartheta$	zusätzliche Gleichung: $\vartheta = \dfrac{M_T}{GJ_0}$

Tabelle 9.1 Einteilung nach Problemklassen

Die im folgenden behandelten Beispiele lassen sich jeweils einer dieser Problemgruppen zuordnen. Wir übergehen dabei lediglich die letzte Problemgruppe, da wir die Torsion eines Stabes mit Kreisquerschnitt bereits in Abschnitt 3.6 ausführlich behandelt haben. Die das jeweilige Problem charakterisierenden zusätzlichen Voraussetzungen sind im folgenden stets besonders aufgeführt.

9.3.2 Das dickwandige Rohr unter Innendruck

Neben den Voraussetzungen des Abschnittes 9.1 setzen wir zusätzlich voraus (vgl. Bild 9.6):

1. Gerades, kreiszylindrisches Rohr konstanter Wanddicke,

2. $f_r = 0$,
3. Randbedingungen: $r = R_i : \sigma_{rr} = -p_i < 0$

   $r = R_a : \sigma_{rr} = \ p_a = 0$
4. $\epsilon_{zz} = 0$ Gleichung (6a).

In dem vorliegenden Beispiel ergibt sich ein ebener Verzerrungszustand ($\epsilon_{zr} = \epsilon_{z\varphi} = \epsilon_{zz} = 0$). Setzen wird (6a) in Gleichung (6) ein, so folgt

$$0 = \frac{1}{E}\{\sigma_{zz} - \nu(\sigma_{rr} + \sigma_{\varphi\varphi})\},$$

d.h.

$$\sigma_{zz} = \nu(\sigma_{rr} + \sigma_{\varphi\varphi}).$$

Das aus den Gleichungen (1), (4), (5) bestehende Gleichungssystem nimmt damit die folgende Form an

$$\frac{\mathrm{d}}{\mathrm{d}r}(r\sigma_{rr}) - \sigma_{\varphi\varphi} = 0 \tag{1}$$

$$\epsilon_{rr} = \frac{\mathrm{d}u_r}{\mathrm{d}r} = \frac{1+\nu}{E}\{(1-\nu)\sigma_{rr} - \nu\sigma_{\varphi\varphi}\} \tag{4}$$

$$\epsilon_{\varphi\varphi} = \frac{u_r}{r} = \frac{1+\nu}{E}\{(1-\nu)\sigma_{\varphi\varphi} - \nu\sigma_{rr}\} \tag{5}$$

Das sind drei Gleichungen für drei Unbekannte: σ_{rr}, $\sigma_{\varphi\varphi}$, u_r. Die Axialspannung σ_{zz} ist nachträglich aus (6) zu errechnen.

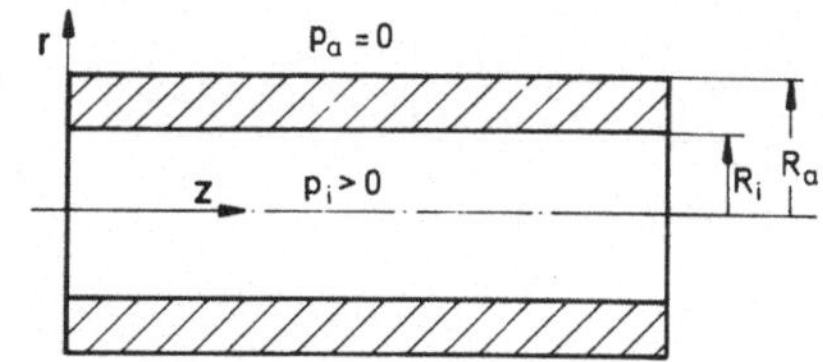

Bild 9.6
Dickwandiger Zylinder

Zur Lösung des Gleichungssystems bieten sich zwei Wege an:

1. Wir lösen die Gleichungen (4) und (5) nach σ_{rr} und $\sigma_{\varphi\varphi}$ auf, wobei wir diese Spannungen als Funktionen von $\frac{u_r}{r}$ und $\frac{\mathrm{d}u_r}{\mathrm{d}r}$ erhalten. Setzen wir σ_{rr} und $\sigma_{\varphi\varphi}$ dann in Gleichung (1) ein, so ergibt sich eine gewöhnliche Differentialgleichung zweiter Ordnung für u_r, aus deren Lösung wir dann auch σ_{rr} und $\sigma_{\varphi\varphi}$ ermitteln können.

2. Wir eliminieren u_r aus den Gleichungen (4) und (5) mit Hilfe der Beziehung

$$\epsilon_{rr} - \frac{\mathrm{d}}{\mathrm{d}r}(r\epsilon_{\varphi\varphi}) = 0,$$

die die Bedeutung einer speziellen Verträglichkeitsbedingung hat und in u_r angeschrieben eine Identität darstellt (vgl. Abschnitt 1.3). Wir erhalten auf diesem Wege eine zweite Gleichung neben (1) für die Spannungen σ_{rr} und $\sigma_{\varphi\varphi}$. Aus diesen beiden Gleichungen können wir σ_{rr} und $\sigma_{\varphi\varphi}$ ermitteln und danach dann auch u_r.

Wir wählen hier den zweiten Weg, weil die Randbedingungen des Problems sich auf Spannungen, und zwar auf σ_{rr} beziehen. Als ersten Schritt bilden wir deshalb

$$\epsilon_{rr} - \frac{\mathrm{d}}{\mathrm{d}r}(r\epsilon_{\varphi\varphi}) = 0$$

und erhalten nach einfacher Umordnung

$$(1-\nu)r\frac{\mathrm{d}}{\mathrm{d}r}\sigma_{\varphi\varphi} + \sigma_{\varphi\varphi} - \nu\frac{\mathrm{d}}{\mathrm{d}r}(r\sigma_{rr}) - (1-\nu)\sigma_{rr} = 0\,.$$

Das ist – neben (1) – die zweite Gleichung für σ_{rr} und $\sigma_{\varphi\varphi}$. Zur Auflösung dieses Gleichungssystems bietet es sich an, $\sigma_{\varphi\varphi}$ aus diesen beiden Gleichungen zu eliminieren, und zwar in folgender Weise. Aus Gleichung (1) entnehmen wir

$$\sigma_{\varphi\varphi} = \frac{\mathrm{d}}{\mathrm{d}r}(r\sigma_{rr})\,.$$

Setzen wir das in die obige Gleichung ein, so ergibt sich nach kurzer Zwischenrechnung für $r\sigma_{rr}$ die *Euler*sche Differentialgleichung

$$r^2\frac{\mathrm{d}^2}{\mathrm{d}r^2}(r\sigma_{rr}) + r\frac{\mathrm{d}}{\mathrm{d}r}(r\sigma_{rr}) - r\sigma_{rr} = 0$$

mit den Randbedingungen: $r = R_i\ :\quad r\sigma_{rr} = R_i\,p_i$

$r = R_a\ :\quad r\sigma_{rr} = 0$

Wir können diese Differentialgleichung auch in der Form

$$\frac{\mathrm{d}}{\mathrm{d}r}\left\{\frac{1}{r}\frac{\mathrm{d}}{\mathrm{d}r}(r^2\sigma_{rr})\right\} = 0$$

schreiben. In dieser Form läßt sie sich unmittelbar integrieren. Wir gehen hier jedoch zurück auf die ursprüngliche Form.

Mit dem Lösungsansatz

$$r\sigma_{rr} = c\,r^n$$

erhalten wir durch Einsetzen in die Differentialgleichung die charakteristische Gleichung

$$n^2 - 1 = 0 \quad \text{mit den Wurzeln} \quad n = \pm 1\,.$$

Die allgemeine Lösung der Differentialgleichung lautet also

$$r\sigma_{rr} = \frac{c_1}{r} + c_2 r$$

bzw.

$$\sigma_{rr} = \frac{c_1}{r^2} + c_2 .$$

Die freien Konstanten c_1, c_2 ermitteln wir aus den Randbedingungen

$$\left.\begin{array}{ll} r = R_i : & \dfrac{c_1}{R_i^2} + c_2 = -p_i \\ r = R_a : & \dfrac{c_1}{R_a^2} + c_2 = 0 \end{array}\right\} \rightarrow \left\{\begin{array}{l} c_1 = -p_i \dfrac{R_a^2}{\left(\dfrac{R_a}{R_i}\right)^2 - 1} \\ c_2 = p_i \dfrac{1}{\left(\dfrac{R_a}{R_i}\right)^2 - 1} . \end{array}\right.$$

Damit wird

$$\sigma_{rr} = \frac{c_1}{r^2} + c_2 \qquad = -p_i \frac{\left(\dfrac{R_a}{r}\right)^2 - 1}{\left(\dfrac{R_a}{R_i}\right)^2 - 1}$$

$$\sigma_{\varphi\varphi} = \frac{\mathrm{d}}{\mathrm{d}r}(r\sigma_{rr}) \qquad = -\frac{c_1}{r^2} + c_2 = p_i \frac{\left(\dfrac{R_a}{r}\right)^2 + 1}{\left(\dfrac{R_a}{R_i}\right)^2 - 1}$$

$$\sigma_{zz} = \nu(\sigma_{rr} + \sigma_{\varphi\varphi}) = 2\nu c_2 = p_i \frac{2\nu}{\left(\dfrac{R_a}{R_i}\right)^2 - 1} = \text{konst.}$$

σ_{zz} ändert sich, wenn in Axialrichtung eine andere Bedingung als $\epsilon_{zz} = 0$ gegeben ist, z.B. $\int_A \sigma_{zz}\, \mathrm{d}A = F_z$, doch bleibt stets $\sigma_{zz} = $ konst.

Die Spannungsverteilung für ein konkretes Beispiel ist in Bild 9.7 skizziert.

9.3.3 Die rotierende Scheibe

Rotierende Scheiben werden häufig durch eine sogenannte Preßpassung auf der Welle befestigt. Wir wollen hier den Spannungszustand in einer solchen Scheibe betrachten und setzen zusätzlich zu den allgemeinen Voraussetzungen des Abschnittes 9.1 voraus (vgl. Bild 9.8):

1. Dünne Kreisscheibe konstanter Dicke
   $$\frac{h}{R_a} = \text{konst.} \ll 1$$
2. Konstante Winkelgeschwindigkeit Ω
   $$f_r = \Omega^2 r$$

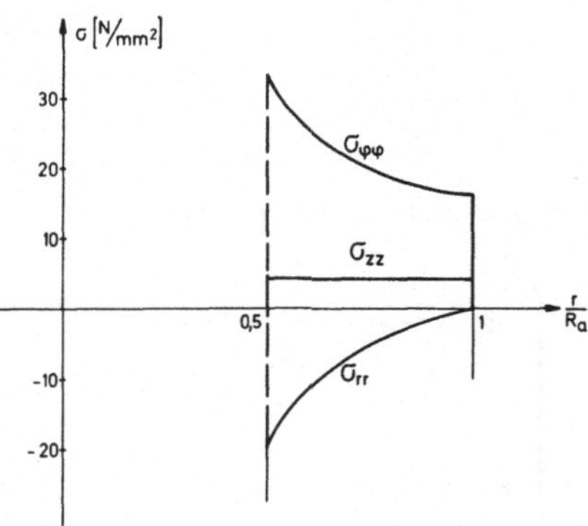

Bild 9.7
Spannungsverteilungen für $R_a/R_i = 2$, $p_i = 20\,\mathrm{N/mm^2}$

3. Randbedingungen: $r = R_i : u_r = e_i$

$$\left.\begin{array}{r} r = R_a \\ \text{bzw.} \quad z = \pm \dfrac{h}{2} \end{array}\right\} \text{spannungsfrei.}$$

Im Hinblick darauf, daß für

$$z = \pm \frac{h}{2} : \qquad \sigma_{zz} = \sigma_{zr} = 0$$

und ferner aus Symmetriegründen für

$$z = 0 : \qquad \sigma_{zr} = 0$$

sein muß und daß wir die Scheibe als dünn vorausgesetzt haben, können wir davon ausgehen, daß in der ganzen Scheibe σ_{zz} und σ_{zr} allenfalls relativ sehr kleine Zahlenwerte annehmen können. Wir treffen deshalb die Annahmen

(a) $\sigma_{zz}(r,z) = 0 \quad \rightarrow$ Gleichung (6b)
(b) $\sigma_{zr}(r,z) = 0\,.$

Ferner läßt sich zeigen, daß unter den gegebenen Randbedingungen $\sigma_{z\varphi}$ und $\sigma_{r\varphi}$ im ganzen Bereich identisch verschwinden. Es liegt deshalb in diesem Beispiel – mit den Annahmen (a) und (b) – ein ebener Spannungszustand vor.

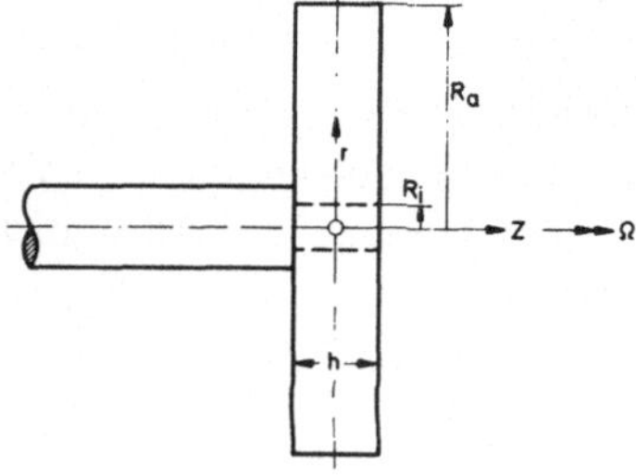

Bild 9.8
Rotierende Kreisscheibe mit $h/R_a \ll 1$

Das aus den Gleichungen (1), (4), (5) bestehende Gleichungssystem nimmt für das vorliegende Problem die Form an:

$$\frac{\mathrm{d}}{\mathrm{d}r}(r\sigma_{rr}) - \sigma_{\varphi\varphi} = \underbrace{-\rho\,\Omega^2 r^2}_{\rho\, r f_r} \tag{1}$$

$$\epsilon_{rr} = \frac{\mathrm{d}u_r}{\mathrm{d}r} = \frac{1}{E}\{\sigma_{rr} - \nu\sigma_{\varphi\varphi}\} \tag{4}$$

$$\epsilon_{\varphi\varphi} = \frac{u_r}{r} = \frac{1}{E}\{\sigma_{\varphi\varphi} - \nu\sigma_{rr}\} \tag{5}$$

Zur Auflösung dieses Gleichungssystems für die drei Unbekannten σ_{rr}, $\sigma_{\varphi\varphi}$, u_r stehen wiederum zwei Wege offen wie beim vorhergehenden Beispiel. Welchen Weg wir gehen, ist hier im Grunde genommen gleich, da wir ein gemischtes Randwertproblem vor uns haben: Am Innenrand sind die Verschiebungen, am Außenrand die Spannungen gegeben.

Wir entscheiden uns hier dafür, das Gleichungssystem nach u_r aufzulösen. Dazu drücken wir im ersten Schritt σ_{rr} und $\sigma_{\varphi\varphi}$ mit Hilfe der Gleichungen (4) und (5) durch u_r und $\dfrac{\mathrm{d}u_r}{\mathrm{d}r}$ aus. Wir erhalten

$$\sigma_{rr} = \frac{E}{1-\nu^2}\left\{\frac{\mathrm{d}u_r}{\mathrm{d}r} + \nu\frac{u_r}{r}\right\}$$

$$\sigma_{\varphi\varphi} = \frac{E}{1-\nu^2}\left\{\nu\frac{\mathrm{d}u_r}{\mathrm{d}r} + \frac{u_r}{r}\right\}.$$

Setzen wir diese Ausdrücke in Gleichung (1) ein, so ergibt sich für u_r die inhomogene *Euler*sche Differentialgleichung

$$r^2\frac{\mathrm{d}^2u_r}{\mathrm{d}r^2} + r\frac{\mathrm{d}u_r}{\mathrm{d}r} - u_r = -\frac{1-\nu^2}{E}\rho\,\Omega^2 r^3$$

mit den Randbedingungen $r = R_i : u_r = e_i$

$$r = R_a : \frac{\mathrm{d}u_r}{\mathrm{d}r} + \nu\frac{u_r}{r} = 0\,.$$

Als allgemeine Lösung dieser Differentialgleichung erhalten wir

$$u_r(r) = \frac{a_1}{r} + a_2 r - \frac{1}{8}\frac{1-\nu^2}{E}\rho\,\Omega^2 r^3\,.$$

Damit ergibt sich für die Spannungen allgemein

$$\sigma_{rr} = -E\frac{1-\nu}{1-\nu^2}\frac{a_1}{r^2} + E\frac{1+\nu}{1-\nu^2}a_2 - \frac{3+\nu}{8}\rho\,\Omega^2 r^2$$

$$= \frac{c_1}{r^2} + c_2 - \frac{3+\nu}{8}\rho\,\Omega^2 r^2$$

$$\sigma_{\varphi\varphi} = -\frac{c_1}{r^2} + c_2 - \frac{1+3\nu}{8}\rho\,\Omega^2 r^2\,.$$

Die freien Konstanten a_1, a_2 bzw. c_1, c_2 sind aus den Randbedingungen:

$$r = R_i \;:\; u_r = e_i$$

$$r = R_a : \sigma_{rr} = 0$$

zu bestimmen. Wir finden

$$a_1 = \frac{(1+\nu)R_i e_i + \dfrac{1-\nu^2}{8E}\rho\Omega^2 R_i^4\left[1+\nu-(3+\nu)\left(\dfrac{R_a}{R_i}\right)^2\right]}{1+\nu+(1-\nu)\left(\dfrac{R_i}{R_a}\right)^2}$$

$$a_2 = \frac{(1-\nu)\left(\dfrac{R_i}{R_a}\right)^2\dfrac{e_i}{R_i} + \dfrac{1-\nu^2}{8E}\rho\Omega^2 R_i^2\left(\dfrac{R_i}{R_a}\right)^2\left[1-\nu+(3+\nu)\left(\dfrac{R_a}{R_i}\right)^4\right]}{1+\nu+(1-\nu)\left(\dfrac{R_i}{R_a}\right)^2}$$

Damit sind u_r, σ_{rr}, $\sigma_{\varphi\varphi}$ bestimmt. Nachträglich können wir aus Gleichung (6) des allgemeinen Gleichungssystems (s. Abschnitt 9.3.1) (mit $\sigma_{zz} = 0$) die axiale Dehnung ermitteln. Wir erhalten

$$\begin{aligned}\epsilon_{zz} &= -\frac{\nu}{E}\{\sigma_{rr} + \sigma_{\varphi\varphi}\} \\ &= -\frac{2\nu}{1-\nu}a_2 + \frac{\nu(1+\nu)}{2E}\rho\Omega^2 r^2 = \epsilon_{zz}(r).\end{aligned}$$

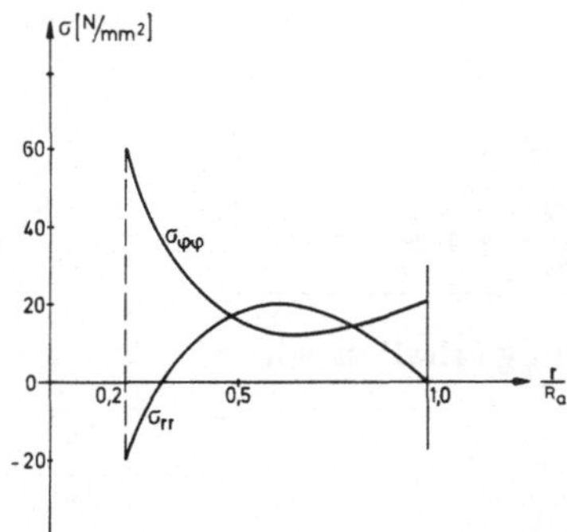

Bild 9.9
Spannungsverteilungen in einer rotierenden Scheibe

Hier ergibt sich also ein Widerspruch zu unseren Voraussetzungen, aus denen folgte, daß $\epsilon_{zz} = c =$ konst. sein muß. Der Widerspruch ist die Folge davon, daß wir $\sigma_{zz} = \sigma_{zr} = 0$ angenommen haben, was offensichtlich bei dem vorliegenden Problem – verursacht durch die Fliehkraft – nicht exakt gelten kann. Der Fehler ist jedoch bei dünnen Scheiben gering. Das läßt sich durch einen Vergleich mit exakten Rechnungen zeigen.

In Bild 9.9 sind die sich ergebenden Spannungsverteilungen für ein konkretes Beispiel ($R_i = 200\,\text{mm}$, $R_a = 1000\,\text{mm}$, $e_i = 5\cdot 10^{-2}\,\text{mm}$, $\Omega = 300\,\text{s}^{-1}$, $E =$

$2,1 \cdot 10^5\,\mathrm{N/mm^2}$, $\nu = 0,3$) angegeben. Dazu sei noch folgendes angemerkt. Bei einer Preßpassung erhält der Durchmesser der Welle gegenüber der Bohrung ein gewisses Übermaß. Zur Montage wird dann die Scheibe soweit erwärmt bzw. die Welle soweit abgekühlt, daß sich die Scheibe auf die Welle schieben läßt. Nach Temperaturausgleich entstehen dann in der Fuge die gewünschten Druckspannungen, die so hoch sein müssen, daß das erforderliche Drehmoment zwischen Scheibe und Welle durch Haftreibung übertragen werden kann. Die praxisgerechte Berechnung einer solchen Preßpassung erfordert allerdings über den hier angegebenen Rechengang hinaus die Einbeziehung der elastischen Zusammendrückung der Welle sowie die Berücksichtigung der Fertigungstoleranzen.

9.3.4 Vergleich einer gelochten Scheibe und einer Vollscheibe bei allseitigem Zug

Wir wollen die Spannungszustände in einer Scheibe mit einem sehr kleinen Loch ($R_i/R_a \ll 1$) und in einer Vollscheibe bei allseitigem Zug miteinander vergleichen. Dazu setzen wir (neben den allgemeinen Voraussetzungen des Abschnittes 9.1) voraus (vgl. Bild 9.10):

1. Scheibe konstanter Dicke: $h =$ konst.
2. $f_r = 0$
3. Randbedingungen am Außenrand: $r = R_a : \sigma_{rr} = \sigma_0$

   zusätzlich für gelochte Scheibe: $r = R_i : \sigma_{rr} = 0\,.$

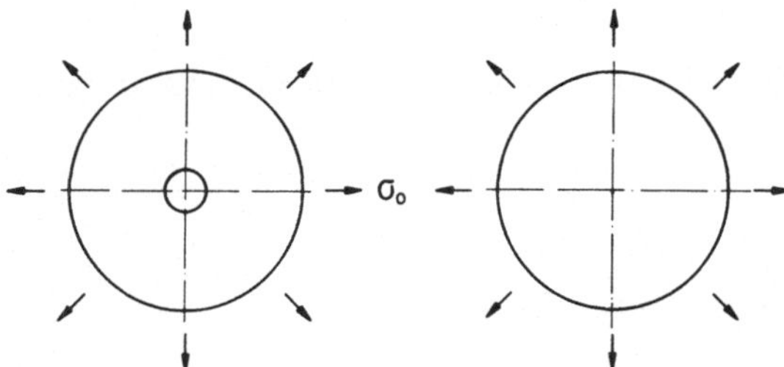

Bild 9.10 Vergleich gelochte Scheibe/Vollscheibe

Das Gleichungssystem, das beide Probleme beschreibt, entspricht dem Gleichungssystem für die rotierende Scheibe (vgl. Abschnitt 9.3.3) bis auf die rechte Seite von Gleichung (1), die hier verschwindet, weil wir $f_r = 0$ vorausgesetzt haben. Mit dem Verschwinden von f_r erhalten wir im übrigen auch exakt einen ebenen Spannungszustand. Die Lösung dieses Gleichungssystems lautet allgemein

$$\sigma_{rr} = \frac{c_1}{r^2} + c_2$$

$$\sigma_{\varphi\varphi} = -\frac{c_1}{r^2} + c_2\,.$$

Für die gelochte Scheibe ($R_i/R_a \ll 1$) erhalten wir aus den Randbedingungen

$$\left.\begin{array}{l} r = R_i : \sigma_{rr} = 0 \\ \\ r = R_a : \sigma_{rr} = \sigma_0 \end{array}\right\} \rightarrow \left\{\begin{array}{ll} c_1 = -\sigma_0 \dfrac{R_a^2 R_i^2}{R_a^2 - R_i^2} & \approx -\sigma_0 R_i^2 \\ \\ c_2 = \sigma_0 \dfrac{R_a^2}{R_a^2 - R_i^2} & \approx \sigma_0 \,. \end{array}\right.$$

Damit wird

$$\sigma_{rr} = \sigma_0 \left\{1 - \left(\frac{R_i}{r}\right)^2\right\} \quad \text{und} \quad \sigma_{\varphi\varphi} = \sigma_0 \left\{1 + \left(\frac{R_i}{r}\right)^2\right\}$$

und speziell für $r = R_i$: $\sigma_{rr} = 0$, $\sigma_{\varphi\varphi} = 2\,\sigma_0$.

Bei der Vollscheibe ist $c_1 = 0$ zu setzen, weil der Spannungszustand für $r = 0$ nicht singulär werden darf. Deshalb erhalten wir für die Vollscheibe

$$\sigma_{rr} = \sigma_{\varphi\varphi} = c_2 = \sigma_0 \,.$$

Die Spannungen sind hier also im Gegensatz zur gelochten Scheibe unabhängig von r.

Für einen Vergleich der maximalen Beanspruchung der beiden Scheiben wählen wir als Maß die Vergleichsspannung σ_V nach der Gestaltänderungs-Arbeit-Hypothese (Abschnitt 2.5), die in unserem Fall (mit $\sigma_1 = \sigma_{\varphi\varphi}$, $\sigma_2 = \sigma_{rr}$, $\sigma_3 = 0$)

$$\sigma_V = \sqrt{\sigma_{\varphi\varphi}^2 + \sigma_{rr}^2 - \sigma_{rr}\sigma_{\varphi\varphi}}$$

liefert. Bei der gelochten Scheibe tritt die höchste Beanspruchung am Innenrand auf. Dort ist (mit $\sigma_{rr} = 0$)

$$\sigma_V = \sigma_{\varphi\varphi} = 2\sigma_0 \,.$$

Für die Vollscheibe gilt hingegen im ganzen Bereich

$$\sigma_V = \sigma_0 \,.$$

Die gelochte Scheibe ist also (auch bei verschwindend kleinem Lochdurchmesser) doppelt so hoch beansprucht wie die Vollscheibe. Dasselbe Ergebnis erhalten wir im übrigen auch, wenn wir die Beanspruchungen nach der Schubspannungs-Hypothese miteinander vergleichen. Den durch solche Bohrungen oder auch durch Kerben am Außenrand verursachten Spannungserhöhungen ist bei der Bemessung von Konstruktionselementen besondere Beachtung zu schenken.

9.3.5 Die tordierte Scheibe

An einer Scheibe konstanter Dicke h, die auf eine Welle aufgesetzt ist, greifen am Außenrand Kräfte in Umfangsrichtung an, die ein Drehmoment erzeugen, das durch die Scheibe zur Welle weitergeleitet wird (vgl. Bild 9.11). Das am Außenrand eingeleitete Torsionsmoment ist

$$M_{T_a} = \sigma_{r\varphi_a} 2\pi R_a^2 h \,.$$

An der Welle wird das Torsionsmoment

$$M_{T_i} = \sigma_{r\varphi_i} 2\pi R_i^2 h$$

abgenommen. Ist

$$M_{T_a} = M_{T_i} = M_T \,,$$

so rotieren Scheibe und Welle mit konstanter Winkelgeschwindigkeit Ω. Andernfalls wird $\Omega \neq$ konst. und es ergibt sich eine Winkelbeschleunigung $\dot{\Omega} \neq 0$. Wir beschränken uns hier auf den ersten Fall. Damit ergeben sich für unser Problem (neben den allgemeinen Voraussetzungen des Abschnittes 9.1) die folgenden Voraussetzungen:

1. Scheibe konstanter Dicke h,
2. Konstante Winkelgeschwindigkeit Ω:
   $f_\varphi = 0$
3. Randbedingungen: $r = R_i : \sigma_{r\varphi} = \sigma_{r\varphi_i} = \dfrac{M_T}{2\pi R_i^2 h}$
   $r = R_a : \sigma_{r\varphi} = \sigma_{r\varphi_a} = \dfrac{M_T}{2\pi R_a^2 h} \,.$

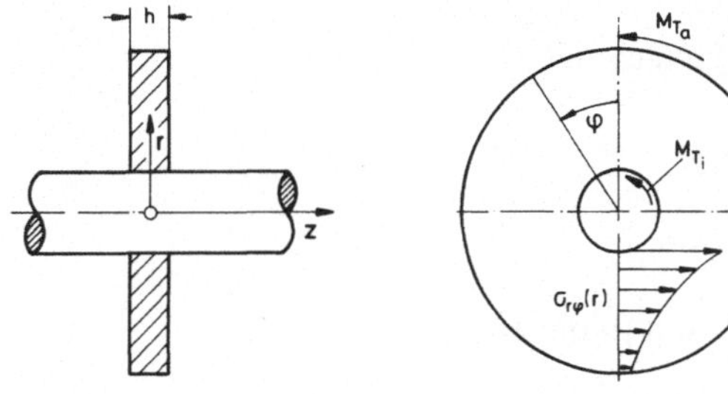

Bild 9.11 Tordierte Scheibe

Das vorliegende Beispiel gehört zur Problemklasse der Scheibentorsion. Das Gleichungssystem dieser Problemklasse besteht aus den Gleichungen (2) und (7) und lautet in unserem Fall (mit $f_\varphi = 0$ und $u_\varphi^*(r) = u_\varphi(r)$):

$$\frac{1}{r}\,\frac{\mathrm{d}}{\mathrm{d}r}(r\sigma_{r\varphi}) + \frac{\sigma_{r\varphi}}{r} = \frac{1}{r^2}\,\frac{\mathrm{d}}{\mathrm{d}r}(r^2\sigma_{r\varphi}) = 0 \tag{2}$$

$$\frac{1}{2}\,r\,\frac{\mathrm{d}}{\mathrm{d}r}\left(\frac{u_\varphi}{r}\right) = \frac{1}{2G}\sigma_{r\varphi} \,. \tag{7}$$

Die beiden Gleichungen können wir nacheinander in der Reihenfolge (2)-(7) integrieren. Die Integration von (2) ergibt

$$\left[r^2 \sigma_{r\varphi}\right]_r^{R_a} = 0\,,$$

d.h.

$$\sigma_{r\varphi}(r) = \sigma_{r\varphi_a} \left(\frac{R_a}{r}\right)^2 = \frac{M_T}{2\pi h r^2}\,.$$

Gehen wir damit in Gleichung (7), so können wir nunmehr auch diese Gleichung integrieren und erhalten

$$\left[\frac{u_\varphi}{r}\right]_r^{R_a} = -\frac{M_T}{4G\pi h}\left[\frac{1}{r^2}\right]_r^{R_a}\,.$$

Setzen wir noch – was uns freisteht – $u_\varphi(R_a) = 0$, so folgt schließlich

$$u_\varphi = -\frac{M_T r}{4G\,\pi h R_a^2}\left\{\left(\frac{R_a}{r}\right)^2 - 1\right\}.$$

9.3.6 Axiale Scherung

Eine Hülse, die fest auf einer Welle sitzt, werde durch Kräfte, die auf der Mantelfläche in axialer Richtung wirken, beansprucht, z.B. in der Absicht, die Hülse von der Welle abzustreifen (vgl. Bild 9.12). Wir betrachten dieses rotationssymmetrische Problem unter folgenden Voraussetzungen:

1. Lange Hülse mit konstantem Querschnitt $R_a/l \ll 1$,
2. $f_z = 0$
3. Randbedingungen: $r = R_a : \sigma_{rz} = \tau$

   $r = R_i \; : u_z = 0$

   $z = \pm \dfrac{l}{2}$: spannungsfrei.

Dieses Beispiel gehört zur Problemklasse der axialen Scherung.

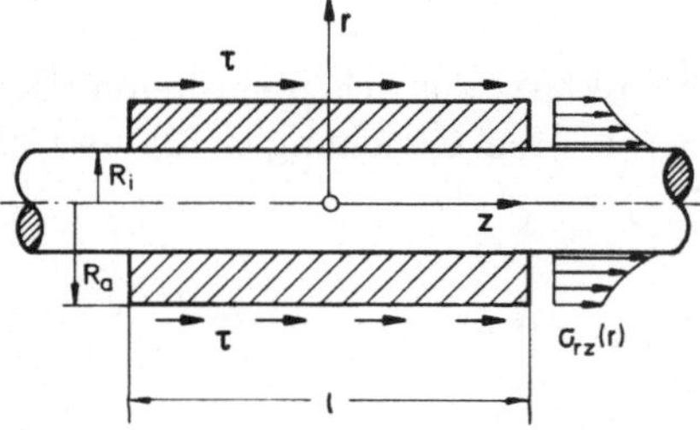

Bild 9.12
Axiale Scherung

Damit eine reine Scherung zustandekommt, müßten an den Stirnflächen der Hülse – nach dem Satz von der Gleichheit der einander zugeordneten Schubspannungen (Satz 1.2) – ebenfalls Schubspannungen angreifen. Bei einer langen Hülse klingen jedoch die von dem Fehlen dieser Spannungen herrührenden Störungen mit der Entfernung von den Hülsenenden bald ab, so daß wir eine rein axiale Scherung annehmen können.

Dieses Scherproblem wird durch die Gleichungen (3) und (9) (mit $f_z = 0$ und $u_z^*(r) = u_z(r)$) beschrieben:

$$\frac{1}{r}\frac{\mathrm{d}}{\mathrm{d}r}(r\sigma_{zr}) = 0 \tag{3}$$

$$\frac{1}{2}\frac{\mathrm{d}u_z}{\mathrm{d}r} = \frac{1}{2G}\sigma_{zr}\,. \tag{9}$$

Wir können diese Gleichungen wiederum nacheinander integrieren und erhalten unter Beachtung der Randbedingungen

$$\sigma_{zr} = \tau\,\frac{R_a}{r}$$

$$u_z(r) = \frac{\tau}{G}R_a \ln\frac{r}{R_i}\,.$$

9.4 Die dickwandige Kugel unter Innendruck

Als technisch bedeutsames Beispiel für kugelsymmetrische Zustände wollen wir die dickwandige Kugel unter Innendruck betrachten. Wir benutzen dazu Kugel-Koordinaten (vgl. Abschnitt 9.1) und setzen (neben den allgemeinen Voraussetzungen des Abschnittes 9.1) voraus:

1. Hohlkugel mit konstanter Wanddicke
2. $f_r = 0$
3. Randbedingungen: $r = R_i : \sigma_{rr} = -p_i$

   $r = R_a : \sigma_{rr} = 0\,.$

Als Grundgleichung erhalten wir allgemein

Satz 9.4: Gleichgewichtsbedingung in Kugel-Koordinaten für kugelsymmetrische Probleme

$$\frac{1}{r^2}\frac{\mathrm{d}}{\mathrm{d}r}(r^2\sigma_{rr}) - 2\frac{\sigma_{tt}}{r} + \rho f_r = 0\,.$$

Satz 9.5: Formänderungsgesetz des linear-elastischen Körpers in Kugel-Koordinaten bei kugelsymmetrischen Problemen

$$\epsilon_{rr} = \frac{\mathrm{d}u_r}{\mathrm{d}r} = \frac{1}{E}\{\sigma_{rr} - 2\nu\sigma_{tt}\} + \alpha(T - T_0)$$

$$\epsilon_{tt} = \frac{u_r}{r} = \frac{1}{E}\{(1-\nu)\sigma_{tt} - \nu\sigma_{rr}\} + \alpha(T - T_0)$$

In unserem Beispiel ($f_r = 0$, $T = T_0$) vereinfacht sich das aus diesen drei Gleichungen für σ_{rr}, σ_{tt} und u_r bestehende Gleichungssystem entsprechend. Zur Lösung bieten sich dabei wie bei den ebenen axial-symmetrischen Problemen (vgl. Abschnitte 9.3 und 9.3.3) wiederum zwei Wege an:

1. Drücken wir die Spannungen σ_{rr} und σ_{tt} mit Hilfe des Formänderungsgesetzes durch u_r aus und gehen wir damit in die Gleichgewichtsbedingung, so erhalten wir eine Differentialgleichung zweiter Ordnung für die Verschiebung u_r.

2. Eliminieren wir u_r mit Hilfe der für $T = T_0$ geltenden Verträglichkeitsbedingung

   $$\frac{\mathrm{d}}{\mathrm{d}r}(r\epsilon_{tt}) = \epsilon_{rr}\,,$$

   so erhalten wir eine zweite Gleichung für σ_{rr} und σ_{tt} neben der Gleichgewichtsbedingung. Aus diesen beiden Gleichungen läßt sich dann eine Gleichung für σ_{rr} ableiten.

Wir gehen hier den zweiten Weg. Die genannte Verträglichkeitsbedingung für die Verzerrungen ϵ_{rr} und ϵ_{tt} liefert uns als zweite Gleichung für σ_{rr} und σ_{tt}

$$\nu r\frac{\mathrm{d}\sigma_{rr}}{\mathrm{d}r} + (1+\nu)(\sigma_{rr} - \sigma_{tt}) - (1-\nu)\,r\frac{\mathrm{d}\sigma_{tt}}{\mathrm{d}r} = 0\,.$$

Setzen wir in diese Gleichung die aus der Gleichgewichtsbedingung folgende Beziehung

$$\sigma_{tt} = \frac{1}{2r}\frac{\mathrm{d}}{\mathrm{d}r}(r^2\sigma_{rr})$$

ein, so erhalten wir schließlich für σ_{rr} die *Euler*sche Differentialgleichung

$$r^2\frac{\mathrm{d}^2\sigma_{rr}}{\mathrm{d}r^2} + 4r\frac{\mathrm{d}\sigma_{rr}}{\mathrm{d}r} = 0\,.$$

Die allgemeine Lösung dieser Differentialgleichung ist

$$\sigma_{rr} = \frac{A_1}{r^3} + A_2\,.$$

Für σ_{tt} ergibt sich daraus

$$\sigma_{tt} = -\frac{1}{2}\frac{A_1}{r^3} + A_2\,.$$

Die freien Konstanten A_1 und A_2 lassen sich aus den Randbedingungen

$$r = R_i : \sigma_{rr} = -p_i$$

$$r = R_a : \sigma_{rr} = 0$$

ermitteln. Wir erhalten

$$A_1 = -p_i \frac{R_a^3}{\left(\dfrac{R_a}{R_i}\right)^3 - 1} , \qquad A_2 = p_i \frac{1}{\left(\dfrac{R_a}{R_i}\right)^3 - 1} .$$

Die endgültige Lösung ist somit

$$\sigma_{rr} = -p_i \frac{\left(\dfrac{R_a}{r}\right)^3 - 1}{\left(\dfrac{R_a}{R_i}\right)^3 - 1} , \qquad \sigma_{tt} = p_i \frac{1 + \dfrac{1}{2}\left(\dfrac{R_a}{r}\right)^3}{\left(\dfrac{R_a}{R_i}\right)^3 - 1} .$$

Mit Hilfe des Formänderungsgesetzes ist daraus auch u_r zu ermitteln.

Index

Mechanik

von Peter Gummert und Karl-A. Reckling

2., durchgesehene Auflage 1987.
XVIII, 774 Seiten mit 368 Abbildungen. Gebunden.
ISBN 3-528-18904-5

Inhalt: Mathematische Grundlagen – Kinematik – Dynamik – Statik starrer Systeme – Statik deformierbarer Systeme – Kinetik starrer Systeme – Kinetik deformierbarer Systeme – Prinzipien der Mechanik.

(...) Vor allem auch aufgrund der systematisch gegliederten Darstellung sowie der klar formulierten Aussagen kann dieses Buch allen Studenten, Naturwissenschaftlern und Ingenieuren sehr empfohlen werden, die sich in die Grundlagenwissenschaft ‚Mechanik' einarbeiten wollen und/oder die diese als ein wertvolles Instrument zum Lösen technischer Probleme benötigen." (VDI-Z 18/1986)

Verlag Vieweg · Postfach 58 29 · 65048 Wiesbaden